# 线性代数

崔静静　汪少祖　主　编
尹绍军　辛邦颖　副主编



东北大学出版社
·沈　阳·

**图书在版编目（CIP）数据**

线性代数 / 崔静静，汪少祖主编. -- 沈阳：东北大学出版社，2024. 12. -- ISBN 978-7-5517-3743-2

Ⅰ. O151. 2

中国国家版本馆 CIP 数据核字第 2024NY6676 号

## 内容提要

本书根据高等学校理工类专业“线性代数”课程的教学要求，参照近年来线性代数课程及教材建设的经验和成果，将新工科理念与国际化深度融合，并结合西昌学院数学团队多年的教学经验编写完成. 编者在内容编排、概念叙述、定理证明等诸多方面都做了精心安排，以使全书结构流畅，主次分明，通俗易懂.

全书共 6 章，主要内容包括行列式、矩阵、向量与向量空间、线性方程组、特征值与特征向量、二次型，每章最后均配有对应知识的 MATLAB 实例、拓展阅读和章总复习题. 拓展阅读用于讲解线性代数发展的相关知识，每章章总复习题主要选取了近几年的考研真题. 另外，为了更加清楚地讲解每章的重点、难点以及典型例题，还配有微课视频.

出 版 者：东北大学出版社
地址：沈阳市和平区文化路三号巷 11 号
邮编：110819
电话：024-83683655（总编室）
024-83687331（营销部）
网址：http://press.neu.edu.cn
印 刷 者：辽宁一诺广告印务有限公司
发 行 者：东北大学出版社
幅面尺寸：185 mm×260 mm
印　　张：11.5
字　　数：245 千字
出版时间：2024 年 12 月第 1 版
印刷时间：2024 年 12 月第 1 次印刷
责任编辑：潘佳宁
责任校对：郎　坤
封面设计：潘正一
责任出版：初　茗

ISBN 978-7-5517-3743-2　　定　价：52.00 元

# 前 言

在本书的编写过程中，编者对国内外近年来出版的同类教材的特点进行了比较分析，吸取了它们在内容安排、例题配置、定理证明等方面的优点，并结合了理工科院校的实际需求．本书主要特色如下：

**一、优化结构，难易适中**

对线性代数知识结构进行了适当的优化，内容呈现由浅入深、由易到难，重点突出、层次分明．定义、性质和定理的表述既兼顾传统标准定义的严谨性，又考虑了正文阐述的通俗易懂性，尽量使数学知识形象化、简单化，确保教材难易适中．

**二、侧重应用，提升能力**

本书结合新工科的特点，在内容安排上更加注重线性代数知识在行业中的应用，以发展学生的数学素养与应用能力为主要特色．因此弱化了不必要的证明和推导过程，更新了“老旧”的例题，基本知识点均设计了与新工科专业背景相关的应用性例题，重点培养学生利用线性代数知识解决实际问题的能力．

例如，特征值和特征向量的知识以经济发展和环境污染的增长模型为例，介绍了理论在建模中的应用．通过挖掘与工科相关的应用性例题，使学生感受到数学就在自己身边，并在学习中体验到数学的魅力．

**三、兼顾考研，习题丰富**

本书内容紧贴考研数学的考试大纲，兼顾了学生的考研需求，每章总复习题收集了近几年与本章内容相关的部分考研真题，且标注了年份，既方便老师因地制宜，开展分层教学，又可让学有余力的学生通过考研真题的演练，深入了解各个知识点的内容和命题方向，为今后考研打下坚实基础．

**四、归纳总结，提升素养**

设置章总结，并以思维导图的形式呈现．总结的内容包括了本章的基本要求、重点和难点、基本题型和综合例题等，帮助学生系统性地归纳该章所学重点．设置拓展阅读，在增强趣味性的同时让学生能够深入了解本门课程的学科背景．

本书由崔静静、汪少祖担任主编，尹绍军、辛邦颖担任副主编．第 1 章到第 4 章由崔静静编写，第 5 章、第 6 章、参考答案及附录由汪少祖编写，各章节习题及历年考研题目选编均由尹绍军完成，微课视频由辛邦颖制作完成．章末的拓展阅读材料由潘学莲制作，每章的 MATLAB 内容由陈婉茹编写，杨文斌、刘果、李慧君对书稿进行了全面审读，并给出了宝贵的修改建议，在此表示衷心的感谢．本书得到了崔静静科研项目——四川省哲学社会科学重点研究基地彝族文化研究中心资助项目（编号：117620086）的支持与帮助．在编写过程中得到了西昌学院副院长胡青龙教授、理学院院长邹敏教授及数学教研室全体教师的大力支持．

本教材难免有不足之处，希望使用本教材的教师和学生提出宝贵意见，编者在此表示衷心的感谢！

**编　者**

2024 年 12 月

# 目录

# 第 1 章　行列式

行列式的基本概念及相关理论是线性代数课程的主要内容之一，同时也是研究线性代数其他内容的基本重要工具. 行列式的概念起源于解线性方程组，它在自然科学、社会科学、工程技术及生产实际中都有广泛运用. 本章首先根据递归的思想引入行列式的基本概念，并给出行列式的基本性质；然后介绍行列式的计算方法，并给出经典算例；最后介绍利用行列式求解 $n$ 元线性方程组的方法，即克莱姆(Cramer)法则，以及如何使用 MATLAB 软件计算行列式.

## 1.1　行列式的基本概念

本节从线性方程组出发，介绍二阶、三阶行列式的定义，以便于记忆，引入对角线法则；再用递归的方法引入 $n$ 阶行列式的定义及行列式的按行(列)展开定理，并利用定义计算简单的 $n$ 阶行列式.

### 1.1.1　排列及其逆序数

作为定义行列式的准备，先来介绍排列及其逆序数.

**定义 1.1**　将 1, 2, …, $n$ 这 $n$ 个不同的数排成一列，称为 $n$ 阶全排列，简称为全排列.

例如，2431 和 1243 均为全排列.

$n$ 阶全排列的总数为 $n!=n\cdot(n-1)\cdot\cdots\cdot3\cdot2\cdot1$，读为“$n$ 的阶乘”. 例如，$4!=4\times3\times2\times1=24$，$5!=5\times4\times3\times2\times1=120$.

显然，$12\cdots n$ 也是 $n$ 个数的全排列，并且元素是按从小到大的自然顺序排列的，这样的全排列称为标准排列. 而其他的 $n$ 阶全排列都或多或少地破坏了自然顺序，如全排列 2431 中，2 和 1，4 和 3，4 和 1，3 和 1 的顺序都与自然顺序相反.

**定义 1.2**　在一个排列中，如果一对数的排列顺序与自然顺序相反，即排在左边的数比排在右边的数大，那么它们就称为一个**逆序**，一个排列中逆序的总数就称为这个排列的**逆序数**. 排列 $i_1i_2\cdots i_n$ 的逆序数记为 $\tau(i_1i_2\cdots i_n)$.

例如，全排列 2431 中，21，43，41，31 都是逆序，则 2431 的逆序数 $\tau(2431)=4$，而

42153 的逆序数为 $\tau(42153)=5$.

**定义 1.3** 逆序数为偶数的排列称为**偶排列**，逆序数为奇数的排列称为**奇排列**. 例如 2431 是偶排列，42153 是奇排列.

**【问题 1.1】** 有 1 至 $n$ 共 $n$ 个自然数，这 $n$ 个自然数由小到大按标准次序排列，$p_1p_2\cdots p_n$ 为这 $n$ 个自然数的一个排列，若比 $p_i(i=1, 2, \cdots, n)$ 大的且排在 $p_i$ 前面的元素有 $t_i$ 个，则 $\sum_{i=1}^{n} t_i$ 为这个排列的逆序数. 这个说法是否正确？说明理由.

**例 1.1** 求排列 54321 的逆序数.

**解** $t_1=0,\ t_2=1,\ t_3=2,\ t_4=3,\ t_5=4,\ t=\sum_{i=1}^{5} t_i=10.$

### 1.1.2 二阶、三阶行列式

解方程是代数中的一个基本问题，特别是在中学所学代数中，解方程占有重要的地位.

**引例 1.1** 中学时代，求解含有 2 个未知量的线性方程组

$$\begin{cases} a_{11}x_1+a_{12}x_2=b_1, \\ a_{21}x_1+a_{22}x_2=b_2. \end{cases} \tag{1.1}$$

用消元法求解，当 $a_{11}a_{22}-a_{12}a_{21}\neq 0$ 时，解得

$$\begin{cases} x_1=\dfrac{b_1a_{22}-b_2a_{12}}{a_{11}a_{22}-a_{12}a_{21}}, \\ x_2=\dfrac{b_2a_{11}-b_1a_{21}}{a_{11}a_{22}-a_{12}a_{21}}. \end{cases} \tag{1.2}$$

但这个公式很烦琐，为了方便记忆，引入行列式符号

$$D=\begin{vmatrix} a_{11} & a_{12} \\ a_{21} & a_{22} \end{vmatrix}=a_{11}a_{22}-a_{12}a_{21}.$$

**定义 1.4** 由 4 个数 $a_{ij}(i, j=1, 2)$ 排成两行两列的式子 $\begin{vmatrix} a_{11} & a_{12} \\ a_{21} & a_{22} \end{vmatrix}$ 叫作**二阶行列式**，它表示数 $a_{11}a_{22}-a_{12}a_{21}$，即

$$\begin{vmatrix} a_{11} & a_{12} \\ a_{21} & a_{22} \end{vmatrix}=a_{11}a_{22}-a_{12}a_{21}.$$

在二阶行列式 $\begin{vmatrix} a_{11} & a_{12} \\ a_{21} & a_{22} \end{vmatrix}$ 中，数 $a_{ij}$ 称为第 $i$ 行、第 $j$ 列元素，$i$ 称为行标，$j$ 称为列标. 显然，二阶行列式的值为主对角线(从左上角到右下角这条对角线)两元素之积减副对角线(从右上角到左下角这条对角线)两元素之积，称为对角线法则. 若记

$$D_1=\begin{vmatrix} b_1 & a_{12} \\ b_2 & a_{22} \end{vmatrix}=b_1a_{22}-b_2a_{12},$$

$$D_2=\begin{vmatrix} a_{11} & b_1 \\ a_{21} & b_2 \end{vmatrix}=b_2a_{11}-b_1a_{21},$$

这样上述方程组的解可表示为

$$x_1=\frac{D_1}{D},\ x_2=\frac{D_2}{D}.$$

**引例 1.2**　鸡兔同笼是中国古代数学著作《孙子算经》中的著名趣题，书中是这样叙述的：“今有雉兔同笼，上有三十五头，下有九十四足，问雉兔各几何？”试用你能想到的方法求解此问题.

**解**　由于

$$\begin{cases} x_1+x_2=35, \\ 2x_1+4x_2=94, \end{cases}$$

$$D=\begin{vmatrix} 1 & 1 \\ 2 & 4 \end{vmatrix}=1\times4-2\times1=2\neq0,$$

$$D_1=\begin{vmatrix} 35 & 1 \\ 94 & 4 \end{vmatrix}=35\times4-1\times94=46,$$

$$D_2=\begin{vmatrix} 1 & 35 \\ 2 & 94 \end{vmatrix}=1\times94-35\times2=24,$$

因此
$$x_1=\frac{D_1}{D}=\frac{46}{2}=23,\ x_2=\frac{D_2}{D}=\frac{24}{2}=12.$$

解二元线性方程组产生了二阶行列式的概念，类似地，解三元线性方程组可定义三阶行列式.

**定义 1.5**　由 9 个数 $a_{ij}(i, j=1, 2, 3)$ 排成三行三列的式子 $\begin{vmatrix} a_{11} & a_{12} & a_{13} \\ a_{21} & a_{22} & a_{23} \\ a_{31} & a_{32} & a_{33} \end{vmatrix}$ 叫作**三阶行列式**. 它表示数 $a_{11}a_{22}a_{33}+a_{12}a_{23}a_{31}+a_{13}a_{21}a_{32}-a_{13}a_{22}a_{31}-a_{12}a_{21}a_{33}-a_{11}a_{23}a_{32}$，即

$$\begin{vmatrix} a_{11} & a_{12} & a_{13} \\ a_{21} & a_{22} & a_{23} \\ a_{31} & a_{32} & a_{33} \end{vmatrix}=a_{11}a_{22}a_{33}+a_{12}a_{23}a_{31}+a_{13}a_{21}a_{32}-a_{13}a_{22}a_{31}-a_{12}a_{21}a_{33}-a_{11}a_{23}a_{32}.$$

三阶行列式的展开式为 6 项的代数和，其规律遵循对角线法则，如图 1.1 所示，每一项均为位于不同行不同列的 3 个元素之积，实线相连的 3 个元素之积带“+”号，虚线相连的 3 个元素之积带“-”号.

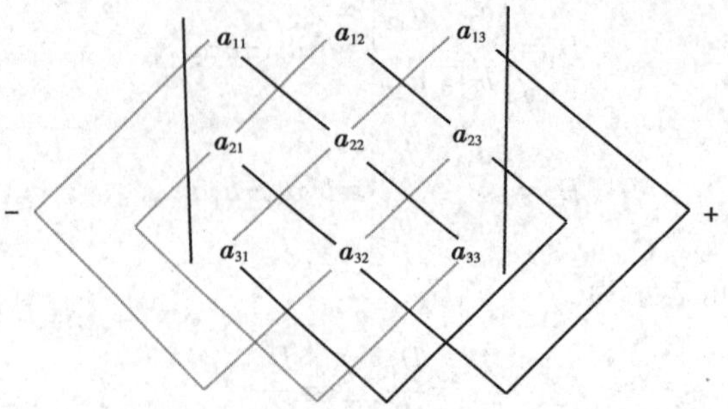


**图 1.1　三阶行列式的对角线法则**

**例 1.2**　计算三阶行列式 $D=\begin{vmatrix} -2 & 1 & 1 \\ 1 & 1 & 4 \\ 3 & -7 & 5 \end{vmatrix}$.

**解**　由三阶行列式的定义可得 $D=-10+12-7-3-56-5=-69$.

**【实际问题 1.1】**　平面上 3 个点共线的条件.

已知平面上互异的 3 点 $A(x_1, y_1)$, $B(x_2, y_2)$, $C(x_3, y_3)$共线，推导其应满足的条件.

**解**　过 $A$, $B$ 两点的直线方程用两点式表示为

$$\frac{y-y_1}{y_2-y_1}=\frac{x-x_1}{x_2-x_1}.$$

因 $C$ 点在该直线上，所以 $C$ 点的坐标满足此方程，代入$(x_3, y_3)$得

$$\frac{y_3-y_1}{y_2-y_1}=\frac{x_3-x_1}{x_2-x_1}.$$

化简得 $x_1y_2+x_2y_3+x_3y_1-x_1y_3-x_2y_1-x_3y_2=0$，写成行列式即为

$$\begin{vmatrix} x_1 & y_1 & 1 \\ x_2 & y_2 & 1 \\ x_3 & y_3 & 1 \end{vmatrix}=0.$$

需要指出的是，对角线法则有助于理解并记忆二阶、三阶行列式的展开式，但这个法则只对二阶、三阶行列式适用. 读者可自行验证，对四元线性方程组，如果将对角线法则用到对应的系数上，结果为 8 项的代数和，但事实上，四元线性方程组有唯一解时，解为分式，且分子、分母均为 24 项的代数和.

三阶行列式可以表示为

$$D=\begin{vmatrix} a_{11} & a_{12} & a_{13} \\ a_{21} & a_{22} & a_{23} \\ a_{31} & a_{32} & a_{33} \end{vmatrix}=a_{11}(a_{22}a_{33}-a_{23}a_{32})-a_{12}(a_{21}a_{33}-a_{23}a_{31})+a_{13}(a_{21}a_{32}-a_{22}a_{31})$$

$$=a_{11}\begin{vmatrix} a_{22} & a_{23} \\ a_{32} & a_{33} \end{vmatrix}-a_{12}\begin{vmatrix} a_{21} & a_{23} \\ a_{31} & a_{33} \end{vmatrix}+a_{13}\begin{vmatrix} a_{21} & a_{22} \\ a_{31} & a_{32} \end{vmatrix},$$

从而，三阶行列式可用二阶行列式表示，且规律如下.

(1) 每一项都是三阶行列式第 1 行中的某个元素与一个二阶行列式的乘积.

(2) 每个二阶行列式恰好是由三阶行列式在划去前面相乘的元素所在行和所在列的元素之后，剩余的元素按照原来的顺序组成的，即 $\begin{vmatrix} a_{22} & a_{23} \\ a_{32} & a_{33} \end{vmatrix}$，$\begin{vmatrix} a_{21} & a_{23} \\ a_{31} & a_{33} \end{vmatrix}$，$\begin{vmatrix} a_{21} & a_{22} \\ a_{31} & a_{32} \end{vmatrix}$ 是三阶行列式分别划去 $a_{11}$，$a_{12}$，$a_{13}$ 所在的行和列后剩下元素组成的二阶行列式.

(3) 每一行前面取正号还是负号，恰好分别与元素 $a_{11}$，$a_{12}$，$a_{13}$ 的下标之和相对应，即每一项前面的符号恰好为 $(-1)^{i+j}$.

同理，二阶行列式也有类似的表示：

$$D=\begin{vmatrix} a_{11} & a_{12} \\ a_{21} & a_{22} \end{vmatrix}=a_{11}a_{22}-a_{12}a_{21}=a_{11}\,|\,a_{22}\,|-a_{12}\,|\,a_{21}\,|.$$

其中 $|\,a_{22}\,|$，$|\,a_{21}\,|$ 是一阶行列式，值为元素本身.

一般地，可以用这种递归的方法来定义 $n$ 阶行列式.

### 1.1.3 *n* 阶行列式

**定义 1.6** 由 $n^2$ 个数 $a_{ij}(i, j=1, 2, 3, \cdots, n)$ 排成 $n$ 行 $n$ 列的式子

$$D=\begin{vmatrix} a_{11} & a_{12} & a_{13} & \cdots & a_{1n} \\ a_{21} & a_{22} & a_{23} & \cdots & a_{2n} \\ a_{31} & a_{32} & a_{33} & \cdots & a_{3n} \\ \vdots & \vdots & \vdots & & \vdots \\ a_{n1} & a_{n2} & a_{n3} & \cdots & a_{nn} \end{vmatrix}=a_{11}(-1)^{1+1}\begin{vmatrix} a_{22} & a_{23} & \cdots & a_{2n} \\ a_{32} & a_{33} & \cdots & a_{3n} \\ \vdots & \vdots & & \vdots \\ a_{n2} & a_{n3} & \cdots & a_{nn} \end{vmatrix}+$$

$$a_{12}(-1)^{1+2}\begin{vmatrix} a_{21} & a_{23} & \cdots & a_{2n} \\ a_{31} & a_{33} & \cdots & a_{3n} \\ \vdots & \vdots & & \vdots \\ a_{n1} & a_{n3} & \cdots & a_{nn} \end{vmatrix}+\cdots+a_{1n}(-1)^{1+n}\begin{vmatrix} a_{21} & a_{22} & \cdots & a_{2,\,n-1} \\ a_{31} & a_{32} & \cdots & a_{3,\,n-1} \\ \vdots & \vdots & & \vdots \\ a_{n1} & a_{n2} & \cdots & a_{n,\,n-1} \end{vmatrix}$$

计算得到的一个数，称为 ***n* 阶行列式**.

注：上述定义为递归定义.

这样 $n$ 阶行列式就可以由 $n-1$ 阶行列式表示，引入元素 $a_{ij}$ 的余子式：由行列式 $D$ 中划去 $a_{ij}$ 所在的第 $i$ 行和第 $j$ 列后，余下的元素按照原来的顺序构成 $n-1$ 阶行列式，记为 $M_{ij}$，而式子 $A_{ij}=(-1)^{i+j}M_{ij}$ 称为元素 $a_{ij}$ 的代数余子式.

例如，四阶行列式 $\begin{vmatrix} 1 & -1 & 2 & 0 \\ 1 & 1 & -1 & 2 \\ 0 & -1 & 1 & -1 \\ 1 & -1 & 1 & -1 \end{vmatrix}$ 中的元素 $a_{23}$ 的代数余子式为

$$A_{23}=(-1)^{2+3}\begin{vmatrix}1 & -1 & 0\\0 & -1 & -1\\1 & -1 & -1\end{vmatrix},$$

因此，$n$ 阶行列式的定义可以简记为

$$D=a_{11}A_{11}+a_{12}A_{12}+a_{13}A_{13}+\cdots+a_{1n}A_{1n}=\sum_{j=1}^{n}a_{1j}A_{1j}.$$

关于定义 1.6，需要注意以下 3 点.

(1) $n$ 阶行列式的定义是按第 1 行展开的.

(2) 当 $n=1$ 时，定义 $|a_{11}|=a_{11}$，此时不要与绝对值符号混淆，当 $n=2$, 3 时，按对角线法则展开的结果与该定义的结果是等价的.

(3) 行列式的递归定义表明，$n$ 阶行列式可以由 $n$ 个 $n-1$ 阶行列式表示，进一步地，每一个 $n-1$ 阶行列式可由 $n-1$ 个 $n-2$ 阶行列式来表示，如此进行下去，$n$ 阶行列式便可用 $n-1$, …, 3, 2, 1 阶行列式表示. 因此，$n$ 阶行列式最后可表示成 $n!$ 项的代数和，且每一项都是不同行不同列的 $n$ 个元素的乘积.

**定义 1.7** 由 $n^2$ 个数 $a_{ij}(i, j=1, 2, 3, \cdots, n)$ 组成的 $n$ 阶行列式定义为

$$D=\begin{vmatrix}a_{11} & a_{12} & a_{13} & \cdots & a_{1n}\\a_{21} & a_{22} & a_{23} & \cdots & a_{2n}\\a_{31} & a_{32} & a_{33} & \cdots & a_{3n}\\\vdots & \vdots & \vdots & & \vdots\\a_{n1} & a_{n2} & a_{n3} & \cdots & a_{nn}\end{vmatrix}$$

$$=\sum_{j_1j_2\cdots j_n}(-1)^{\tau(j_1j_2\cdots j_n)}a_{1j_1}a_{2j_2}a_{3j_3}\cdots a_{nj_n},$$

由此可知，行列式的展开式中每一项都是不同行不同列的 $n$ 个元素的乘积，再加上一个“+”“-”号. 当行标按自然顺序排列时，如果列标构成的排列是偶排列，则这一项前取“+”号；如果列标构成的排列是奇排列，则这一项前取“-”号.

显然，$n$ 阶行列式的展开式中有一半项前面取“+”号，另一半项前面取“-”号.

注：这里说的“+”“-”号，不包括各元素本身的符号.

因为行列式是任一项 $(-1)^{\tau(j_1j_2\cdots j_n)}a_{1j_1}a_{2j_2}a_{3j_3}\cdots a_{nj_n}$ 都必须在每一行和每一列中各取一个元素，所以得到以下结论.

如果行列式有一行(列)所有元素为零，则行列式的值为零.

**例 1.3** 计算行列式

$$D=\begin{vmatrix}1 & 1 & 0 & 2\\-1 & 0 & 1 & 0\\1 & 0 & 3 & 1\\0 & 1 & 0 & 0\end{vmatrix}.$$

**解**　按行列式递归定义，有

$$D=\begin{vmatrix}1&1&0&2\\-1&0&1&0\\1&0&3&1\\0&1&0&0\end{vmatrix}$$

$$=1\times\begin{vmatrix}0&1&0\\0&3&1\\1&0&0\end{vmatrix}-1\times\begin{vmatrix}-1&1&0\\1&3&1\\0&0&0\end{vmatrix}+0\times\begin{vmatrix}-1&0&0\\1&0&1\\0&1&0\end{vmatrix}-2\times\begin{vmatrix}-1&0&1\\1&0&3\\0&1&0\end{vmatrix}$$

$$=1-0+0-8=-7.$$

**例 1.4**　计算上三角形行列式

$$D=\begin{vmatrix}a_{11}&a_{12}&a_{13}&\cdots&a_{1n}\\0&a_{22}&a_{23}&\cdots&a_{2n}\\0&0&a_{33}&\cdots&a_{3n}\\\vdots&\vdots&\vdots&&\vdots\\0&0&0&\cdots&a_{nn}\end{vmatrix}.$$

行列式的重要结论

**解**　由 $n$ 阶行列式的定义，$D$ 应为 $n!$ 项的代数和，其一般项为

$$(-1)^{\tau(j_1j_2\cdots j_n)}a_{1j_1}a_{2j_2}a_{3j_3}\cdots a_{nj_n}.$$

但由于 $D$ 中有许多元素为 0，因此只需求出上述一般项中不为 0 的项即可.

在 $D$ 中，第 $n$ 行元素除 $a_{nn}$ 外，其余均为 0，所以 $j_n=n$；在第 $n-1$ 行中，除去与 $a_{nn}$ 同行及同列的元素后，不为 0 的元素只有 $a_{n-1,\,n-1}$. 同理逐步上推，可以看出，在展开式中只有 $a_{11}a_{22}a_{33}\cdots a_{nn}$ 一项不等于 0，而这项的列标所组成的排列的逆序数是 0，所以取正号. 因此，由行列式的定义可推出

$$D=\begin{vmatrix}a_{11}&a_{12}&a_{13}&\cdots&a_{1n}\\0&a_{22}&a_{23}&\cdots&a_{2n}\\0&0&a_{33}&\cdots&a_{3n}\\\vdots&\vdots&\vdots&&\vdots\\0&0&0&\cdots&a_{nn}\end{vmatrix}=a_{11}a_{22}a_{33}\cdots a_{nn},$$

即上三角形行列式的值等于主对角线上各元素的乘积.

**例 1.5**　计算行列式

$$D=\begin{vmatrix} a_{11} & a_{12} & \cdots & a_{1,n-1} & a_{1n} \\ a_{21} & a_{22} & \cdots & a_{2,n-1} & 0 \\ \vdots & \vdots & & \vdots & \vdots \\ a_{n-1,1} & a_{n-1,2} & \cdots & 0 & 0 \\ a_{n1} & 0 & \cdots & 0 & 0 \end{vmatrix}.$$

**解** 方法同例1.4, $D$ 中只有 $a_{1n}a_{2,n-1}a_{3,n-2}\cdots a_{n1}$ 一项不等于0, 且这项的列标所组成的排列的逆序数为

$$\tau=1+2+\cdots+(n-1)=\frac{n(n-1)}{2},$$

故 $D=(-1)^{\tau}a_{1n}a_{2,n-1}a_{3,n-2}\cdots a_{n1}=(-1)^{\frac{n(n-1)}{2}}a_{1n}a_{2,n-1}a_{3,n-2}\cdots a_{n1}$.

类似地, 可得 $n$ 阶下三角形行列式

$$D=\begin{vmatrix} a_{11} & 0 & 0 & \cdots & 0 \\ a_{21} & a_{22} & 0 & \cdots & 0 \\ a_{31} & a_{32} & a_{33} & \cdots & 0 \\ \vdots & \vdots & \vdots & & \vdots \\ a_{n1} & a_{n2} & a_{n3} & \cdots & a_{nn} \end{vmatrix}=a_{11}a_{22}a_{33}\cdots a_{nn},$$

$n$ 阶对角行列式

$$D=\begin{vmatrix} a_{11} & 0 & 0 & \cdots & 0 \\ 0 & a_{22} & 0 & \cdots & 0 \\ 0 & 0 & a_{33} & \cdots & 0 \\ \vdots & \vdots & \vdots & & \vdots \\ 0 & 0 & 0 & \cdots & a_{nn} \end{vmatrix}=a_{11}a_{22}a_{33}\cdots a_{nn}.$$

上三角(下三角)形行列式是计算行列式的基础, 在第1.2节讲完行列式的性质之后, 会利用行列式的性质将行列式的计算归结为上三角(下三角)形行列式的计算.

## 习题 1.1

1. 求下列全排列的逆序数.

(1) 1234.　　(2) 45213.

(3) $n(n-1)\cdots 321$.　　(4) $135\cdots(2n-1)246\cdots(2n)$.

2. 写出四阶行列式中含有因子 $a_{11}a_{23}$ 的项.

3. 用对角线法则计算下列行列式.

(1) $\begin{vmatrix} 3 & 2 \\ 1 & -2 \end{vmatrix}$.　　　　(2) $\begin{vmatrix} 1 & 2 & 1 \\ 3 & 1 & 0 \\ 2 & 3 & 2 \end{vmatrix}$.

(3) $\begin{vmatrix} 1 & -3 & 3 \\ 1 & -1 & 1 \\ 3 & 1 & -1 \end{vmatrix}$.　　　　(4) $\begin{vmatrix} a^2 & ab & b^2 \\ 2a & a+b & 2b \\ 1 & 1 & 1 \end{vmatrix}$.

4. 试判断(1) $a_{14}a_{23}a_{31}a_{42}a_{56}a_{65}$ 和(2) $a_{32}a_{43}a_{14}a_{51}a_{25}a_{66}$ 是否都是六阶行列式中的项. 若是六阶行列式中的项, 应取什么符号?

5. 求行列式 $\begin{vmatrix} -2 & 0 & 4 \\ -3 & 0 & 3 \\ 2 & -2 & 1 \end{vmatrix}$ 中元素 $a_{11}$ 和 $a_{31}$ 的代数余子式.

6. 若 $n$ 阶行列式 $D$ 中有多于 $n^2-n$ 个元素为 0, 则 $D=$________.

7. 已知 $6i541j$ 为奇排列, 则 $i$, $j$ 的值为(　　)

A. $i=3$, $j=2$　　B. $i=2$, $j=3$　　C. $i=3$, $j=7$　　D. $i=2$, $j=7$

8. 已知行列式

$$D_1=\begin{vmatrix} 0 & \lambda_1 & 1 & 0 \\ 0 & 0 & \lambda_2 & 1 \\ 0 & 0 & 0 & \lambda_3 \\ \lambda_4 & 0 & 0 & 0 \end{vmatrix},\ D_2=\begin{vmatrix} 0 & 0 & 0 & \lambda_1 \\ 0 & 0 & \lambda_2 & 0 \\ 0 & \lambda_3 & 0 & 0 \\ \lambda_4 & 0 & 0 & 0 \end{vmatrix},$$

其中 $\lambda_1\lambda_2\lambda_3\lambda_4\neq 0$, 则 $D_1$ 与 $D_2$ 应满足关系(　　).

A. $D_1=D_2$　　B. $D_1=-D_2$　　C. $D_1=2D_2$　　D. $2D_1=D_2$

9. $n$ 阶行列式

$$D=\begin{vmatrix} 0 & 0 & \cdots & 0 & 1 \\ 0 & 0 & \cdots & 2 & 0 \\ \vdots & \vdots & & \vdots & \vdots \\ 0 & n-1 & \cdots & 0 & 0 \\ n & 0 & \cdots & 0 & 0 \end{vmatrix}$$

的值为(　　).

A. $n!$　　B. $(-1)^n n!$

C. $(-1)^{n+1} n!$　　D. $(-1)^{\frac{n(n-1)}{2}} n!$

习题 1.1: 9

# 1.2 行列式的性质及其应用

利用行列式的定义直接计算行列式一般很困难，行列式的阶数越高，难度越大，为了简化相应的计算，本节首先介绍行列式的一些基本性质，然后利用这些性质及推论计算一些形式较为简化的行列式.

## 1.2.1 行列式的性质

**定义 1.8** 将行列式 $D$ 的行与列互换得到的行列式称为行列式 $D$ 的转置行列式，记为 $D^{\mathrm{T}}$ 或 $D'$，即

$$D=\begin{vmatrix} a_{11} & a_{12} & a_{13} & \cdots & a_{1n} \\ a_{21} & a_{22} & a_{23} & \cdots & a_{2n} \\ a_{31} & a_{32} & a_{33} & \cdots & a_{3n} \\ \vdots & \vdots & \vdots & & \vdots \\ a_{n1} & a_{n2} & a_{n3} & \cdots & a_{nn} \end{vmatrix},\ D^{\mathrm{T}}=\begin{vmatrix} a_{11} & a_{21} & a_{31} & \cdots & a_{n1} \\ a_{12} & a_{22} & a_{32} & \cdots & a_{n2} \\ a_{13} & a_{23} & a_{33} & \cdots & a_{n3} \\ \vdots & \vdots & \vdots & & \vdots \\ a_{1n} & a_{2n} & a_{3n} & \cdots & a_{nn} \end{vmatrix}.$$

例如行列式 $D=\begin{vmatrix} 1 & 2 & 3 \\ 4 & 5 & 6 \\ 7 & 8 & 9 \end{vmatrix}$ 的转置行列式 $D^{\mathrm{T}}=\begin{vmatrix} 1 & 4 & 7 \\ 2 & 5 & 8 \\ 3 & 6 & 9 \end{vmatrix}$.

换一个角度看，也可以把 $D$ 看成 $D^{\mathrm{T}}$ 的转置行列式.

**性质 1.1** 行列式与其转置行列式的值相等.

该性质利用行列式的定义即可得证.

例如

$$\begin{vmatrix} 1 & 2 & 3 \\ 4 & 5 & 6 \\ 7 & 8 & 9 \end{vmatrix}=\begin{vmatrix} 1 & 4 & 7 \\ 2 & 5 & 8 \\ 3 & 6 & 9 \end{vmatrix}.$$

性质 1.1 说明行列式中行和列具有同样的地位，因此，行列式中的有关性质凡是对行成立的，对列也成立.

**性质 1.2** 互换行列式的两行(列)，行列式的值仅改变符号.

**证明** 以交换两行的情形来证明，根据行列式的定义，

$$D=\begin{vmatrix} a_{11} & a_{12} & \cdots & a_{1n} \\ \vdots & \vdots & & \vdots \\ a_{i1} & a_{i2} & \cdots & a_{in} \\ \vdots & \vdots & & \vdots \\ a_{j1} & a_{j2} & \cdots & a_{jn} \\ \vdots & \vdots & & \vdots \\ a_{n1} & a_{n2} & \cdots & a_{nn} \end{vmatrix}=\sum_{p_1\cdots p_i\cdots p_j\cdots p_n}(-1)^{\tau(p_1\cdots p_i\cdots p_j\cdots p_n)}a_{1p_1}\cdots a_{ip_i}\cdots a_{jp_j}\cdots a_{np_n}$$

$$=-\sum_{p_1\cdots p_j\cdots p_i\cdots p_n}(-1)^{\tau(p_1\cdots p_j\cdots p_i\cdots p_n)}a_{1p_1}\cdots a_{jp_j}\cdots a_{ip_i}\cdots a_{np_n}$$

$$=-\begin{vmatrix} a_{11} & a_{12} & \cdots & a_{1n} \\ \vdots & \vdots & & \vdots \\ a_{j1} & a_{j2} & \cdots & a_{jn} \\ \vdots & \vdots & & \vdots \\ a_{i1} & a_{i2} & \cdots & a_{in} \\ \vdots & \vdots & & \vdots \\ a_{n1} & a_{n2} & \cdots & a_{nn} \end{vmatrix}.$$

以 $r_i$ 表示行列式的第 $i$ 行，以 $c_i$ 表示行列式的第 $i$ 列，交换第 $i, j$ 行记为 $r_i \leftrightarrow r_j$，交换第 $i, j$ 列记为 $c_i \leftrightarrow c_j$.

**推论**　若行列式中有两行(或两列)对应元素相等，则行列式等于零.

**证明**　把行列式 $D$ 中有相同元素的两行(或两列)互换，则有 $D=-D$，因此 $D=0$.

**性质 1.3**　若行列式的某一行(或列)有公因子 $k$，则公因子 $k$ 可以提到行列式外面，或者说，用 $k$ 乘行列式的某一行(或列)，等于用 $k$ 乘以该行列式，即

$$\begin{vmatrix} a_{11} & a_{12} & \cdots & a_{1n} \\ \vdots & \vdots & & \vdots \\ ka_{i1} & ka_{i2} & \cdots & ka_{in} \\ \vdots & \vdots & & \vdots \\ a_{n1} & a_{n2} & \cdots & a_{nn} \end{vmatrix}=k\begin{vmatrix} a_{11} & a_{12} & \cdots & a_{1n} \\ \vdots & \vdots & & \vdots \\ a_{i1} & a_{i2} & \cdots & a_{in} \\ \vdots & \vdots & & \vdots \\ a_{n1} & a_{n2} & \cdots & a_{nn} \end{vmatrix}.$$

第 $i$ 行(或列)乘以 $k$ 记作 $kr_i$(或 $kc_i$)，第 $i$ 行(或列)提取公因子 $k$ 记作 $\frac{1}{k}r_i\left(或\frac{1}{k}c_i\right)$，其中 $k\neq0$.

**推论 1**　行列式的某一行(列)所有元素的公因子可以提到行列式的前面.

**推论 2**　如果行列式有两行(列)对应元素成比例，则行列式的值为零.

例如

$$\begin{vmatrix} a & b & c \\ ka & kb & kc \\ d & e & f \end{vmatrix} = k\begin{vmatrix} a & b & c \\ a & b & c \\ d & e & f \end{vmatrix} = 0.$$

**推论 3** 若行列式中个某一行(列)对应元素全为零，则行列式的值为零.

**性质 1.4** 若行列式的某一行(列)元素都是两数之和，则可按此行(列)将行列式拆为两个行列式的和. 即

$$\begin{vmatrix} a_{11} & a_{12} & \cdots & a_{1n} \\ \vdots & \vdots & & \vdots \\ a_{i1}+a'_{i1} & a_{i2}+a'_{i2} & \cdots & a_{in}+a'_{in} \\ \vdots & \vdots & & \vdots \\ a_{n1} & a_{n2} & \cdots & a_{nn} \end{vmatrix} = \begin{vmatrix} a_{11} & a_{12} & \cdots & a_{1n} \\ \vdots & \vdots & & \vdots \\ a_{i1} & a_{i2} & \cdots & a_{in} \\ \vdots & \vdots & & \vdots \\ a_{n1} & a_{n2} & \cdots & a_{nn} \end{vmatrix} + \begin{vmatrix} a_{11} & a_{12} & \cdots & a_{1n} \\ \vdots & \vdots & & \vdots \\ a'_{i1} & a'_{i2} & \cdots & a'_{in} \\ \vdots & \vdots & & \vdots \\ a_{n1} & a_{n2} & \cdots & a_{nn} \end{vmatrix}.$$

**性质 1.5** 若行列式的某一行(列)中的每个元素都乘数 $k$，加到另一行(列)中对应元素上，行列式的值不变.

$r_j+kr_i$ 表示第 $i$ 行所有元素乘 $k$ 加到第 $j$ 行上去(此时行列式第 $i$ 行不变，变化的是第 $j$ 行，$i \neq j$)，即

$$D=\begin{vmatrix} a_{11} & a_{12} & \cdots & a_{1n} \\ \vdots & \vdots & & \vdots \\ a_{i1} & a_{i2} & \cdots & a_{in} \\ \vdots & \vdots & & \vdots \\ a_{j1} & a_{j2} & \cdots & a_{jn} \\ \vdots & \vdots & & \vdots \\ a_{n1} & a_{n2} & & a_{nn} \end{vmatrix} \xlongequal{r_j+kr_i} \begin{vmatrix} a_{11} & a_{12} & \cdots & a_{1n} \\ \vdots & \vdots & & \vdots \\ a_{i1} & a_{i2} & \cdots & a_{in} \\ \vdots & \vdots & & \vdots \\ a_{j1}+ka_{i1} & a_{j2}+ka_{i2} & \cdots & a_{jn}+ka_{in} \\ \vdots & \vdots & & \vdots \\ a_{n1} & a_{n2} & \cdots & a_{nn} \end{vmatrix}.$$

行列式的重要性质

同样，$c_j+kc_i$ 表示第 $i$ 列所有元素乘 $k$ 加到第 $j$ 列上去(此时行列式第 $i$ 列不变，变化的是第 $j$ 列，$i \neq j$).

**性质 1.6** 行列式可以按任意行(列)展开，值不变，具体如下.

按第 $i$ 行展开($i=1, 2, \cdots, n$)，

$$D=a_{i1}A_{i1}+a_{i2}A_{i2}+a_{i3}A_{i3}+\cdots+a_{in}A_{in}=\sum_{j=1}^{n} a_{ij}A_{ij}.$$

按第 $j$ 列展开($j=1, 2, \cdots, n$)，

$$D=a_{1j}A_{1j}+a_{2j}A_{2j}+a_{3j}A_{3j}+\cdots+a_{nj}A_{nj}=\sum_{i=1}^{n} a_{ij}A_{ij}.$$

由定义 1.6 和上述性质可推出下面结论.

**推论** 行列式中某一行(列)的元素与另一行(列)的元素对应的代数余子式的乘积之和等于零，即

$$a_{i1}A_{j1}+a_{i2}A_{j2}+a_{i3}A_{j3}+\cdots+a_{in}A_{jn}=0(i,\ j=1,\ 2,\ \cdots,\ n,\ i\neq j)$$

或

$$a_{1i}A_{1j}+a_{2i}A_{2j}+a_{3i}A_{3j}+\cdots+a_{ni}A_{nj}=0(i,\ j=1,\ 2,\ \cdots,\ n,\ i\neq j).$$

**证明**　设

$$D=\begin{vmatrix} a_{11} & a_{12} & \cdots & a_{1n} \\ \vdots & \vdots & & \vdots \\ a_{i1} & a_{i2} & & a_{in} \\ \vdots & \vdots & & \vdots \\ a_{j1} & a_{j2} & & a_{jn} \\ \vdots & \vdots & & \vdots \\ a_{n1} & a_{n2} & \cdots & a_{nn} \end{vmatrix},$$

将行列式中的第 $j$ 行的元素对应替换成第 $i$ 行的元素，其他元素不变，即

$$\widetilde{D}=\begin{vmatrix} a_{11} & a_{12} & \cdots & a_{1n} \\ \vdots & \vdots & & \vdots \\ a_{j1} & a_{j2} & \cdots & a_{jn} \\ \vdots & \vdots & & \vdots \\ a_{i1} & a_{i2} & \cdots & a_{in} \\ \vdots & \vdots & & \vdots \\ a_{n1} & a_{n2} & \cdots & a_{nn} \end{vmatrix}\begin{matrix} \\ \\ \leftarrow i \\ \\ \leftarrow j \\ \\ \\ \end{matrix}.$$

显然，$\widetilde{D}=0$，且 $\widetilde{D}$ 第 $j$ 行各元素的代数余子式与 $D$ 第 $j$ 行各元素的代数余子式对应相等，由性质 1.6，将 $\widetilde{D}$ 按第 $j$ 行展开，得

$$a_{i1}A_{j1}+a_{i2}A_{j2}+a_{i3}A_{j3}+\cdots+a_{in}A_{jn}=\sum_{k=1}^{n}a_{ik}A_{jk}=\widetilde{D}=0(i\neq j).$$

同理可证

$$a_{1i}A_{1j}+a_{2i}A_{2j}+a_{3i}A_{3j}+\cdots+a_{ni}A_{nj}=0(i\neq j).$$

综合定义 1.6 和推论，对于行列式和代数余子式的关系有以下重要结论：

$$\sum_{k=1}^{n}a_{ik}A_{jk}=\begin{cases}D,\ i=j,\\0,\ i\neq j;\end{cases}\quad \sum_{k=1}^{n}a_{ki}A_{kj}=\begin{cases}D,\ i=j,\\0,\ i\neq j.\end{cases}$$

### 1.2.2　行列式性质的简单应用

下面利用行列式的性质进行简单的行列式求解和证明.

**例 1.6** 计算行列式 $D=\begin{vmatrix}0 & -1 & 2 & 1\\1 & 2 & 1 & 4\\1 & 0 & 1 & 3\\0 & 1 & 3 & 1\end{vmatrix}$.

**解** $$D=\begin{vmatrix}0 & -1 & 2 & 1\\1 & 2 & 1 & 4\\1 & 0 & 1 & 3\\0 & 1 & 3 & 1\end{vmatrix}\xlongequal{r_1\leftrightarrow r_2}-\begin{vmatrix}1 & 2 & 1 & 4\\0 & -1 & 2 & 1\\1 & 0 & 1 & 3\\0 & 1 & 3 & 1\end{vmatrix}\xlongequal{r_3-r_1}-\begin{vmatrix}1 & 2 & 1 & 4\\0 & -1 & 2 & 1\\0 & -2 & 0 & -1\\0 & 1 & 3 & 1\end{vmatrix}$$

$$\xlongequal[r_4+r_2]{r_3-2r_2}-\begin{vmatrix}1 & 2 & 1 & 4\\0 & -1 & 2 & 1\\0 & 0 & -4 & -3\\0 & 0 & 5 & 2\end{vmatrix}\xlongequal{r_4+\frac{5}{4}r_3}-\begin{vmatrix}1 & 2 & 1 & 4\\0 & -1 & 2 & 1\\0 & 0 & -4 & -3\\0 & 0 & 0 & -\frac{7}{4}\end{vmatrix}=7.$$

**例 1.7** 计算 $D=\begin{vmatrix}ab & ac & ae\\bd & cd & de\\bf & cf & -ef\end{vmatrix}$.

**解** 由性质 1.3 可得

$$D=\begin{vmatrix}ab & ac & ae\\bd & cd & de\\bf & cf & -ef\end{vmatrix}=adf\begin{vmatrix}b & c & e\\b & c & e\\b & c & -e\end{vmatrix}=0.$$

**例 1.8** 计算 $D=\begin{vmatrix}2 & 1 & 1 & 1\\1 & 2 & 1 & 1\\1 & 1 & 2 & 1\\1 & 1 & 1 & 2\end{vmatrix}$.

**解** 这个行列式的特点是各行 4 个数的和都是 5，把第 2，3，4 列同时加到第 1 列，把公因子提出，然后把第 1 行乘−1 加到第 2，3，4 行上就成为三角形行列式，具体计算如下.

$$D\xlongequal[i=2,\,3,\,4]{c_1+c_i}\begin{vmatrix}5 & 1 & 1 & 1\\5 & 2 & 1 & 1\\5 & 1 & 2 & 1\\5 & 1 & 1 & 2\end{vmatrix}\xlongequal{\frac{1}{5}c_1}5\begin{vmatrix}1 & 1 & 1 & 1\\1 & 2 & 1 & 1\\1 & 1 & 2 & 1\\1 & 1 & 1 & 2\end{vmatrix}\xlongequal[i=2,\,3,\,4]{r_i-r_1}5\begin{vmatrix}1 & 1 & 1 & 1\\0 & 1 & 0 & 0\\0 & 0 & 1 & 0\\0 & 0 & 0 & 1\end{vmatrix}=5.$$

**例 1.9** 计算 $D=\begin{vmatrix}a & b & b & b\\b & a & b & b\\b & b & a & b\\b & b & b & a\end{vmatrix}$.

解　$D \xlongequal{r_1+r_2+r_3+r_4} \begin{vmatrix} a+3b & a+3b & a+3b & a+3b \\ b & a & b & b \\ b & b & a & b \\ b & b & b & a \end{vmatrix}$

$=(a+3b)\begin{vmatrix} 1 & 1 & 1 & 1 \\ b & a & b & b \\ b & b & a & b \\ b & b & b & a \end{vmatrix} \xlongequal[i=2,\ 3,\ 4]{r_i-br_1} (a+3b)\begin{vmatrix} 1 & 1 & 1 & 1 \\ 0 & a-b & 0 & 0 \\ 0 & 0 & a-b & 0 \\ 0 & 0 & 0 & a-b \end{vmatrix}$

$=(a+3b)(a-b)^3$.

**【问题 1.2】**　假设一个 $n$ 阶行列式的元素满足 $a_{ij}=-a_{ji}$，$i, j=1, 2, \cdots, n$. 当 $n$ 为奇数时，此行列式的值为多少？试说明理由.

**【实际问题 1.2】**　将 $x^4+6x^3+x^2-24x-20$ 分解因式.

解　原式$=x^2(x^2+6x+1)-4(6x+5)=\begin{vmatrix} x^2+6x+1 & 4 \\ 6x+5 & x^2 \end{vmatrix} \xlongequal{r_2-r_1} \begin{vmatrix} x^2+6x+1 & 4 \\ 4-x^2 & x^2-4 \end{vmatrix}$

$=(x^2-4)\begin{vmatrix} x^2+6x+1 & 4 \\ -1 & 1 \end{vmatrix}=(x^2-4)(x^2+6x+5)$

$=(x-2)(x+2)(x+1)(x+5)$.

这种方法具有一定的普遍性.

## 习题 1.2

1. 行列式 $\begin{vmatrix} 2 & 1 & 0 \\ 1 & x & -2 \\ -3 & 2 & 7 \end{vmatrix}=0$，则 $x$ 的值为________.

2. 行列式 $\begin{vmatrix} -ab & a & a \\ bd & -d & d \\ bf & f & f \end{vmatrix}=$________.

3. 计算下列行列式.

(1) $D=\begin{vmatrix} 0 & 1 & 1 & 1 \\ 1 & 0 & 1 & 1 \\ 1 & 1 & 0 & 1 \\ 1 & 1 & 1 & 0 \end{vmatrix}$.　　(2) $D=\begin{vmatrix} 1 & 1 & 1 \\ a & b & c \\ b+c & c+a & a+b \end{vmatrix}$.

(3) $D=\begin{vmatrix} 1+x & 1 & 1 & 1 \\ 1 & 1-x & 1 & 1 \\ 1 & 1 & 1+y & 1 \\ 1 & 1 & 1 & 1-y \end{vmatrix}$.

4. 利用行列式的性质证明下列等式成立.

(1) $\begin{vmatrix} a^2 & (a+1)^2 & (a+2)^2 \\ b^2 & (b+1)^2 & (b+2)^2 \\ c^2 & (c+1)^2 & (c+2)^2 \end{vmatrix}=4(a-b)(a-c)(b-c)$.

(2) $\begin{vmatrix} a+b & b+c & c+a \\ a_1+b_1 & b_1+c_1 & c_1+a_1 \\ a_2+b_2 & b_2+c_2 & c_2+a_2 \end{vmatrix}=2\begin{vmatrix} a & b & c \\ a_1 & b_1 & c_1 \\ a_2 & b_2 & c_2 \end{vmatrix}$.

## 1.3 行列式的典型计算方法

行列式的计算是本章的重点和难点，除了较简单的行列式可以用定义直接计算外，一般行列式计算的主要思路是利用行列式的性质进行化简，使行列式中出现较多的零元素，然后再计算. 本节举例说明一些常用的方法和技巧.

### 1.3.1 上(下)三角法

根据例 1.4 的结论及行列式的运算性质，可以把一个行列式化为上(下)三角形行列式，从而求得行列式的值，其值即为主对角线元素之积.

**例 1.10** 计算行列式 $\begin{vmatrix} 1 & 2 & 3 & 4 \\ -2 & -1 & -5 & -2 \\ 3 & -5 & 6 & 3 \\ -4 & -2 & -3 & -4 \end{vmatrix}$.

**解** 元素 $a_{11}=1$，以第 1 行元素为基础，采用行的变换把它化为上三角形行列式.

$$\begin{vmatrix} 1 & 2 & 3 & 4 \\ -2 & -1 & -5 & -2 \\ 3 & -5 & 6 & 3 \\ -4 & -2 & -3 & -4 \end{vmatrix} \xlongequal[r_4+4r_1]{r_2+2r_1 \atop r_3-3r_1} \begin{vmatrix} 1 & 2 & 3 & 4 \\ 0 & 3 & 1 & 6 \\ 0 & -11 & -3 & -9 \\ 0 & 6 & 9 & 12 \end{vmatrix} = 3\begin{vmatrix} 1 & 2 & 3 & 4 \\ 0 & 3 & 1 & 6 \\ 0 & -11 & -3 & -9 \\ 0 & 2 & 3 & 4 \end{vmatrix}$$

$$\xlongequal{r_2-r_4} 3\begin{vmatrix} 1 & 2 & 3 & 4 \\ 0 & 1 & -2 & 2 \\ 0 & -11 & -3 & -9 \\ 0 & 2 & 3 & 4 \end{vmatrix} \xlongequal[r_3+11r_2]{r_4-2r_2} 3\begin{vmatrix} 1 & 2 & 3 & 4 \\ 0 & 1 & -2 & 2 \\ 0 & 0 & -25 & 13 \\ 0 & 0 & 7 & 0 \end{vmatrix}$$

$$=21\begin{vmatrix}1&2&3&4\\0&1&-2&2\\0&0&-25&13\\0&0&1&0\end{vmatrix}$$

$$\xlongequal{r_3\leftrightarrow r_4}-21\begin{vmatrix}1&2&3&4\\0&1&-2&2\\0&0&1&0\\0&0&-25&13\end{vmatrix}\xlongequal{r_4+25r_3}-21\begin{vmatrix}1&2&3&4\\0&1&-2&2\\0&0&1&0\\0&0&0&13\end{vmatrix}=-21\times13$$

$$=-273.$$

**例 1.11**　计算行列式 $\begin{vmatrix}1&1&1&1\\x&a_1&a_2&a_2\\a_2&a_2&x&a_3\\a_3&a_3&a_3&x\end{vmatrix}$.

**解**

$$\begin{vmatrix}1&1&1&1\\x&a_1&a_2&a_2\\a_2&a_2&x&a_3\\a_3&a_3&a_3&x\end{vmatrix}\xlongequal{c_1\leftrightarrow c_2}-\begin{vmatrix}1&1&1&1\\a_1&x&a_2&a_2\\a_2&a_2&x&a_3\\a_3&a_3&a_3&x\end{vmatrix}$$

$$\xlongequal[r_4-a_3r_1]{\substack{r_2-a_1r_1\\r_3-a_2r_1}}-\begin{vmatrix}1&1&1&1\\0&x-a_1&a_2-a_1&a_2-a_1\\0&0&x-a_2&a_3-a_2\\0&0&0&x-a_3\end{vmatrix}$$

$$=-(x-a_1)(x-a_2)(x-a_3).$$

**例 1.12**　计算 $n$ 阶行列式 $D=\begin{vmatrix}x&1&1&\cdots&1\\1&x&1&\cdots&1\\1&1&x&\cdots&1\\\vdots&\vdots&\vdots&&\vdots\\1&1&1&\cdots&x\end{vmatrix}$.

**解**　根据性质 1.5，仿照例 1.8，可得 $D=[x+(n-1)](x-1)^{n-1}$.

## 1.3.2　降阶法

使用 $n$ 阶行列式的定义 1.6 计算行列式时，一般可利用性质将行列式化为某一行(或列)仅剩一个非零元素，然后按此行(或列)展开，从而达到降阶的目的.

**例 1.13** 计算行列式 $D=\begin{vmatrix} 3 & 1 & -1 & 2 \\ -5 & 1 & 3 & -4 \\ 2 & 0 & 1 & -1 \\ 1 & -5 & 3 & -3 \end{vmatrix}$.

**分析** 为了使运算量尽可能小，尽量选择 0 较多的行或列，同时，选中的行或列的元素总体上尽可能小，这里选中第 3 行，将除 1 外的元素都化为 0.

**解** 保留 $a_{33}$，把第 3 行其余元素变为 0，然后按第 3 行展开.

$$\begin{vmatrix} 3 & 1 & -1 & 2 \\ -5 & 1 & 3 & -4 \\ 2 & 0 & 1 & -1 \\ 1 & -5 & 3 & -3 \end{vmatrix} \xlongequal[c_4+c_3]{c_1-2c_3} \begin{vmatrix} 5 & 1 & -1 & 1 \\ -11 & 1 & 3 & -1 \\ 0 & 0 & 1 & 0 \\ -5 & -5 & 3 & 0 \end{vmatrix} = (-1)^{3+3} \begin{vmatrix} 5 & 1 & 1 \\ -11 & 1 & -1 \\ -5 & -5 & 0 \end{vmatrix}$$

$$\xlongequal{r_2+r_1} \begin{vmatrix} 5 & 1 & 1 \\ -6 & 2 & 0 \\ -5 & -5 & 0 \end{vmatrix} = (-1)^{1+3} \begin{vmatrix} -6 & 2 \\ -5 & -5 \end{vmatrix} = -6\times(-5)-(-5)\times 2 = 40.$$

**例 1.14** 计算 $n$ 阶行列式 $D_n=\begin{vmatrix} x & y & 0 & \cdots & 0 & 0 \\ 0 & x & y & \cdots & 0 & 0 \\ 0 & 0 & x & \cdots & 0 & 0 \\ \vdots & \vdots & \vdots & & \vdots & \vdots \\ 0 & 0 & 0 & \cdots & x & y \\ y & 0 & 0 & \cdots & 0 & x \end{vmatrix}$.

**解** $D_n = x\begin{vmatrix} x & y & 0 & \cdots & 0 \\ 0 & x & y & \cdots & 0 \\ 0 & 0 & x & \cdots & 0 \\ \vdots & \vdots & \vdots & & \vdots \\ 0 & 0 & 0 & \cdots & x \end{vmatrix} + (-1)^{n+1} y \begin{vmatrix} y & 0 & 0 & \cdots & 0 \\ x & y & 0 & \cdots & 0 \\ 0 & x & y & \cdots & 0 \\ \vdots & \vdots & \vdots & & \vdots \\ 0 & 0 & 0 & \cdots & y \end{vmatrix} = x^n + (-1)^{n+1} y^n.$

**【问题 1.3】** 一个 $n$ 阶行列式，如果其中第 $i$ 行所有元素除 $a_{ij}$ 外都为零，那么这个行列式等于 $a_{ij}$ 与它的代数余子式的乘积，即 $D=a_{ij}A_{ij}$. 这个说法是否正确？

**例 1.15** 证明范德蒙德(Vandermonde)行列式

$$D_n=\begin{vmatrix} 1 & 1 & 1 & \cdots & 1 \\ x_1 & x_2 & x_3 & \cdots & x_n \\ x_1^2 & x_2^2 & x_3^2 & \cdots & x_n^2 \\ \vdots & \vdots & \vdots & & \vdots \\ x_1^{n-1} & x_2^{n-1} & x_3^{n-1} & \cdots & x_n^{n-1} \end{vmatrix} = \prod_{1\leqslant i<j\leqslant n}(x_j-x_i),$$

其中记号 $\prod$ 表示连乘积，例如 $\prod\limits_{i=1}^{n} a_i = a_1 a_2 \cdots a_n$.

**证明**　用数学归纳法.

(1) 当 $n=2$ 时，

$$D_2=\begin{vmatrix}1&1\\x_1&x_2\end{vmatrix}=x_2-x_1=\prod_{1\leqslant i<j\leqslant 2}(x_j-x_i),$$

所以结论成立. 假设对于 $n-1$ 阶范德蒙德行列式结论成立，下证对 $n$ 阶范德蒙德行列式结论也成立.

(2) 从第 $n$ 行起，用每一行减去上一行的 $x_1$ 倍，然后按第一列展开，即

$$D_n\xlongequal[i=n,\,n-1,\,\cdots,\,2]{r_i-x_1r_{i-1}}\begin{vmatrix}1&1&1&\cdots&1\\0&x_2-x_1&x_3-x_1&\cdots&x_n-x_1\\0&x_2(x_2-x_1)&x_3(x_3-x_1)&\cdots&x_n(x_n-x_1)\\\vdots&\vdots&\vdots&&\vdots\\0&x_2^{n-2}(x_2-x_1)&x_3^{n-2}(x_3-x_1)&\cdots&x_n^{n-2}(x_n-x_1)\end{vmatrix}$$

$$\xlongequal[\text{提出括号里的因子}]{\text{按第 1 列展开}}(x_2-x_1)(x_3-x_1)\cdots(x_n-x_1)\begin{vmatrix}1&1&\cdots&1\\x_2&x_3&\cdots&x_n\\x_2^2&x_3^2&\cdots&x_n^2\\\vdots&\vdots&&\vdots\\x_2^{n-2}&x_3^{n-2}&\cdots&x_n^{n-2}\end{vmatrix}$$

$$\xlongequal{\text{由归纳假设}}(x_2-x_1)(x_3-x_1)\cdots(x_n-x_1)\prod_{2\leqslant i<j\leqslant n}(x_j-x_i)=\prod_{1\leqslant i<j\leqslant n}(x_j-x_i).$$

例如，三阶范德蒙德行列式 $\begin{vmatrix}1&1&1\\a&b&c\\a^2&b^2&c^2\end{vmatrix}=(b-a)(c-a)(c-b)$.

## 1.3.3　升阶法

除对角线上的元素外其他同列的元素都相等时，可以在行列式的左上角增加一行和一列，达到升阶的目的，再利用行列式的性质进行计算. 为了让行列式的值不变，增加的一列除了第 1 个元素为 1 外，其他的元素均为零.

**例 1.16**　计算 $n$ 阶行列式

$$D_n=\begin{vmatrix}1+a_1&1&1&\cdots&1\\1&1+a_2&1&\cdots&1\\1&1&1+a_3&\cdots&1\\\vdots&\vdots&\vdots&&\vdots\\1&1&1&\cdots&1+a_n\end{vmatrix},\ a_1a_2\cdots a_n\neq 0.$$

**解** 此行列式除主对角线上的元素外均为 1，在 $D_n$ 的左上角增加一行和一列，得到

$$D_{n+1}=\begin{vmatrix}1 & 1 & 1 & 1 & \cdots & 1\\ 0 & 1+a_1 & 1 & 1 & \cdots & 1\\ 0 & 1 & 1+a_2 & 1 & \cdots & 1\\ 0 & 1 & 1 & 1+a_3 & \cdots & 1\\ \vdots & \vdots & \vdots & \vdots & & \vdots\\ 0 & 1 & 1 & 1 & \cdots & 1+a_n\end{vmatrix}=D_n.$$

将第 1 行的$-1$倍加到其余各行，再将第 2，3，…，$n+1$ 列分别乘$\dfrac{1}{a_i}(i=1,2,\cdots,n)$加到第 1 列，得

$$D_n=D_{n+1}=\begin{vmatrix}1 & 1 & 1 & 1 & \cdots & 1\\ -1 & a_1 & 0 & 0 & \cdots & 0\\ -1 & 0 & a_2 & 0 & \cdots & 0\\ -1 & 0 & 0 & a_3 & \cdots & 0\\ \vdots & \vdots & \vdots & \vdots & & \vdots\\ -1 & 0 & 0 & 0 & \cdots & a_n\end{vmatrix}\xlongequal[i=2,3,\cdots,n+1]{c_1+\frac{1}{a_{i-1}}c_i}$$

$$\begin{vmatrix}1+\sum\limits_{i=1}^{n}\dfrac{1}{a_i} & 1 & 1 & 1 & \cdots & 1\\ 0 & a_1 & 0 & 0 & \cdots & 0\\ 0 & 0 & a_2 & 0 & \cdots & 0\\ 0 & 0 & 0 & a_3 & \cdots & 0\\ \vdots & \vdots & \vdots & \vdots & & \vdots\\ 0 & 0 & 0 & 0 & \cdots & a_n\end{vmatrix}$$

$$=\left(1+\sum_{i=1}^{n}\frac{1}{a_i}\right)a_1a_2\cdots a_n.$$

### 1.3.4 拆分法

当行列式中存在非常明显的和运算，同时行列式的各行(列)的元素除一两个外，其他元素都相同或结构相似时，可先利用性质 1.4 逐步拆分行列式，再利用行列式的其他性质进行化简计算.

**例 1.17**　证明 $\begin{vmatrix} ax+by & ay+bz & az+bx \\ ay+bz & az+bx & ax+by \\ az+bx & ax+by & ay+bz \end{vmatrix} = (a^3+b^3)\begin{vmatrix} x & y & z \\ y & z & x \\ z & x & y \end{vmatrix}$.

**证明**　左端 $= \begin{vmatrix} ax & ay+bz & az+bx \\ ay & az+bx & ax+by \\ az & ax+by & ay+bz \end{vmatrix} + \begin{vmatrix} by & ay+bz & az+bx \\ bz & az+bx & ax+by \\ bx & ax+by & ay+bz \end{vmatrix}$

$$= a\begin{vmatrix} x & ay+bz & az+bx \\ y & az+bx & ax+by \\ z & ax+by & ay+bz \end{vmatrix} + b\begin{vmatrix} y & ay+bz & az+bx \\ z & az+bx & ax+by \\ x & ax+by & ay+bz \end{vmatrix}$$

$$= a\begin{vmatrix} x & ay+bz & az \\ y & az+bx & ax \\ z & ax+by & ay \end{vmatrix} + a\begin{vmatrix} x & ay+bz & bx \\ y & az+bx & by \\ z & ax+by & bz \end{vmatrix} + b\begin{vmatrix} y & ay+bz & az+bx \\ z & az+bx & ax+by \\ x & ax+by & ay+bz \end{vmatrix}$$

$$= a\begin{vmatrix} x & ay+bz & az \\ y & az+bx & ax \\ z & ax+by & ay \end{vmatrix} + b\begin{vmatrix} y & ay & az+bx \\ z & az & ax+by \\ x & ax & ay+bz \end{vmatrix} + b\begin{vmatrix} y & bz & az+bx \\ z & bx & ax+by \\ x & by & ay+bz \end{vmatrix}$$

$$= a^2\begin{vmatrix} x & ay+bz & z \\ y & az+bx & x \\ z & ax+by & y \end{vmatrix} + b^2\begin{vmatrix} y & z & az+bx \\ z & x & ax+by \\ x & y & ay+bz \end{vmatrix}$$

$$= a^2\begin{vmatrix} x & ay & z \\ y & az & x \\ z & ax & y \end{vmatrix} + b^2\begin{vmatrix} y & z & bx \\ z & x & by \\ x & y & bz \end{vmatrix} = a^3\begin{vmatrix} x & y & z \\ y & z & x \\ z & x & y \end{vmatrix} + b^3\begin{vmatrix} y & z & x \\ z & x & y \\ x & y & z \end{vmatrix} = \text{右端},$$

该题得证.

**例 1.18**　设 $abcd=1$，计算行列式

$$D=\begin{vmatrix} a^2+\frac{1}{a^2} & a & \frac{1}{a} & 1 \\ b^2+\frac{1}{b^2} & b & \frac{1}{b} & 1 \\ c^2+\frac{1}{c^2} & c & \frac{1}{c} & 1 \\ d^2+\frac{1}{d^2} & d & \frac{1}{d} & 1 \end{vmatrix}.$$

行列式的典型计算方法——拆分法

**解**　根据性质 1.4 得

$$D=\begin{vmatrix} a^2 & a & \frac{1}{a} & 1 \\ b^2 & b & \frac{1}{b} & 1 \\ c^2 & c & \frac{1}{c} & 1 \\ d^2 & d & \frac{1}{d} & 1 \end{vmatrix}+\begin{vmatrix} \frac{1}{a^2} & a & \frac{1}{a} & 1 \\ \frac{1}{b^2} & b & \frac{1}{b} & 1 \\ \frac{1}{c^2} & c & \frac{1}{c} & 1 \\ \frac{1}{d^2} & d & \frac{1}{d} & 1 \end{vmatrix}=abcd\begin{vmatrix} a & 1 & \frac{1}{a^2} & \frac{1}{a} \\ b & 1 & \frac{1}{b^2} & \frac{1}{b} \\ c & 1 & \frac{1}{c^2} & \frac{1}{c} \\ d & 1 & \frac{1}{d^2} & \frac{1}{d} \end{vmatrix}+(-1)^3\begin{vmatrix} a & 1 & \frac{1}{a^2} & \frac{1}{a} \\ b & 1 & \frac{1}{b^2} & \frac{1}{b} \\ c & 1 & \frac{1}{c^2} & \frac{1}{c} \\ d & 1 & \frac{1}{d^2} & \frac{1}{d} \end{vmatrix}=0.$$

### 1.3.5 递推法

当行列式除个别的行(列)外，各行(列)所含元素基本相同，且相同的元素呈阶梯状分布时，可以采取递推法求解行列式，即找到相邻行列式的递推关系，进而归纳求解.

**例 1.19** 计算 $n$ 阶行列式

$$D=\begin{vmatrix} 3 & 2 & 0 & \cdots & 0 & 0 \\ 1 & 3 & 2 & \cdots & 0 & 0 \\ 0 & 1 & 3 & \cdots & 0 & 0 \\ \vdots & \vdots & \vdots & & \vdots & \vdots \\ 0 & 0 & 0 & \cdots & 3 & 2 \\ 0 & 0 & 0 & \cdots & 1 & 3 \end{vmatrix}.$$

**分析** 从结构上看，此行列式称为三对角行列式，即除主对角线上及其两侧元素外均为零. 然而，零元素虽多，但使用上三角法会很麻烦，结果也很难预测，因此，使用递推法计算.

**解** 将行列式按第 1 行展开，得

$$D_n=\begin{vmatrix} 3 & 2 & 0 & \cdots & 0 & 0 \\ 1 & 3 & 2 & \cdots & 0 & 0 \\ 0 & 1 & 3 & \cdots & 0 & 0 \\ \vdots & \vdots & \vdots & & \vdots & \vdots \\ 0 & 0 & 0 & \cdots & 3 & 2 \\ 0 & 0 & 0 & \cdots & 1 & 3 \end{vmatrix}=3\begin{vmatrix} 3 & 2 & 0 & \cdots & 0 \\ 1 & 3 & 2 & \cdots & 0 \\ 0 & 1 & 3 & \cdots & 0 \\ \vdots & \vdots & \vdots & & \vdots \\ 0 & 0 & 0 & \cdots & 3 \end{vmatrix}+$$

$$2\times(-1)^{1+2}\begin{vmatrix} 1 & 2 & 0 & \cdots & 0 \\ 0 & 3 & 2 & \cdots & 0 \\ 0 & 1 & 3 & \cdots & 0 \\ \vdots & \vdots & \vdots & & \vdots \\ 0 & 0 & 0 & \cdots & 3 \end{vmatrix}.$$

上式右端的第 1 个行列式恰为 $D_{n-1}$，第 2 个再按第 1 列展开即为 $D_{n-2}$，于是有

$$D_n=3D_{n-1}-2D_{n-2}.$$

上式可变形为 $D_n-D_{n-1}=2(D_{n-1}-D_{n-2})$，进一步地，有

$$D_n-D_{n-1}=2(D_{n-1}-D_{n-2})=\cdots=2^{n-2}(D_2-D_1)=2^n,$$

其中，$D_1=3$，$D_2=7$，由于

$$D_n-D_{n-1}=2^n,\ D_{n-1}-D_{n-2}=2^{n-1},\ D_{n-2}-D_{n-3}=2^{n-2},\ \cdots,\ D_2-D_1=2^2,$$

将这些等式相加，可得

$$D_n-D_1=2^n+2^{n-1}+\cdots+2^2.$$

于是

$$D_n=2^n+2^{n-1}+\cdots+2^2+3=\frac{1-2^{n+1}}{1-2}=2^{n+1}-1.$$

**例 1.20**　计算行列式

$$D_n=\begin{vmatrix} x & -1 & 0 & \cdots & 0 & 0 \\ 0 & x & -1 & \cdots & 0 & 0 \\ 0 & 0 & x & \cdots & 0 & 0 \\ \vdots & \vdots & \vdots & & \vdots & \vdots \\ 0 & 0 & 0 & \cdots & x & -1 \\ a_n & a_{n-1} & a_{n-2} & \cdots & a_2 & x+a_1 \end{vmatrix}.$$

**解**　按第 1 列展开，得

$$D_n=x\begin{vmatrix} x & -1 & \cdots & 0 & 0 \\ 0 & x & \cdots & 0 & 0 \\ \vdots & \vdots & & \vdots & \vdots \\ 0 & 0 & \cdots & x & -1 \\ a_{n-1} & a_{n-2} & \cdots & a_2 & x+a_1 \end{vmatrix}+a_n,$$

即有递推关系 $D_n=xD_{n-1}+a_n$，从而

$$D_n=x(xD_{n-2}+a_{n-1})+a_n=x^2D_{n-2}+a_{n-1}x+a_n=\cdots=x^n+a_1x^{n-1}+\cdots+a_{n-1}x+a_n.$$

**例 1.21**　计算 $2n$ 阶行列式

$$D_{2n}=\begin{vmatrix} a & 0 & \cdots & 0 & 0 & \cdots & 0 & b \\ 0 & a & \cdots & 0 & 0 & \cdots & b & 0 \\ \vdots & \vdots & & \vdots & \vdots & & \vdots & \vdots \\ 0 & 0 & \cdots & a & b & \cdots & 0 & 0 \\ 0 & 0 & \cdots & c & d & \cdots & 0 & 0 \\ \vdots & \vdots & & \vdots & \vdots & & \vdots & \vdots \\ 0 & c & \cdots & 0 & 0 & \cdots & d & 0 \\ c & 0 & \cdots & 0 & 0 & \cdots & 0 & d \end{vmatrix}.$$

**解**　将行列式按第 1 行展开，得

$$D_{2n}=a\begin{vmatrix} a & 0 & \cdots & 0 & 0 & \cdots & b & 0 \\ \vdots & \vdots & & \vdots & \vdots & & \vdots & \vdots \\ 0 & 0 & \cdots & a & b & \cdots & 0 & 0 \\ 0 & 0 & \cdots & c & d & \cdots & 0 & 0 \\ \vdots & \vdots & & \vdots & \vdots & & \vdots & \vdots \\ c & 0 & \cdots & 0 & 0 & \cdots & d & 0 \\ 0 & 0 & \cdots & 0 & 0 & \cdots & 0 & d \end{vmatrix}+$$

$$b(-1)^{1+2n}\begin{vmatrix} 0 & a & \cdots & 0 & 0 & \cdots & 0 & b \\ \vdots & \vdots & & \vdots & \vdots & & \vdots & \vdots \\ 0 & 0 & \cdots & a & b & \cdots & 0 & 0 \\ 0 & 0 & \cdots & c & d & \cdots & 0 & 0 \\ \vdots & \vdots & & \vdots & \vdots & & \vdots & \vdots \\ 0 & c & \cdots & 0 & 0 & \cdots & 0 & d \\ c & 0 & \cdots & 0 & 0 & \cdots & 0 & 0 \end{vmatrix}$$

$$=ad(-1)^{2n-1+2n-1}D_{2n-2}+bc(-1)^{2n+1}(-1)^{2n-1+1}D_{2n-2}=(ad-bc)D_{2n-2},$$

即 $D_{2n}=(ad-bc)D_{2n-2}$，进一步地，由上述递推公式可得

$$D_{2n}=(ad-bc)D_{2(n-1)}=(ad-bc)^2D_{2(n-2)}=\cdots=(ad-bc)^{n-1}D_2=(ad-bc)^{n-1}\begin{vmatrix} a & b \\ c & d \end{vmatrix}=$$

$(ad-bc)^n$.

**【实际问题 1.3】** $f'(x)=0$ 的实根个数.

已知多项式 $f(x)=\begin{vmatrix} 1 & 1 & 1 & 1 \\ x & 2 & 3 & 4 \\ x^2 & 2^2 & 3^2 & 4^2 \\ x^3 & 2^3 & 3^3 & 4^3 \end{vmatrix}$，证明：$f'(x)=0$ 有且仅有两个实根.

**证明** 易知，$x^3$ 的系数为

$$A=-\begin{vmatrix} 1 & 1 & 1 \\ 2 & 3 & 4 \\ 2^2 & 3^2 & 4^2 \end{vmatrix}=-(3-2)(4-2)(4-3)=-2\neq 0,$$

所以 $f(x)$ 为 3 次多项式.

分别令 $x=2,3,4$，知 $f(2)=f(3)=f(4)=0$（因为这几个数代入行列式后都有两列对应元素相等），则 $f(x)$ 在 $[2,3]$，$[3,4]$ 上满足罗尔定理的条件，所以存在 $x_1\in(2,3)$，$x_2\in(3,4)$，使 $f'(x_1)=f'(x_2)=0$，即 $x_1$，$x_2$ 为 $f'(x)=0$ 的两个实根，因 $f(x)$ 为 3 次多项式，则 $f'(x)$ 为 2 次多项式，所以 $f'(x)=0$ 有且仅有两个实根.

## 习题 1.3

1. 计算下列行列式.

(1) $\begin{vmatrix} 1 & 2 & 3 & 4 \\ 0 & 0 & 2 & 0 \\ 3 & 2 & 1 & 3 \\ 6 & 1 & 5 & 0 \end{vmatrix}$.　　(2) $\begin{vmatrix} 2 & 1 & 4 & 1 \\ 3 & -1 & 2 & 1 \\ 1 & 2 & 3 & 2 \\ 5 & 0 & 6 & 2 \end{vmatrix}$.

2. 计算下列 $n$ 阶行列式.

(1) $\begin{vmatrix} 2 & 1 & 0 & \cdots & 0 & 0 \\ 0 & 2 & 1 & \cdots & 0 & 0 \\ 0 & 0 & 2 & \cdots & 0 & 0 \\ \vdots & \vdots & \vdots & & \vdots & \vdots \\ 0 & 0 & 0 & \cdots & 2 & 1 \\ 1 & 0 & 0 & \cdots & 0 & 2 \end{vmatrix}$.　　(2) $\begin{vmatrix} 1 & 2 & 2 & \cdots & 2 & 2 \\ 2 & 2 & 2 & \cdots & 2 & 2 \\ 2 & 2 & 3 & \cdots & 2 & 2 \\ \vdots & \vdots & \vdots & & \vdots & \vdots \\ 2 & 2 & 2 & \cdots & n-1 & 2 \\ 2 & 2 & 2 & \cdots & 2 & n \end{vmatrix}$.

3. 证明下列等式.

(1) $\begin{vmatrix} a & b & c \\ a & a+b & a+b+c \\ a & 2a+b & 3a+2b+c \end{vmatrix} = a^3$.

(2) $\begin{vmatrix} x & -1 & 0 & 0 \\ 0 & x & -1 & 0 \\ 0 & 0 & x & -1 \\ a_0 & a_1 & a_2 & a_3 \end{vmatrix} = a_3x^3+a_2x^2+a_1x+a_0$.

(3) $\begin{vmatrix} a^2 & (a+1)^2 & (a+2)^2 & (a+3)^2 \\ b^2 & (b+1)^2 & (b+2)^2 & (b+3)^2 \\ c^2 & (c+1)^2 & (c+2)^2 & (c+3)^2 \\ d^2 & (d+1)^2 & (d+2)^2 & (d+3)^2 \end{vmatrix} = 0$.

4. 计算下列行列式.

(1) $\begin{vmatrix} 1 & 2 & 3 & \cdots & n-1 & n \\ 1 & -1 & 0 & \cdots & 0 & 0 \\ 0 & 2 & -2 & \cdots & 0 & 0 \\ \vdots & \vdots & \vdots & & \vdots & \vdots \\ 0 & 0 & 0 & \cdots & -(n-2) & 0 \\ 0 & 0 & 0 & \cdots & n-1 & -(n-1) \end{vmatrix}$.

(2) $\begin{vmatrix} 3 & 2 & 2 & \cdots & 2 & 2 \\ 2 & 3 & 2 & \cdots & 2 & 2 \\ 2 & 2 & 3 & \cdots & 2 & 2 \\ \vdots & \vdots & \vdots & & \vdots & \vdots \\ 2 & 2 & 2 & \cdots & 3 & 2 \\ 2 & 2 & 2 & \cdots & 2 & 3 \end{vmatrix}$.

5. 利用数学归纳法证明：

$$\begin{vmatrix} a+b & ab & 0 & \cdots & 0 & 0 \\ 1 & a+b & ab & \cdots & 0 & 0 \\ 0 & 1 & a+b & \cdots & 0 & 0 \\ \vdots & \vdots & \vdots & & \vdots & \vdots \\ 0 & 0 & 0 & \cdots & a+b & ab \\ 0 & 0 & 0 & \cdots & 1 & a+b \end{vmatrix} = \frac{a^{n+1}-b^{n+1}}{a-b}.$$

## 1.4 克莱姆法则

当线性方程组中方程个数等于未知量个数的时候，可利用行列式来解这一类特殊的线性方程组，1.1 节中，利用二阶行列式求解了由两个二元线性方程构成的方程组，本节中将介绍求解由 $n$ 个 $n$ 元线性方程构成的线性方程组的克莱姆法则.

在 1.1.2 小节引例 1.1 中求解了含有 2 个未知量的线性方程组

$$\begin{cases} a_{11}x_1+a_{12}x_2=b_1, \\ a_{21}x_1+a_{22}x_2=b_2, \end{cases}$$

得到当 $D\neq 0$ 时，方程组有唯一解

$$x_1=\frac{D_1}{D},\ x_2=\frac{D_2}{D},$$

其中，方程组未知量的系数构成 $D=\begin{vmatrix} a_{11} & a_{12} \\ a_{21} & a_{22} \end{vmatrix}$，称为系数行列式，将 $D$ 中第 1 列的元素换成对应的常数项，得 $D_1=\begin{vmatrix} b_1 & a_{12} \\ b_2 & a_{22} \end{vmatrix}$，将 $D$ 中第 2 列的元素换成对应的常数项，得 $D_2=\begin{vmatrix} a_{11} & b_1 \\ a_{21} & b_2 \end{vmatrix}$.

将上述结果推广到 $n$ 个方程 $n$ 个未知量的情形，就是克莱姆法则.

考察线性方程组

$$\begin{cases} a_{11}x_1+a_{12}x_2+\cdots+a_{1n}x_n=b_1, \\ a_{21}x_1+a_{22}x_2+\cdots+a_{2n}x_n=b_2, \\ \qquad\vdots \\ a_{n1}x_1+a_{n2}x_2+\cdots a_{nn}x_n=b_n. \end{cases} \tag{1.3}$$

克莱姆法则

其中，$x_1$，$x_2$，…，$x_n$ 表示 $n$ 个未知量，$a_{ij}$，$b_j(i=1, 2, \cdots, n, j=1, 2, \cdots, n)$为常数.

**定理 1.1**　**(克莱姆法则)**若线性方程组(1.3)的系数行列式

$$D=\begin{vmatrix} a_{11} & a_{12} & \cdots & a_{1n} \\ a_{21} & a_{22} & \cdots & a_{2n} \\ \vdots & \vdots & & \vdots \\ a_{n1} & a_{n2} & \cdots & a_{nn} \end{vmatrix}$$

不等于零，则方程组有唯一解

$$x_1=\frac{D_1}{D},\ x_2=\frac{D_2}{D},\ \cdots,\ x_n=\frac{D_n}{D}.$$

其中，$D_j(j=1, 2, \cdots, n)$是将系数行列式 $D$ 的第 $j$ 列换成常数项所得的 $n$ 阶行列式，

$$D_j=\begin{vmatrix} a_{11} & \cdots & a_{1,j-1} & b_1 & a_{1,j+1} & \cdots & a_{1n} \\ a_{21} & \cdots & a_{2,j-1} & b_2 & a_{2,j+1} & \cdots & a_{2n} \\ \vdots & & \vdots & \vdots & \vdots & & \vdots \\ a_{n1} & \cdots & a_{n,j-1} & b_n & a_{n,j+1} & \cdots & a_{nn} \end{vmatrix}.$$

**证明**　这里仅证唯一性. 设 $x_1$，$x_2$，…，$x_n$ 是方程组(1.3)的解，则由行列式的性质 1.3，有 $x_jD=\begin{vmatrix} a_{11} & \cdots & a_{1j}x_j & \cdots & a_{1n} \\ a_{21} & \cdots & a_{2j}x_j & \cdots & a_{2n} \\ \vdots & & \vdots & & \vdots \\ a_{n1} & \cdots & a_{nj}x_j & \cdots & a_{nn} \end{vmatrix}$.

分别对第 1，2，…，$j-1$，$j+1$，…，$n$ 列乘 $x_1$，$x_2$，…，$x_{j-1}$，$x_{j+1}$，…，$x_n$ 再加到第 $j$ 列上，得

$$x_jD=\begin{vmatrix} a_{11} & \cdots & \sum\limits_{j=1}^{n}a_{1j}x_j & \cdots & a_{1n} \\ a_{21} & \cdots & \sum\limits_{j=1}^{n}a_{2j}x_j & \cdots & a_{2n} \\ \vdots & & \vdots & & \vdots \\ a_{n1} & \cdots & \sum\limits_{j=1}^{n}a_{nj}x_j & \cdots & a_{nn} \end{vmatrix}=\begin{vmatrix} a_{11} & \cdots & a_{1,j-1} & b_1 & a_{1,j+1} & \cdots & a_{1n} \\ a_{21} & \cdots & a_{2,j-1} & b_2 & a_{2,j+1} & \cdots & a_{2n} \\ \vdots & & \vdots & \vdots & \vdots & & \vdots \\ a_{n1} & \cdots & a_{n,j-1} & b_n & a_{n,j+1} & \cdots & a_{nn} \end{vmatrix}=D_j.$$

因此，当 $D\neq0$ 时，$x_j=\frac{D_j}{D}(j=1, 2, 3, \cdots, n)$ 是方程组(1.3)的唯一解.

当方程组(1.3)中的 $b_1, b_2, b_3, \cdots, b_n$ 全为0时，得到

$$\begin{cases}a_{11}x_1+a_{12}x_2+\cdots+a_{1n}x_n=0,\\a_{21}x_1+a_{22}x_2+\cdots+a_{2n}x_n=0,\\\qquad\vdots\\a_{n1}x_1+a_{n2}x_2+\cdots a_{nn}x_n=0.\end{cases}\tag{1.4}$$

该方程组称为**齐次线性方程组**.

显然，$x_1=x_2=\cdots=x_n=0$ 是方程组(1.4)的解，称为齐次线性方程组的**零解**；若解 $x_1$, $x_2, \cdots, x_n$ 不全为零，则称为齐次线性方程组的**非零解**.

**定理 1.2** 若齐次线性方程组(1.4)的系数行列式 $D\neq0$，则齐次线性方程组有唯一零解.

**推论** 若齐次线性方程组(1.4)有非零解，则它的系数行列式 $D=0$.

**【问题 1.4】** 齐次线性方程组有非零解，它的系数行列式是否一定为零？

**例 1.22** 求解线性方程组

$$\begin{cases}2x_1+x_2-5x_3+x_4=8,\\x_1-3x_2-6x_4=9,\\2x_2-x_3+2x_4=-5,\\x_1+4x_2-7x_3+6x_4=0.\end{cases}$$

**解** 方程组的方程个数等于未知量个数，系数行列式

$$D=\begin{vmatrix}2&1&-5&1\\1&-3&0&-6\\0&2&-1&2\\1&4&-7&6\end{vmatrix}=27\neq0.$$

同样可以计算

$$D_1=\begin{vmatrix}8&1&-5&1\\9&-3&0&-6\\-5&2&-1&2\\0&4&-7&6\end{vmatrix}=81,\ D_2=\begin{vmatrix}2&8&-5&1\\1&9&0&-6\\0&-5&-1&2\\1&0&-7&6\end{vmatrix}=-108,$$

$$D_3=\begin{vmatrix}2&1&8&1\\1&-3&9&-6\\0&2&-5&2\\1&4&0&6\end{vmatrix}=-27,\ D_4=\begin{vmatrix}2&1&-5&8\\1&-3&0&9\\0&2&-1&-5\\1&4&-7&0\end{vmatrix}=27.$$

所以 $x_1=\frac{D_1}{D}=3$，$x_2=\frac{D_2}{D}=-4$，$x_3=\frac{D_3}{D}=-1$，$x_4=\frac{D_4}{D}=1$.

**例 1.23**　设齐次线性方程组

$$\begin{cases}\lambda x_1+x_2+x_3=0,\\ x_1+\lambda x_2+x_3=0,\\ x_1+x_2+\lambda x_3=0\end{cases}$$

有非零解，试求 $\lambda$ 的值.

**解**　因为方程组的方程个数等于未知量个数，而系数行列式

$$D=\begin{vmatrix}\lambda & 1 & 1\\ 1 & \lambda & 1\\ 1 & 1 & \lambda\end{vmatrix}=(\lambda+2)(\lambda-1)^2,$$

所以根据定理 1.2 的推论可知当 $D=0$，即 $\lambda=-2$ 或 $\lambda=1$ 时，该齐次线性方程组有非零解.

**【实际问题 1.4】**　(联合收入问题)

有 3 个股份制公司 X，Y，Z 互相关联，X 公司持有 X 公司 70%股份，持有 Y 公司 20%股份，持有 Z 公司 30%股份；Y 公司持有 Y 公司 60%股份，持有 Z 公司 20%股份；Z 公司持有 X 公司 30%股份，持有 Y 公司 20%股份，持有 Z 公司 50%股份. 现设 X，Y，Z 公司各自的净收入分别为 22 万元，6 万元，9 万元，每家公司的联合收入是净收入加上其持有的其他公司的股份按比例的提成收入，试求各公司的联合收入及实际收入.

**解**　设公司 X，Y，Z 的联合收入分别为 $x$，$y$，$z$(万元)，易得

$$\begin{cases}x=22+0.2y+0.3z,\\ y=6+0.2z,\\ z=9+0.3x+0.2y,\end{cases}\quad 即\begin{cases}x-0.2y-0.3z=22,\\ y-0.2z=6,\\ 0.3x+0.2y-z=-9,\end{cases}$$

其系数行列式为

$$D=\begin{vmatrix}1 & -0.2 & -0.3\\ 0 & 1 & -0.2\\ 0.3 & 0.2 & -1\end{vmatrix}=-0.858\neq 0.$$

由克莱姆法则知方程组有唯一解.

因为

$$D_1=\begin{vmatrix}22 & -0.2 & -0.3\\ 6 & 1 & -0.2\\ -9 & 0.2 & -1\end{vmatrix}=-25.74,\ D_2=\begin{vmatrix}1 & 22 & -0.3\\ 0 & 6 & -0.2\\ 0.3 & -9 & -1\end{vmatrix}=-8.58,$$

$$D_3=\begin{vmatrix}1 & -0.2 & 22\\ 0 & 1 & 6\\ 0.3 & 0.2 & -9\end{vmatrix}=-17.16,$$

所以 $x=\dfrac{D_1}{D}=30$，$y=\dfrac{D_2}{D}=10$，$z=\dfrac{D_3}{D}=20$.

因此 X 公司的联合收入为 30 万元，实际收入为 $0.7x=21$ 万元；Y 公司的联合收入为 10 万元，实际收入为 $0.6y=6$ 万元；Z 公司的联合收入为 20 万元，实际收入为 $0.5z=10$ 万元.

## 习题 1.4

1. 用克莱姆法则解下列方程组.

(1) $\begin{cases} x_1+2x_2+3x_3=1, \\ 2x_1+2x_2+5x_3=2, \\ 3x_1+5x_2+x_3=3. \end{cases}$　　(2) $\begin{cases} x_1+x_2+x_3=2, \\ x_1+2x_2+4x_3=3, \\ x_1+3x_2+9x_3=5. \end{cases}$

(3) $\begin{cases} 2x_1+2x_2-x_3+x_4=4, \\ 4x_1+3x_2-x_3+2x_4=6, \\ 8x_1+5x_2-3x_3+4x_4=12, \\ 3x_1+3x_2-2x_3+2x_4=16. \end{cases}$

2. 当 $\lambda$ 为何值时，齐次线性方程组 $\begin{cases} 2x_1+\lambda x_2-x_3=0, \\ \lambda x_1-x_2+x_3=0, \\ 4x_1+5x_2-5x_3=0 \end{cases}$ 有非零解？

3. 当 $k$ 取何值时，线性方程组 $\begin{cases} x_1+x_2+2x_3+3x_4=1, \\ x_1+3x_2+6x_3+x_4=3, \\ 3x_1-x_2-kx_3+15x_4=3, \\ x_1-5x_2-10x_3+12x_4=1 \end{cases}$ 有唯一解？

4. 当 $\lambda$ 为何值时，齐次线性方程组 $\begin{cases} (1-\lambda)x_1+2x_2=0, \\ 2x_1+(4-\lambda)x_2=0, \\ x_1+x_2+(1-\lambda)x_3=0 \end{cases}$ 有非零解？

5. 当 $\lambda$ 取何值时，齐次线性方程组 $\begin{cases} (5-\lambda)x+2y+2z=0, \\ 2x+(6-\lambda)y=0, \\ 2x+(4-\lambda)z=0 \end{cases}$ 有非零解？

# 1.5　运用 MATLAB 计算行列式

## 1.5.1　MATLAB 简介

MATLAB 是 Matrix Laboratory（矩阵实验室）的缩写，它是以线性代数软件包 LINPACK 和特征值计算软件包 EISPACK 中的子程序为基础发展起来的一种开放式程序设计语言，是一种高性能的工程计算语言，其基本的数据单位是没有维数限制的矩阵.

MATLAB 自产生之日起，就以强大的功能和良好的开放性在科学计算中广受好评，学会了 MATLAB 就可以方便地处理诸如矩阵变换及运算、多项式运算、微积分运算、线性及非线性方程求解、微分方程求解、插值与拟合、统计及优化等问题了.

本书以 MATLAB 2019b 版本为基础进行编写.

## 1.5.2　用 MATLAB 计算行列式

在 MATLAB 中，利用“det(A)”函数命令可以非常简单地计算矩阵的行列式，其中 A 可以是数值矩阵，也可以是符号矩阵.

**例 1.24**　计算行列式 $\begin{vmatrix} 0 & 2 & -2 & 2 \\ 1 & 3 & 0 & 4 \\ -2 & -11 & 3 & -16 \\ 0 & -7 & 3 & 1 \end{vmatrix}$ 的值.

**解**

```
>>A=[0 2 -2 2; 1 3 0 4; -2 -11 3 -16; 0 -7 3 1].
A =
 0    2   -2    2
 1    3    0    4
-2  -11    3  -16
 0   -7    3    1
>>det(A)
ans=
  56.0000
```

**例 1.25**　设矩阵 $\boldsymbol{A}=\begin{pmatrix} 2 & 4 & 3 & 1 \\ 1 & 2 & 2 & 3 \\ 1 & 5 & 4 & 3 \\ 5 & 1 & 4 & 4 \end{pmatrix}$，$\boldsymbol{B}=\begin{pmatrix} a & b \\ c & d \end{pmatrix}$，计算 $|\boldsymbol{A}|$，$|\boldsymbol{A}^{\mathrm{T}}|$，$|\boldsymbol{B}|$.

解
```
>>A=sym([2 4 3 1; 1 2 2 3; 1 5 4 3; 5 1 4 4]);
>>d=det(A)
d=
  33
>>det(A')
ans=
   33
>>syms a b c d
>>B=[a b; c d]
>>x=det(B)
x=
a*d-b*c
```

## 第 1 章总复习题

第 1 章总复习：1

1. (2012 改编)行列式 $\begin{vmatrix} 1 & a & 0 & 0 \\ 0 & 1 & a & 0 \\ 0 & 0 & 1 & a \\ a & 0 & 0 & 1 \end{vmatrix}=$(　　).

A. $1+a^4$　　B. $1+a^3$

C. $1-a^4$　　D. $1+a^2$

2. (2014)行列式 $\begin{vmatrix} 0 & a & b & 0 \\ a & 0 & 0 & b \\ 0 & c & d & 0 \\ c & 0 & 0 & d \end{vmatrix}=$(　　).

A. $(ad-bc)^2$　　B. $-(ad-bc)^2$　　C. $a^2d^2-b^2c^2$　　D. $b^2c^2-a^2d^2$

3. (1996)四阶行列式 $\begin{vmatrix} a_1 & 0 & 0 & b_1 \\ 0 & a_2 & b_2 & 0 \\ 0 & b_3 & a_3 & 0 \\ b_4 & 0 & 0 & a_4 \end{vmatrix}$ 的值为(　　).

A. $a_1a_2a_3a_4-b_1b_2b_3b_4$　　B. $a_1a_2a_3a_4+b_1b_2b_3b_4$

C. $(a_1a_2-b_1b_2)(a_3a_4-b_3b_4)$　　D. $(a_2a_3-b_2b_3)(a_1a_4-b_1b_4)$

4. (1998 改编)设 $n(n\geqslant 3)$ 阶行列式 $\begin{vmatrix} 1 & a & a & \cdots & a \\ a & 1 & a & \cdots & a \\ a & a & 1 & \cdots & a \\ \vdots & \vdots & \vdots & & \vdots \\ a & a & a & \cdots & 1 \end{vmatrix}=0$，则 $a$ 的值为(　　).

A. 1　　B. $\dfrac{1}{1-n}$　　C. $-1$　　D. 1 或 $\dfrac{1}{1-n}$

5. (2021)设 $\boldsymbol{A}=(a_{ij})$ 为 3 阶矩阵，$A_{ij}$ 为元素 $a_{ij}$ 的代数余子式，若 $\boldsymbol{A}$ 的每行元素之和均为 2，且 $|\boldsymbol{A}|=3$，则 $A_{11}+A_{21}+A_{31}=$________.

6. (2020)行列式 $\begin{vmatrix} a & 0 & -1 & 1 \\ 0 & a & 1 & -1 \\ -1 & 1 & a & 0 \\ 1 & -1 & 0 & a \end{vmatrix}=$________.

**第 1 章总复习题：4**

7. (2016)行列式 $\begin{vmatrix} \lambda & -1 & 0 & 0 \\ 0 & \lambda & -1 & 0 \\ 0 & 0 & \lambda & -1 \\ 4 & 3 & 2 & \lambda-1 \end{vmatrix}=$________.

8. (2000 改编)行列式 $\begin{vmatrix} 1 & a_1 & 0 & \cdots & 0 & 0 \\ 0 & 1 & a_2 & \cdots & 0 & 0 \\ \vdots & \vdots & \vdots & & \vdots & \vdots \\ 0 & 0 & 0 & \cdots & 1 & a_{n-1} \\ a_n & 0 & 0 & \cdots & 0 & 1 \end{vmatrix}=$________.

9. (2008 改编)求 $n$ 阶行列式的值：

$$D_n=\begin{vmatrix} 2a & 1 & & & & \\ a^2 & 1a & 1 & & & \\ & a^2 & 2a & 1 & & \\ & & \ddots & \ddots & \ddots & \\ & & & a^2 & 2a & 1 \\ & & & & a^2 & 2a \end{vmatrix}.$$

10. (2015)求 $n$ 阶行列式的值：

$$\begin{vmatrix} 2 & 0 & \cdots & 0 & 2 \\ -1 & 2 & \cdots & 0 & 2 \\ \vdots & \vdots & & \vdots & \vdots \\ 0 & 0 & \cdots & 2 & 2 \\ 0 & 0 & \cdots & -1 & 2 \end{vmatrix}.$$

11. (1996)求五阶行列式的值：

$$D_5=\begin{vmatrix} 1-a & a & 0 & 0 & 0 \\ -1 & 1-a & a & 0 & 0 \\ 0 & -1 & 1-a & a & 0 \\ 0 & 0 & -1 & 1-a & a \\ 0 & 0 & 0 & -1 & 1-a \end{vmatrix}.$$

12. (2001)设行列式 $D=\begin{vmatrix} 3 & 0 & 4 & 0 \\ 2 & 2 & 2 & 2 \\ 0 & -7 & 0 & 0 \\ 5 & 3 & -2 & 2 \end{vmatrix}$，求第 4 行各元素的余子式之和.

**行列式的发展**

**第 1 章思维导图**

# 第 2 章　矩阵

矩阵是线性代数的基本概念之一，它在数学、自然科学、工程技术及经济学等领域有着极为广泛的应用. 本章主要介绍矩阵的概念、矩阵的运算、逆矩阵、分块矩阵、初等矩阵与矩阵的秩等知识.

## 2.1　矩阵的基本概念

本节介绍矩阵的基本概念，并给出几种常用的矩阵.

### 2.1.1　引例

**例 2.1**　某加工厂生产的 4 种产品要向 3 个商场供货，其供货量如表 2.1 所示.

**表 2.1**　　单位：件

| | 商场 1 | 商场 2 | 商场 3 |
|---|---|---|---|
| 产品 1 | 35 | 20 | 24 |
| 产品 2 | 20 | 25 | 10 |
| 产品 3 | 45 | 35 | 20 |
| 产品 4 | 55 | 25 | 30 |

**例 2.2**　某物理实验室中有 3 组同学分别对 5 个电阻的阻值进行测量，测量情况如表 2.2 所示.

**表 2.2**　　单位：Ω

| | $R_1$ | $R_2$ | $R_3$ | $R_4$ | $R_5$ |
|---|---|---|---|---|---|
| 1 组 | 1.31 | 1.14 | 3.98 | 2.38 | 5.10 |
| 2 组 | 1.41 | 1.04 | 4.68 | 2.26 | 5.08 |
| 3 组 | 1.52 | 1.12 | 5.02 | 2.36 | 5.14 |

在现实生活和自然科学的各个领域中经常会使用数表来建立和表达相互之间的联系. 为方便使用，从这些数表中抽象出了矩阵的定义.

### 2.1.2 矩阵的定义

**定义 2.1** 由 $m\times n$ 个数$a_{ij}(i=1, 2, \cdots, m; j=1, 2, \cdots, n)$按一定顺序排成的 $m$ 行 $n$ 列的矩形数表，称为 $m\times n$ 矩阵，简称矩阵. 矩阵用黑体的大写英文字母表示，

$$\boldsymbol{A}=\begin{pmatrix} a_{11} & a_{12} & \cdots & a_{1n} \\ a_{21} & a_{22} & \cdots & a_{2n} \\ \vdots & \vdots & & \vdots \\ a_{m1} & a_{m2} & \cdots & a_{mn} \end{pmatrix}.$$

其中数$a_{ij}$为位于矩阵 $\boldsymbol{A}$ 中第 $i$ 行第 $j$ 列的元素，以数$a_{ij}$为元素的矩阵记为$(a_{ij})$或$(a_{ij})_{m\times n}$，$m\times n$ 矩阵也记为$\boldsymbol{A}_{m\times n}$.

元素$a_{ij}$是实数的矩阵称为实(数)矩阵，元素$a_{ij}$是复数的矩阵称为复(数)矩阵. 如无特殊声明，本书中的矩阵都是指实(数)矩阵.

行数和列数都等于 $n$ 的矩阵称为 $n$ 阶矩阵或 $n$ 阶方阵.

特殊情况下，行数为 1、列数为 $n$(只有一行)的矩阵

$$\boldsymbol{A}=(a_1, a_2, \cdots, a_n)$$

称为行矩阵或行向量.

行数为 $m$、列数为 1(只有一列)的矩阵

$$\boldsymbol{B}=\begin{pmatrix} a_1 \\ a_2 \\ \vdots \\ a_m \end{pmatrix}$$

称为列矩阵或列向量.

若矩阵 $\boldsymbol{A}$ 与矩阵 $\boldsymbol{B}$ 的行数与列数均相等，则称矩阵 $\boldsymbol{A}$ 与 $\boldsymbol{B}$ 为同型矩阵.

在例 2.1 中，该加工厂的供货量可用矩阵表示为

$$\boldsymbol{A}=\begin{pmatrix} 35 & 20 & 24 \\ 20 & 25 & 10 \\ 45 & 35 & 20 \\ 55 & 25 & 30 \end{pmatrix}$$

例 2.2 中，3 组同学的实验数据可表示为一个 $3\times 5$ 的矩阵，为

$$\boldsymbol{B}=\begin{pmatrix} 1.31 & 1.14 & 3.98 & 2.38 & 5.10 \\ 1.41 & 1.04 & 4.68 & 2.26 & 5.08 \\ 1.52 & 1.12 & 5.02 & 2.36 & 5.14 \end{pmatrix}$$

事实上，从形式上看，矩阵就是除去了框线的表格，可以很容易地从中找到第 $i$ 组的第 $j$ 个电阻的测量值$a_{ij}(i=1, 2, 3; j=1, 2, 3, 4, 5)$.

**例 2.3**　甲、乙两人之间进行 3 种比赛，前两种为智力比赛(只分输、赢两种结果)，规定第 1 种比赛赢者得 3 分，输者得-2 分. 第 2 种比赛赢者得 2 分，输者得-2 分. 第 3 种比赛为耐力比赛，计分方法如下：先完成者得 5 分，后完成者得 3 分，中途放弃者得 0 分. 现已知乙在 3 种比赛中的得分为 3，-2，0，试用矩阵表示甲、乙两人的得分情况.

**解**　$\boldsymbol{A}=\begin{pmatrix}-2 & 2 & 5\\ 3 & -2 & 0\end{pmatrix}$或$\boldsymbol{A}=\begin{pmatrix}-2 & 2 & 0\\ 3 & -2 & 0\end{pmatrix}$.

## 2.1.3　几种特殊矩阵

### 2.1.3.1　零矩阵

元素均为零的矩阵称为零矩阵，记为$\boldsymbol{O}_{m\times n}$，也简记为 $\boldsymbol{O}$. 注意，不同型的零矩阵是不相等的，例如，二阶零矩阵与 4×1 零矩阵不相等，即

$$\begin{pmatrix}0 & 0\\ 0 & 0\end{pmatrix}\neq\begin{pmatrix}0\\ 0\\ 0\\ 0\end{pmatrix}.$$

### 2.1.3.2　三角矩阵

主对角线上方元素均为 0 的 $n$ 阶方阵

$$\begin{pmatrix}a_{11} & 0 & \cdots & 0\\ a_{21} & a_{22} & \cdots & 0\\ \vdots & \vdots & & \vdots\\ a_{n1} & a_{n2} & \cdots & a_{nn}\end{pmatrix}$$

称为 $n$ 阶下三角矩阵. 主对角线下方元素均为 0 的 $n$ 阶方阵

$$\begin{pmatrix}a_{11} & a_{12} & \cdots & a_{1n}\\ 0 & a_{22} & \cdots & a_{2n}\\ \vdots & \vdots & & \vdots\\ 0 & 0 & \cdots & a_{nn}\end{pmatrix}$$

称为 $n$ 阶上三角矩阵. 上三角矩阵与下三角矩阵统称为三角矩阵.

### 2.1.3.3　对角矩阵

主对角线之外元素均为 0 的 $n$ 阶方阵

$$\begin{pmatrix}\lambda_1 & 0 & \cdots & 0\\ 0 & \lambda_2 & \cdots & 0\\ \vdots & \vdots & & \vdots\\ 0 & 0 & \cdots & \lambda_n\end{pmatrix}$$

称为 $n$ 阶对角矩阵. $n$ 阶对角矩阵也常记为 $\boldsymbol{\Lambda}=\operatorname{diag}(\lambda_1, \lambda_2, \cdots, \lambda_n)$.

#### 2.1.3.4 单位矩阵

主对角线元素均为 1 的 $n$ 阶对角矩阵

$$\begin{pmatrix} 1 & 0 & \cdots & 0 \\ 0 & 1 & \cdots & 0 \\ \vdots & \vdots & & \vdots \\ 0 & 0 & \cdots & 1 \end{pmatrix}$$

称为 $n$ 阶单位矩阵，记为$\boldsymbol{E}_n$或$\boldsymbol{I}_n$，简记为 $\boldsymbol{E}$ 或 $\boldsymbol{I}$.

梯形矩阵

#### 2.1.3.5 数量矩阵

主对角线元素均为 $a$ 的 $n$ 阶对角矩阵

$$\begin{pmatrix} a & 0 & \cdots & 0 \\ 0 & a & \cdots & 0 \\ \vdots & \vdots & & \vdots \\ 0 & 0 & \cdots & a \end{pmatrix}$$

称为 $n$ 阶数量矩阵或 $n$ 阶标量矩阵，简记为 $a\boldsymbol{E}$ 或 $a\boldsymbol{I}$.

#### 2.1.3.6 梯形矩阵

设 $\boldsymbol{A}=(a_{ij})_{m\times n}$，若当 $i>j$ 时，恒有$a_{ij}=0$，且各行第一个非零元素前面零元素的个数随行数增大而增多，则称该矩阵为**上梯形矩阵**. 例如

$$\begin{pmatrix} 1 & 2 & 3 & 4 & 5 \\ 0 & 0 & 5 & 6 & 0 \\ 0 & 0 & 0 & 0 & 0 \end{pmatrix}, \begin{pmatrix} 5 & 7 & 0 & 8 & 3 \\ 0 & 1 & 2 & 2 & 1 \\ 0 & 0 & 0 & 8 & 7 \\ 0 & 0 & 0 & 0 & 1 \end{pmatrix}, \begin{pmatrix} 1 & 0 & 0 & 1 \\ 0 & 1 & 0 & 1 \\ 0 & 0 & 1 & 2 \end{pmatrix}.$$

若当 $i<j$ 时，恒有$a_{ij}=0$，且各行最后一个非零元素后面零元素的个数随行数增大而减少，则称该矩阵为**下梯形矩阵**. 例如

$$\begin{pmatrix} 1 & 0 & 0 & 0 & 0 \\ -7 & 4 & 0 & 0 & 0 \\ 1 & 2 & 3 & 0 & 0 \\ 3 & 2 & 3 & 3 & 0 \end{pmatrix}, \begin{pmatrix} 0 & 0 & 0 & 0 \\ 1 & 0 & 0 & 0 \\ 2 & 4 & 0 & 0 \end{pmatrix}.$$

显然，上三角矩阵是上梯形矩阵的特例，下三角矩阵是下梯形矩阵的特例.

前面的上梯形矩阵有一个共同的特点，就是可画一条阶梯线，线的下方全为零；每个台阶只有一行，台阶数就是非零行的行数；每一个非零行的第 1 个非零元素位于上一行第 1 个非零元素的右侧，即

$$\begin{pmatrix}1&2&3&4&5\\0&0&7&8&0\\0&0&0&0&0\end{pmatrix},\ \begin{pmatrix}5&7&0&12&3\\0&1&2&2&1\\0&0&0&8&9\\0&0&0&0&1\end{pmatrix},\ \begin{pmatrix}1&0&0&1\\0&1&0&1\\0&0&1&4\end{pmatrix}.$$

这样的矩阵又称为行阶梯形矩阵，简称阶梯形矩阵. 对于最后一个矩阵，它的非零行的第 1 个非零元素全为 1，并且这些“1”所在的列的其余元素全为零，这样的行阶梯形矩阵称为**行最简形矩阵**.

**2.1.3.7　对称矩阵**

设 $\boldsymbol{A}$ 为 $n$ 阶方阵，如果满足 $\boldsymbol{A}^{\mathrm{T}}=\boldsymbol{A}$，即 $a_{ij}=a_{ji}(i,j=1,2,\cdots,n)$，则称 $\boldsymbol{A}$ 为 $n$ 阶对称矩阵.

例如

$$\boldsymbol{A}=\begin{pmatrix}1&2&-3\\2&7&5\\-3&5&6\end{pmatrix}$$

是三阶对称矩阵. 对称矩阵的特点：关于主对角线对称的元素相等.

**2.1.3.8　反对称矩阵**

设 $\boldsymbol{A}$ 为 $n$ 阶方阵，如果满足 $\boldsymbol{A}^{\mathrm{T}}=-\boldsymbol{A}$，即 $a_{ji}=-a_{ij}(i\neq j)$，$a_{ii}=0(i,j=1,2,\cdots,n)$，则称 $\boldsymbol{A}$ 为 $n$ 阶反对称矩阵. 例如

$$\boldsymbol{A}=\begin{pmatrix}0&-2&3\\2&0&4\\-3&-4&0\end{pmatrix}$$

是三阶反对称矩阵. 反对称矩阵的特点：主对角线元素全为 0，而关于主对角线对称的元素互为相反数.

**2.1.3.9　转置矩阵**

设 $\boldsymbol{A}=(a_{ij})_{m\times n}$，把矩阵 $\boldsymbol{A}$ 的行换成同序数的列而得到的新矩阵，称作矩阵 $\boldsymbol{A}$ 的转置矩阵，记为 $\boldsymbol{A}^{\mathrm{T}}$.

**【问题 2.1】**　根据行列式的性质(转置行列式的值不变)是否能推出：对任意的 $n$ 阶方阵 $\boldsymbol{A}$，一定有 $\boldsymbol{A}^{\mathrm{T}}=\boldsymbol{A}$?

**2.1.3.10　分块矩阵**

设 $\boldsymbol{A}=(a_{ij})_{m\times n}$，将矩阵 $\boldsymbol{A}$ 用若干条纵线和横线分成许多小矩阵，每个小矩阵称为 $\boldsymbol{A}$ 的一个子块，以这些子块为“元素”的形式上的矩阵称为分块矩阵.

## 习题 2.1

1. 以下对矩阵的描述中，不正确的是(　　).

A. $n$ 阶方阵的行数与列数相同　　B. 三角矩阵都是方阵

C. 对称矩阵与反对称矩阵都是方阵　　D. 任何矩阵都是方阵

2. 已知三角矩阵 $\boldsymbol{A}$ 是反对称矩阵，如果将 $\boldsymbol{A}$ 的主对角线以上的每个元素都加 2，所得矩阵为对称矩阵，求矩阵 $\boldsymbol{A}$.

## 2.2 矩阵的运算

矩阵是数学上量与量之间的一种运算符号，为了研究量与量之间的关系，本节引入矩阵的基本运算，主要包括矩阵的线性运算、矩阵的乘法、矩阵的转置、方阵的行列式等. 同时在本节中还将介绍伴随矩阵，为讨论矩阵的逆做好准备.

### 2.2.1 矩阵的线性运算

**定义 2.2** 设矩阵 $\boldsymbol{A}=(a_{ij})_{m\times n}$ 和矩阵 $\boldsymbol{B}=(b_{ij})_{m\times n}$ 是同型矩阵，且它们的对应元素相等，即

$$a_{ij}=b_{ij}(i=1, 2, \cdots, m; j=1, 2, \cdots, n),$$

此时称矩阵 $\boldsymbol{A}$ 与矩阵 $\boldsymbol{B}$ 相等，记作 $\boldsymbol{A}=\boldsymbol{B}$. 即完全相同的两个矩阵才相等.

**定义 2.3** 设矩阵 $\boldsymbol{A}=(a_{ij})_{m\times n}$ 和 $\boldsymbol{B}=(b_{ij})_{m\times n}$ 是同型矩阵，称 $\boldsymbol{C}=(c_{ij})_{m\times n}=(a_{ij}+b_{ij})_{m\times n}$ 为矩阵 $\boldsymbol{A}$ 与 $\boldsymbol{B}$ 的和，记作 $\boldsymbol{C}=\boldsymbol{A}+\boldsymbol{B}$，即

$$\boldsymbol{C}=\boldsymbol{A}+\boldsymbol{B}=\begin{pmatrix} a_{11}+b_{11} & a_{12}+b_{12} & \cdots & a_{1n}+b_{1n} \\ a_{21}+b_{21} & a_{22}+b_{22} & \cdots & a_{2n}+b_{2n} \\ \vdots & \vdots & & \vdots \\ a_{m1}+b_{m1} & a_{m2}+b_{m2} & \cdots & a_{mn}+b_{mn} \end{pmatrix}.$$

注：只有两个同型矩阵才能做加法运算.

矩阵的加法就是把两个矩阵中的对应元素相加，由于数的加法满足交换律和结合律，因此矩阵加法也满足交换律和结合律.

**性质 2.1** 设 $\boldsymbol{A}$, $\boldsymbol{B}$, $\boldsymbol{C}$ 均为 $m\times n$ 矩阵，有

(1)交换律：$\boldsymbol{A}+\boldsymbol{B}=\boldsymbol{B}+\boldsymbol{A}$；

(2)结合律：$(\boldsymbol{A}+\boldsymbol{B})+\boldsymbol{C}=\boldsymbol{A}+(\boldsymbol{B}+\boldsymbol{C})$.

若矩阵 $\boldsymbol{A}=(a_{ij})_{m\times n}$，记 $-\boldsymbol{A}=(-a_{ij})_{m\times n}$，则称 $-\boldsymbol{A}$ 为 $\boldsymbol{A}$ 的负矩阵.

显然有 $\boldsymbol{A}+\boldsymbol{O}=\boldsymbol{A}$，$\boldsymbol{A}+(-\boldsymbol{A})=\boldsymbol{O}$，这里 $\boldsymbol{A}$ 与 $\boldsymbol{O}$ 为同型矩阵.

由此规定矩阵的减法为 $\boldsymbol{A}-\boldsymbol{B}=\boldsymbol{A}+(-\boldsymbol{B})$，称 $\boldsymbol{A}-\boldsymbol{B}$ 为矩阵 $\boldsymbol{A}$ 与 $\boldsymbol{B}$ 的差.

**定义 2.4**　将数 $\lambda$ 与矩阵 $\boldsymbol{A}=(a_{ij})_{m\times n}$ 的乘积记作 $\lambda\boldsymbol{A}$，规定 $\lambda\boldsymbol{A}=(\lambda a_{ij})_{m\times n}$，即

$$\lambda\boldsymbol{A}=\begin{pmatrix}\lambda a_{11} & \lambda a_{12} & \cdots & \lambda a_{1n}\\ \lambda a_{21} & \lambda a_{22} & \cdots & \lambda a_{2n}\\ \vdots & \vdots & & \vdots\\ \lambda a_{m1} & \lambda a_{m2} & \cdots & \lambda a_{mn}\end{pmatrix}.$$

由此可见，数乘矩阵就是用数去乘矩阵中的每个元素，因此，由数乘的运算规律可直接验证出数与矩阵的乘法应该满足的运算规律.

**性质 2.2**　设 $\boldsymbol{A}$ 与 $\boldsymbol{B}$ 为同型矩阵，$\lambda$ 与 $\mu$ 是数.

(1) $\lambda\boldsymbol{A}=\boldsymbol{A}\lambda$.

(2) $(\lambda\mu)\boldsymbol{A}=\lambda(\mu\boldsymbol{A})$.

(3) $(\lambda+\mu)\boldsymbol{A}=\lambda\boldsymbol{A}+\mu\boldsymbol{A}$.

(4) $\lambda(\boldsymbol{A}+\boldsymbol{B})=\lambda\boldsymbol{A}+\lambda\boldsymbol{B}$.

矩阵的加法和数与矩阵的乘法合起来，统称为矩阵的线性运算.

**例 2.4**　设 $\boldsymbol{A}=\begin{pmatrix}-1 & 4 & 5\\ 2 & 0 & 1\end{pmatrix}$，$\boldsymbol{B}=\begin{pmatrix}3 & 0 & -5\\ -1 & 1 & -2\end{pmatrix}$，求 $2\boldsymbol{A}-3\boldsymbol{B}$.

**解**　根据矩阵的加法运算法则和数乘运算法则，容易求得

$$\begin{aligned}2\boldsymbol{A}-3\boldsymbol{B}&=2\begin{pmatrix}-1 & 4 & 5\\ 2 & 0 & 1\end{pmatrix}-3\begin{pmatrix}3 & 0 & -5\\ -1 & 1 & -2\end{pmatrix}\\ &=\begin{pmatrix}-2 & 8 & 10\\ 4 & 0 & 2\end{pmatrix}-\begin{pmatrix}9 & 0 & -15\\ -3 & 3 & -6\end{pmatrix}\\ &=\begin{pmatrix}-11 & 8 & 25\\ 7 & -3 & 8\end{pmatrix}.\end{aligned}$$

### 2.2.2　矩阵的乘法

**定义 2.5**　设矩阵 $\boldsymbol{A}=(a_{ij})_{m\times s}$，矩阵 $\boldsymbol{B}=(b_{ij})_{s\times n}$，则它们的乘积 $\boldsymbol{AB}$ 等于矩阵 $\boldsymbol{C}=(c_{ij})_{m\times n}$，记作 $\boldsymbol{AB}=\boldsymbol{C}$，其中

$$c_{ij}=(a_{i1},\ a_{i2},\ \cdots,\ a_{is})\begin{pmatrix}b_{1j}\\ b_{2j}\\ \vdots\\ b_{sj}\end{pmatrix}=a_{i1}b_{1j}+a_{i2}b_{2j}+\cdots+a_{is}b_{sj}\ (i=1,\ 2,\ \cdots,\ m;\ j=1,\ 2,\ \cdots,\ n).$$

需要注意的是，第 1 个矩阵的列数等于第 2 个矩阵的行数，两个矩阵的乘法才有意义，即应有 $\boldsymbol{A}_{m\times s}\boldsymbol{B}_{s\times n}=\boldsymbol{C}_{m\times n}$. 而乘积矩阵 $\boldsymbol{C}$ 的元素 $c_{ij}$ 是把矩阵 $\boldsymbol{A}$ 中的第 $i$ 行元素与矩阵 $\boldsymbol{B}$

中的第 $j$ 列元素对应相乘后再相加得到的，即 $c_{ij}=\sum_{t=1}^{s}a_{it}b_{tj}$.

**例 2.5** 设 $A=\begin{pmatrix}a_1\\a_2\\\vdots\\a_n\end{pmatrix}$, $B=(b_1, b_2, \cdots, b_n)$，求 $AB$ 与 $BA$.

**解** 根据矩阵乘法运算法则，可以求得

$$AB=\begin{pmatrix}a_1\\a_2\\\vdots\\a_n\end{pmatrix}(b_1, b_2, \cdots, b_n)=\begin{pmatrix}a_1b_1 & a_1b_2 & \cdots & a_1b_n\\a_2b_1 & a_2b_2 & \cdots & a_2b_n\\\vdots & \vdots & & \vdots\\a_nb_1 & a_nb_2 & \cdots & a_nb_n\end{pmatrix},$$

$$BA=(b_1, b_2, \cdots, b_n)\begin{pmatrix}a_1\\a_2\\\vdots\\a_n\end{pmatrix}=b_1a_1+b_2a_2+\cdots+b_na_n.$$

从以上运算可以看出，即使 $AB$ 与 $BA$ 都有意义，也未必是同型矩阵，当然也不能保证相等.

**例 2.6** 计算矩阵乘积 $AB$ 与 $BA$，其中

$$A=\begin{pmatrix}1 & 2 & 0\\0 & 3 & 1\end{pmatrix},\ B=\begin{pmatrix}1 & 2 & 1\\0 & 1 & 3\\2 & 1 & 2\end{pmatrix}.$$

**解** 因为 $A$ 是 2×3 矩阵，$B$ 是 3×3 矩阵，所以 $AB$ 是 2×3 矩阵，而由于 $B$ 矩阵的列数不等于 $A$ 矩阵的行数，所以 $BA$ 无意义.

$$AB=\begin{pmatrix}1 & 2 & 0\\0 & 3 & 1\end{pmatrix}\begin{pmatrix}1 & 2 & 1\\0 & 1 & 3\\2 & 1 & 2\end{pmatrix}=\begin{pmatrix}1 & 4 & 7\\2 & 4 & 11\end{pmatrix}.$$

**例 2.7** 设 $A=\begin{pmatrix}1 & 1\\-1 & -1\end{pmatrix}$, $B=\begin{pmatrix}-2 & 1\\2 & -1\end{pmatrix}$, $C=\begin{pmatrix}2 & 3\\1 & -3\end{pmatrix}$, $D=\begin{pmatrix}1 & -1\\2 & 1\end{pmatrix}$，计算 $AB$, $BA$, $AC$, $AD$.

**解** 根据矩阵乘法运算法则，不难求得

$$AB=\begin{pmatrix}1 & 1\\-1 & -1\end{pmatrix}\begin{pmatrix}-2 & 1\\2 & -1\end{pmatrix}=\begin{pmatrix}0 & 0\\0 & 0\end{pmatrix},$$

$$BA=\begin{pmatrix}-2 & 1\\2 & -1\end{pmatrix}\begin{pmatrix}1 & 1\\-1 & -1\end{pmatrix}=\begin{pmatrix}-3 & -3\\3 & 3\end{pmatrix},$$

$$AC=\begin{pmatrix}1 & 1\\-1 & -1\end{pmatrix}\begin{pmatrix}2 & 3\\1 & -3\end{pmatrix}=\begin{pmatrix}3 & 0\\-3 & 0\end{pmatrix},$$

$$AD=\begin{pmatrix}1 & 1\\-1 & -1\end{pmatrix}\begin{pmatrix}1 & -1\\2 & 1\end{pmatrix}=\begin{pmatrix}3 & 0\\-3 & 0\end{pmatrix}.$$

矩阵的乘法运算律

由此可见，矩阵乘法与数的乘法在运算中有许多不同之处，需要注意.

(1)矩阵乘法不满足交换律. 这是因为 $\boldsymbol{AB}$ 与 $\boldsymbol{BA}$ 不一定都有意义；即使 $\boldsymbol{AB}$ 与 $\boldsymbol{BA}$ 都有意义，也不一定有 $\boldsymbol{AB}=\boldsymbol{BA}$ 成立.

特别地，对于方阵 $\boldsymbol{A}$, $\boldsymbol{B}$，如果有 $\boldsymbol{AB}=\boldsymbol{BA}$，则称矩阵 $\boldsymbol{A}$, $\boldsymbol{B}$ 可交换.

(2)在矩阵乘法的运算中，“若 $\boldsymbol{AB}=\boldsymbol{O}$，则必有 $\boldsymbol{A}=\boldsymbol{O}$ 或 $\boldsymbol{B}=\boldsymbol{O}$” 这个结论不一定成立.

(3)矩阵乘法的消去律不成立，即“若 $\boldsymbol{AD}=\boldsymbol{AC}$ 且 $\boldsymbol{A}\neq\boldsymbol{O}$，则 $\boldsymbol{D}=\boldsymbol{C}$” 这个结论不一定成立.

矩阵乘法虽然不满足交换律，但它满足以下运算规律.

**性质 2.3**　假设以下运算都有意义.

(1)结合律：$(\boldsymbol{AB})\boldsymbol{C}=\boldsymbol{A}(\boldsymbol{BC})$.

(2)分配律：$\boldsymbol{A}(\boldsymbol{B}+\boldsymbol{C})=\boldsymbol{AB}+\boldsymbol{AC}$，$(\boldsymbol{B}+\boldsymbol{C})\boldsymbol{A}=\boldsymbol{BA}+\boldsymbol{CA}$.

(3)$\lambda\boldsymbol{AB}=(\lambda\boldsymbol{A})\boldsymbol{B}=\boldsymbol{A}(\lambda\boldsymbol{B})$.

不难得到以下结论.

(1)$\boldsymbol{E}_m\boldsymbol{A}_{m\times n}=\boldsymbol{A}_{m\times n}$，$\boldsymbol{A}_{m\times n}\boldsymbol{E}_n=\boldsymbol{A}_{m\times n}$，或者写成 $\boldsymbol{EA}=\boldsymbol{AE}=\boldsymbol{A}$，即单位矩阵 $\boldsymbol{E}$ 在矩阵乘法中的作用类似于数 1.

(2)由于 $n$ 阶方阵 $\boldsymbol{A}$ 可以自乘，给出方阵 $\boldsymbol{A}$ 的幂的运算定义：设 $\boldsymbol{A}$ 为 $n$ 阶方阵，$k$ 是正整数，规定

$$\boldsymbol{A}^k=\overbrace{\boldsymbol{AA}\cdots\boldsymbol{A}}^{k}.$$

特别地，当 $\boldsymbol{A}$ 为非零方阵时，规定 $\boldsymbol{A}^0=\boldsymbol{E}$.

由此易证

$$\boldsymbol{A}^m\boldsymbol{A}^n=\boldsymbol{A}^{m+n},\ (\boldsymbol{A}^m)^n=\boldsymbol{A}^{mn}(m,\ n\text{ 是正整数}).$$

**【问题 2.2】**　设 $\boldsymbol{A}$, $\boldsymbol{B}$ 均为 $n$ 阶方阵，$k$ 是正整数，判断 $(\boldsymbol{AB})^k=\boldsymbol{A}^k\boldsymbol{B}^k$ 是否正确，并说明理由.

设函数 $f(x)=a_mx^m+a_{m-1}x^{m-1}+\cdots+a_1x+a_0$，$a_m\neq0$，它是变量 $x$ 的一个 $m$ 次多项式，现将 $n$ 阶方阵 $\boldsymbol{A}$ 代替变量 $x$，就得到一个矩阵 $\boldsymbol{A}$ 的计算式，记作

$$f(\boldsymbol{A})=a_m\boldsymbol{A}^m+a_{m-1}\boldsymbol{A}^{m-1}+\cdots+a_1\boldsymbol{A}+a_0\boldsymbol{E},$$

称为矩阵 $\boldsymbol{A}$ 的 $m$ 次多项式，它的计算结果 $f(\boldsymbol{A})$ 仍然是 $n$ 阶方阵.

**例 2.8**　设 $f(x)=x^2-3x+1$，$\boldsymbol{A}=\begin{pmatrix}2 & 0 & 1\\1 & 1 & 0\\0 & -1 & 1\end{pmatrix}$，求 $f(\boldsymbol{A})$.

**解** 先计算 $\boldsymbol{A}^2$:

$$\boldsymbol{A}^2=\begin{pmatrix}2&0&1\\1&1&0\\0&-1&1\end{pmatrix}\begin{pmatrix}2&0&1\\1&1&0\\0&-1&1\end{pmatrix}=\begin{pmatrix}4&-1&3\\3&1&1\\-1&-2&1\end{pmatrix}.$$

$$f(\boldsymbol{A})=\boldsymbol{A}^2-3\boldsymbol{A}+\boldsymbol{E}$$

$$=\begin{pmatrix}4&-1&3\\3&1&1\\-1&-2&1\end{pmatrix}-\begin{pmatrix}6&0&3\\3&3&0\\0&-3&3\end{pmatrix}+\begin{pmatrix}1&0&0\\0&1&0\\0&0&1\end{pmatrix}=\begin{pmatrix}-1&-1&0\\0&-1&1\\-1&1&-1\end{pmatrix}.$$

在本例中，不能将矩阵 $\boldsymbol{A}$ 的多项式 $f(\boldsymbol{A})=\boldsymbol{A}^2-3\boldsymbol{A}+\boldsymbol{E}$ 写成 $f(\boldsymbol{A})=\boldsymbol{A}^2-3\boldsymbol{A}+1$ 的形式.

**例 2.9** 设有两个矩阵 $\boldsymbol{A}=(3\quad 2\quad 1)$ 和 $\boldsymbol{B}=\begin{pmatrix}1\\2\\3\end{pmatrix}$，求 $(\boldsymbol{BA})^n$，其中 $n$ 为正整数.

**解** 根据矩阵的乘法，可得

$$\boldsymbol{BA}=\begin{pmatrix}3&2&1\\6&4&2\\9&6&3\end{pmatrix},\ \boldsymbol{AB}=10.$$

根据矩阵乘法的结合律，有

$$\begin{aligned}(\boldsymbol{BA})^n&=\boldsymbol{BA}\cdot\boldsymbol{BA}\cdot\cdots\cdot\boldsymbol{BA}=\boldsymbol{B}(\boldsymbol{AB})(\boldsymbol{AB})\cdots(\boldsymbol{AB})\boldsymbol{A}\\&=\boldsymbol{B}\,(\boldsymbol{AB})^{n-1}\boldsymbol{A}=10^{n-1}\boldsymbol{BA}=10^{n-1}\begin{pmatrix}3&2&1\\6&4&2\\9&6&3\end{pmatrix}.\end{aligned}$$

### 2.2.3 矩阵的转置

在了解了行列式转置的前提下，矩阵转置的定义不难理解，但这两个截然不同的概念之间存在很大的差异.

**定义 2.6** 设 $m\times n$ 矩阵

$$\boldsymbol{A}=\begin{pmatrix}a_{11}&a_{12}&\cdots&a_{1n}\\a_{21}&a_{22}&\cdots&a_{2n}\\\vdots&\vdots&&\vdots\\a_{m1}&a_{m2}&\cdots&a_{mn}\end{pmatrix},$$

将其对应的行与列互换位置，得到一个 $n\times m$ 的新矩阵

$$\begin{pmatrix}a_{11}&a_{21}&\cdots&a_{m1}\\a_{12}&a_{22}&\cdots&a_{m2}\\\vdots&\vdots&&\vdots\\a_{1n}&a_{2n}&\cdots&a_{mn}\end{pmatrix},$$

称为矩阵 $\boldsymbol{A}$ 的转置矩阵，记作 $\boldsymbol{A}^{\mathrm{T}}$.

例如，矩阵 $\boldsymbol{A}=\begin{pmatrix}3 & -1 & 5\\-2 & 1 & -8\end{pmatrix}$，$\boldsymbol{A}^{\mathrm{T}}=\begin{pmatrix}3 & -2\\-1 & 1\\5 & -8\end{pmatrix}$.

行矩阵 $\boldsymbol{A}=(2\quad -2\quad 1)$，它的转置为列矩阵 $\boldsymbol{A}^{\mathrm{T}}=\begin{pmatrix}2\\-2\\1\end{pmatrix}$.

矩阵的转置也可以看成一种运算(一元运算)，它满足以下运算规律.

**性质 2.4**　设以下运算都有意义，$k$ 是常数.

(1) $(\boldsymbol{A}^{\mathrm{T}})^{\mathrm{T}}=\boldsymbol{A}$.

(2) $(\boldsymbol{A}+\boldsymbol{B})^{\mathrm{T}}=\boldsymbol{A}^{\mathrm{T}}+\boldsymbol{B}^{\mathrm{T}}$.

(3) $(k\boldsymbol{A})^{\mathrm{T}}=k\boldsymbol{A}^{\mathrm{T}}$.

(4) $(\boldsymbol{AB})^{\mathrm{T}}=\boldsymbol{B}^{\mathrm{T}}\boldsymbol{A}^{\mathrm{T}}$.

由矩阵转置的定义可得前三条运算规律，下面证明(4).

**证明**　设 $\boldsymbol{A}=(a_{ij})_{m\times t}$，$\boldsymbol{B}=(b_{ij})_{t\times n}$，则 $\boldsymbol{AB}=\boldsymbol{C}=(c_{ij})_{m\times n}$. $(\boldsymbol{AB})^{\mathrm{T}}=\boldsymbol{C}^{\mathrm{T}}=(u_{ij})_{n\times m}$，其中 $u_{ij}=c_{ji}=\sum\limits_{k=1}^{t}a_{jk}b_{ki}$.

又设 $\boldsymbol{B}^{\mathrm{T}}\boldsymbol{A}^{\mathrm{T}}=\boldsymbol{D}=(d_{ij})_{n\times m}$，则 $\boldsymbol{B}^{\mathrm{T}}$ 的第 $i$ 行为 $(b_{1i},\ b_{2i},\ \cdots,\ b_{ti})$，$\boldsymbol{A}^{\mathrm{T}}$ 的第 $j$ 列为 $(a_{j1},\ a_{j2},\ \cdots,\ a_{jt})^{\mathrm{T}}$，于是 $d_{ij}=\sum\limits_{k=1}^{t}b_{ki}a_{jk}$，所以

$$d_{ij}=u_{ij}(i=1,\ 2,\ \cdots,\ n;\ j=1,\ 2,\ \cdots,\ m),$$

即 $\boldsymbol{D}=\boldsymbol{C}^{\mathrm{T}}$，或 $(\boldsymbol{AB})^{\mathrm{T}}=\boldsymbol{B}^{\mathrm{T}}\boldsymbol{A}^{\mathrm{T}}$.

**例 2.10**　设矩阵 $\boldsymbol{A}$ 与 $\boldsymbol{B}$ 为同阶对称矩阵，证明：$\boldsymbol{AB}$ 为对称矩阵的充要条件为 $\boldsymbol{AB}=\boldsymbol{BA}$.

**证明**　必要性　由矩阵 $\boldsymbol{A}$ 与 $\boldsymbol{B}$ 均为对称矩阵，得 $\boldsymbol{A}^{\mathrm{T}}=\boldsymbol{A}$，$\boldsymbol{B}^{\mathrm{T}}=\boldsymbol{B}$，又知 $\boldsymbol{AB}$ 为对称矩阵，即 $(\boldsymbol{AB})^{\mathrm{T}}=\boldsymbol{AB}$，所以 $(\boldsymbol{AB})^{\mathrm{T}}=\boldsymbol{B}^{\mathrm{T}}\boldsymbol{A}^{\mathrm{T}}=\boldsymbol{BA}$，故 $\boldsymbol{AB}=\boldsymbol{BA}$.

充分性　由 $\boldsymbol{AB}=\boldsymbol{BA}$ 及 $\boldsymbol{A}^{\mathrm{T}}=\boldsymbol{A}$，$\boldsymbol{B}^{\mathrm{T}}=\boldsymbol{B}$ 得 $(\boldsymbol{AB})^{\mathrm{T}}=\boldsymbol{B}^{\mathrm{T}}\boldsymbol{A}^{\mathrm{T}}=\boldsymbol{BA}=\boldsymbol{AB}$，故充分性得证.

### 2.2.4　方阵的行列式

**定义 2.7**　用 $n$ 阶方阵 $\boldsymbol{A}$ 的所有元素(保持各元素位置不变)构成的行列式，称为方阵 $\boldsymbol{A}$ 的行列式，记作 $|\boldsymbol{A}|$ 或 $\det\boldsymbol{A}$.

例如，方阵 $\boldsymbol{A}=\begin{pmatrix}4 & 3\\2 & 5\end{pmatrix}$，$|\boldsymbol{A}|=\begin{vmatrix}4 & 3\\2 & 5\end{vmatrix}=20-6=14$.

方阵的行列式运算满足以下性质.

**性质 2.5**　设 $\boldsymbol{A}$，$\boldsymbol{B}$ 是 $n$ 阶方阵，$k\in\mathbf{R}$.

(1) $|A^{\mathrm{T}}|=|A|$.

(2) $|kA|=k^n|A|$.

(3) $|AB|=|A||B|$.

方阵的行列式

关于定义 2.7 和上述性质的几点说明如下.

(1)只有方阵才有行列式运算.

(2)一般地，$|A+B|\neq|A|+|B|$.

(3)对于 $n$ 阶方阵 $A$，$B$，尽管通常有 $AB\neq BA$，但 $|AB|=|BA|$.

(4)性质 2.5(3)可以推广到多个 $n$ 阶方阵相乘的情形，即 $|A_1A_2\cdots A_m|=|A_1|\cdot|A_2|\cdot\cdots\cdot|A_m|$. 特别地，$|A^m|=|A|^m$，其中 $m$ 为正整数.

对于方阵 $A$，如果用 $A$ 的行列式是否为零来区分矩阵，就可得如下定义.

**定义 2.8** 设 $A$ 为 $n$ 阶方阵，若 $|A|\neq 0$，则称 $A$ 为非奇异矩阵，否则称为奇异矩阵.

**例 2.11** 设 $A$，$B$，$C$ 为四阶方阵，$|A|=2$，$|B|=-3$，$|C|=3$，求 $|2AB|$，$|AB^{\mathrm{T}}|$，$|-3AB^{\mathrm{T}}C|$.

**解** 根据方阵行列式性质 2.5，有

$$|2AB|=2^4|A||B|=-96,$$

$$|AB^{\mathrm{T}}|=|A||B^{\mathrm{T}}|=|A||B|=-6,$$

$$|-3AB^{\mathrm{T}}C|=(-3)^4|A||B^{\mathrm{T}}||C|=81\times2\times(-3)\times3=-1458.$$

### 2.2.5 伴随矩阵

**定义 2.9** 设 $n$ 阶方阵 $A=(a_{ij})_{n\times n}$，即

$$A=\begin{pmatrix} a_{11} & a_{12} & \cdots & a_{1n} \\ a_{21} & a_{22} & \cdots & a_{2n} \\ \vdots & \vdots & & \vdots \\ a_{n1} & a_{n2} & \cdots & a_{nn} \end{pmatrix},$$

由 $|A|$ 中的各个元素的代数余子式 $A_{ij}(i,j=1,2,\cdots,n)$ 按下列方式排列成 $n$ 阶方阵：

$$A^*=\begin{pmatrix} A_{11} & A_{21} & \cdots & A_{n1} \\ A_{12} & A_{22} & \cdots & A_{n2} \\ \vdots & \vdots & & \vdots \\ A_{1n} & A_{2n} & \cdots & A_{nn} \end{pmatrix},$$

称 $A^*$ 是 $A$ 的伴随矩阵.

**例 2.12** 设 $n$ 阶方阵 $A^*$ 是 $n$ 阶方阵 $A$ 的伴随矩阵，试证 $AA^*=A^*A=|A|E$.

**证明** 设 $A=(a_{ij})_{n\times n}$，$A^*=(A_{ij})_{n\times n}(i,j=1,2,\cdots,n)$，由行列式的性质得

$$AA^* = \begin{pmatrix} a_{11} & a_{12} & \cdots & a_{1n} \\ a_{21} & a_{22} & \cdots & a_{2n} \\ \vdots & \vdots & & \vdots \\ a_{n1} & a_{n2} & \cdots & a_{nn} \end{pmatrix} \begin{pmatrix} A_{11} & A_{21} & \cdots & A_{n1} \\ A_{12} & A_{22} & \cdots & A_{n2} \\ \vdots & \vdots & & \vdots \\ A_{1n} & A_{2n} & \cdots & A_{nn} \end{pmatrix} = \begin{pmatrix} |A| & 0 & \cdots & 0 \\ 0 & |A| & \cdots & 0 \\ \vdots & \vdots & & \vdots \\ 0 & 0 & \cdots & |A| \end{pmatrix} = |A|E,$$

同理

$$A^*A = \begin{pmatrix} A_{11} & A_{21} & \cdots & A_{n1} \\ A_{12} & A_{22} & \cdots & A_{n2} \\ \vdots & \vdots & & \vdots \\ A_{1n} & A_{2n} & \cdots & A_{nn} \end{pmatrix} \begin{pmatrix} a_{11} & a_{12} & \cdots & a_{1n} \\ a_{21} & a_{22} & \cdots & a_{2n} \\ \vdots & \vdots & & \vdots \\ a_{n1} & a_{n2} & \cdots & a_{nn} \end{pmatrix} = \begin{pmatrix} |A| & 0 & \cdots & 0 \\ 0 & |A| & \cdots & 0 \\ \vdots & \vdots & & \vdots \\ 0 & 0 & \cdots & |A| \end{pmatrix} = |A|E.$$

**例 2.13**　对于 $n$ 阶方阵 $A$，当 $|A|\neq 0$ 时，证明：$|A^*|=|A|^{n-1}$.

**证明**　因为 $|AA^*|=|A||E|=|A|^n$，即 $|A||A^*|=|A|^n$，所以 $|A^*|=|A|^{n-1}$.

**例 2.14**　设 $A$ 为 $n(n>2)$ 阶实方阵，且 $A\neq O$，$a_{ij}=A_{ij}$，求 $|A|$.

**解**　由于

$$A^* = \begin{pmatrix} A_{11} & A_{21} & \cdots & A_{n1} \\ A_{12} & A_{22} & \cdots & A_{n2} \\ \vdots & \vdots & & \vdots \\ A_{1n} & A_{2n} & \cdots & A_{nn} \end{pmatrix} = \begin{pmatrix} a_{11} & a_{21} & \cdots & a_{n1} \\ a_{12} & a_{22} & \cdots & a_{n2} \\ \vdots & \vdots & & \vdots \\ a_{1n} & a_{2n} & \cdots & a_{nn} \end{pmatrix} = A^{\mathrm{T}},$$

$$\therefore\ |A^*|=|A^{\mathrm{T}}|=|A|,$$

由 $AA^*=|A|E$，得 $AA^{\mathrm{T}}=|A|E \Rightarrow |A|^2=|A|^n \Rightarrow |A|^2(|A|^{n-2}-1)=0$.

因为 $|A|^2\neq 0$，由于 $|A|=\sum\limits_{k=1}^{n} a_{ik}A_{jk}=\sum\limits_{k=1}^{n} a_{ik}{}^2>0$，故 $|A|^{n-2}=1 \Rightarrow |A|=1$.

## 习题 2.2

1. 设矩阵 $A=\begin{pmatrix} -3 & 2 & 3 \\ 3 & 1 & 2 \end{pmatrix}$，$B=\begin{pmatrix} -2 & 0 & 1 \\ -1 & 3 & 2 \end{pmatrix}$，求 $A+B$ 及 $3A-2B$.

2. 设矩阵 $A=\begin{pmatrix} 1 & 2 & 3 \\ 4 & 3 & 5 \end{pmatrix}$，$B=\begin{pmatrix} 1 & x & 3 \\ y & 3 & z \end{pmatrix}$，已知 $A=B$，求 $x$，$y$，$z$.

3. 设 $f(x)=1+2x-2x^2+x^4$，$A=\begin{pmatrix} 2 & 0 \\ 0 & -3 \end{pmatrix}$，求 $f(A)$.

4. 已知 $A=\begin{pmatrix} 1 & 0 & 1 \\ 0 & 1 & 0 \\ 0 & 0 & 1 \end{pmatrix}$，求 $A^n$.

5. 已知 $\boldsymbol{A}=\begin{pmatrix} 1 & \frac{1}{2} & \frac{1}{3} \\ 2 & 1 & \frac{2}{3} \\ 3 & \frac{3}{2} & 1 \end{pmatrix}$，求 $\boldsymbol{A}^n$.

习题 2.2：8

6. 已知二阶矩阵 $\boldsymbol{A}=\begin{pmatrix} \cos\varphi & -\sin\varphi \\ \sin\varphi & \cos\varphi \end{pmatrix}$，求 $\boldsymbol{A}^n$.

7. 已知三阶矩阵 $\boldsymbol{A}=\begin{pmatrix} 1 & 0 & 1 \\ 0 & 2 & 0 \\ 1 & 0 & 1 \end{pmatrix}$，而 $n\geqslant 2$ 为正整数，则 $\boldsymbol{A}^n-2\boldsymbol{A}^{n-1}=$________.

8. 设 $\boldsymbol{A}$，$\boldsymbol{B}$，$\boldsymbol{C}$ 均为 $n$ 阶方阵，且 $\boldsymbol{AB}=\boldsymbol{BC}=\boldsymbol{CA}=\boldsymbol{E}$，则 $\boldsymbol{A}^2+\boldsymbol{B}^2+\boldsymbol{C}^2=$________.

9. 设 $\boldsymbol{x}=(x_1, x_2, \cdots, x_n)^{\mathrm{T}}$，且 $\boldsymbol{x}^{\mathrm{T}}\boldsymbol{x}=1$，$\boldsymbol{E}$ 为 $n$ 阶单位阵，$\boldsymbol{H}=\boldsymbol{E}-2\boldsymbol{x}\boldsymbol{x}^{\mathrm{T}}$，证明：(1) $\boldsymbol{H}$ 是对称阵；(2) $\boldsymbol{H}^2=\boldsymbol{E}$.

10. 设 $\boldsymbol{A}$ 是 $m\times n$ 矩阵，$\boldsymbol{E}$ 为 $m$ 阶单位矩阵，证明：矩阵 $\boldsymbol{E}-\lambda\boldsymbol{A}\boldsymbol{A}^{\mathrm{T}}(\lambda\in\mathbf{R})$ 为 $m$ 阶对称矩阵.

## 2.3 初等变换与初等矩阵

矩阵的初等变换是矩阵的一种很重要的运算，它在解线性方程组、求逆矩阵及矩阵的运算中是必不可少的.

### 2.3.1 矩阵的初等变换

**定义 2.10** 下面 3 种变换称为矩阵的初等行(列)变换.

(1) 对调两行(列)：对调 $i$，$j$ 两行记为 $r_i\leftrightarrow r_j$；对调 $i$，$j$ 两列记为 $c_i\leftrightarrow c_j$.

(2) 以数 $k\neq 0$ 乘某一行(列)中的所有元素：第 $i$ 行乘 $k$ 记为 $r_i\times k$；第 $i$ 列乘 $k$ 记为 $c_i\times k$.

(3) 把某一行(列)所有元素的 $k$ 倍加到另一行(列)对应元素上去：第 $j$ 行的 $k$ 倍加到第 $i$ 行记为 $r_i+kr_j$；第 $j$ 列的 $k$ 倍加到第 $i$ 列上记为 $c_i+kc_j$.

矩阵的初等变换

矩阵的初等行变换与矩阵的初等列变换统称为矩阵的初等变换.

易见，3 种初等变换都是可逆的，也就是说变换是可还原的，且它们的逆变换是同一类型的初等变换；变换 $r_i \leftrightarrow r_j$ 的逆变换就是其本身；变换 $r_i \times k$ 的逆变换为 $r_i \times \frac{1}{k}$（或记为 $r_i \div k$）；变换 $r_i + kr_j$ 的逆变换为 $r_i + (-k) r_j$（或记为 $r_i - kr_j$）.

**定义 2.11**　若矩阵 $\boldsymbol{A}$ 经过有限次初等变换变成矩阵 $\boldsymbol{B}$，就称矩阵 $\boldsymbol{A}$ 与 $\boldsymbol{B}$ 等价，记为 $\boldsymbol{A} \cong \boldsymbol{B}$.

**性质 2.6**　矩阵之间的等价关系具有下列性质.

(1) 反身性：$\boldsymbol{A} \cong \boldsymbol{A}$.

(2) 对称性：若 $\boldsymbol{A} \cong \boldsymbol{B}$，则 $\boldsymbol{B} \cong \boldsymbol{A}$.

(3) 传递性：若 $\boldsymbol{A} \cong \boldsymbol{B}$，$\boldsymbol{B} \cong \boldsymbol{C}$，则 $\boldsymbol{A} \cong \boldsymbol{C}$.

由等价关系可以将矩阵分类，将具有等价关系的矩阵作为一类，在第 4 章中将会讨论到具有行等价关系的矩阵所对应的线性方程组有相同的解.

**例 2.15**　利用初等行变换把矩阵先化为行阶梯形矩阵，再进一步化为行最简形矩阵：

$$\boldsymbol{A} = \begin{pmatrix} 2 & -3 & 8 & 2 \\ 2 & 12 & -2 & 12 \\ 1 & 3 & 1 & 4 \end{pmatrix}.$$

**解**

$$\boldsymbol{A} = \begin{pmatrix} 2 & -3 & 8 & 2 \\ 2 & 12 & -2 & 12 \\ 1 & 3 & 1 & 4 \end{pmatrix} \xrightarrow{r_1 \leftrightarrow r_3} \begin{pmatrix} 1 & 3 & 1 & 4 \\ 2 & 12 & -2 & 12 \\ 2 & -3 & 8 & 2 \end{pmatrix} \xrightarrow[r_3 - 2r_1]{r_2 - 2r_1} \begin{pmatrix} 1 & 3 & 1 & 4 \\ 0 & 6 & -4 & 4 \\ 0 & -9 & 6 & -6 \end{pmatrix}$$

$$\xrightarrow[r_3 \times \frac{1}{3}]{r_2 \times \frac{1}{2}} \begin{pmatrix} 1 & 3 & 1 & 4 \\ 0 & 3 & -2 & 2 \\ 0 & -3 & 2 & -2 \end{pmatrix} \xrightarrow{r_3 + r_2} \begin{pmatrix} 1 & 3 & 1 & 4 \\ 0 & 3 & -2 & 2 \\ 0 & 0 & 0 & 0 \end{pmatrix}$$

（行阶梯形矩阵）

$$\xrightarrow{r_2 \times \frac{1}{3}} \begin{pmatrix} 1 & 3 & 1 & 4 \\ 0 & 1 & -\frac{2}{3} & \frac{2}{3} \\ 0 & 0 & 0 & 0 \end{pmatrix} \xrightarrow{r_1 - 3r_2} \begin{pmatrix} 1 & 0 & 3 & 2 \\ 0 & 1 & -\frac{2}{3} & \frac{2}{3} \\ 0 & 0 & 0 & 0 \end{pmatrix}.$$

（行最简形矩阵）

对于行最简形矩阵再实施初等列变换，可将矩阵化为更简单的形式，例如，将以上行最简形矩阵再实施初等列变换，得

$$\begin{pmatrix} 1 & 0 & 3 & 2 \\ 0 & 1 & -\frac{2}{3} & \frac{2}{3} \\ 0 & 0 & 0 & 0 \end{pmatrix} \xrightarrow[c_3 + \frac{2}{3}c_2]{c_3 - 3c_1} \begin{pmatrix} 1 & 0 & 0 & 2 \\ 0 & 1 & 0 & \frac{2}{3} \\ 0 & 0 & 0 & 0 \end{pmatrix} \xrightarrow[c_4 - \frac{2}{3}c_2]{c_4 - 2c_1} \begin{pmatrix} 1 & 0 & 0 & 0 \\ 0 & 1 & 0 & 0 \\ 0 & 0 & 0 & 0 \end{pmatrix} = \boldsymbol{F}.$$

最后一个矩阵 $\boldsymbol{F}$ 称为矩阵 $\boldsymbol{A}$ 的标准形，利用分块矩阵可表示为

$$\boldsymbol{F}=\begin{pmatrix}\boldsymbol{E}_2 & \boldsymbol{O}\\ \boldsymbol{O} & \boldsymbol{O}\end{pmatrix}.$$

对于一般的矩阵，有下面的结论.

**定理 2.1** 设 $\boldsymbol{A}$ 是 $m\times n$ 矩阵.

(1) 矩阵 $\boldsymbol{A}$ 总可以经过若干次初等行变换化为行阶梯形矩阵.

(2) 矩阵 $\boldsymbol{A}$ 总可以经过若干次初等行变换化为行最简形矩阵.

(3) 矩阵 $\boldsymbol{A}$ 总可以经过若干次初等变换化为标准形 $\boldsymbol{F}=\begin{pmatrix}\boldsymbol{E}_r & \boldsymbol{O}\\ \boldsymbol{O} & \boldsymbol{O}\end{pmatrix}_{m\times n}$，其中 $r$ 为行阶梯形矩阵中非零行的行数.

## 2.3.2 初等矩阵

下面介绍与初等变换密切相关的初等矩阵.

**定义 2.12** 由单位矩阵 $\boldsymbol{E}$ 经过一次初等变换得到的矩阵称为初等矩阵.

那么 3 种初等变换对应 3 种初等矩阵.

(1) 把单位矩阵中的第 $i$, $j$ 两行互换(或第 $i$, $j$ 两列互换)，得到第 1 种初等矩阵 $\boldsymbol{E}(i,j)$，即

$$\boldsymbol{E}(i,j)=\begin{pmatrix}1 &&&&&&&&&& \\ & \ddots &&&&&&&&& \\ && 1 &&&&&&&& \\ &&& 0 & \cdots & \cdots & \cdots & 1 &&& \\ &&& \vdots & 1 &&& \vdots &&& \\ &&& \vdots && \ddots && \vdots &&& \\ &&& \vdots &&& 1 & \vdots &&& \\ &&& 1 & \cdots & \cdots & \cdots & 0 &&& \\ &&&&&&&& 1 && \\ &&&&&&&&& \ddots & \\ &&&&&&&&&& 1\end{pmatrix}\begin{matrix}\\ \\ \\ 第\,i\,行\\ \\ \\ \\ 第\,j\,行\\ \\ \\ \\ \end{matrix}$$

（其中第 $i$ 列、第 $j$ 列分别标于矩阵上方）

(2) 用数 $k\neq 0$ 乘单位矩阵的第 $i$ 行(或第 $i$ 列)，得到第 2 种初等矩阵 $\boldsymbol{E}[i(k)]$，即

第 $i$ 列

$$\boldsymbol{E}[i(k)]=\begin{pmatrix}1&&&&&&\\&\ddots&&&&&\\&&1&&&&\\&&&k&&&\\&&&&1&&\\&&&&&\ddots&\\&&&&&&1\end{pmatrix}\begin{matrix}\\ \\ \\ \text{第 }i\text{ 行}.\\ \\ \\ \\ \end{matrix}$$

(3) 把数 $k$ 乘单位矩阵的第 $j$ 行加到第 $i$ 行上(或把数 $k$ 乘单位矩阵的第 $j$ 列加到第 $i$ 列上), 得到第 3 种初等矩阵 $\boldsymbol{E}[i+j(k), j]$ (或 $\boldsymbol{E}[j, i+j(k)]$), 即

$$\boldsymbol{E}[i+j(k), j]=\begin{pmatrix}1&&&&&&\\&\ddots&&&&&\\&&1&\cdots&k&&\\&&&\ddots&\vdots&&\\&&&&1&&\\&&&&&\ddots&\\&&&&&&1\end{pmatrix}\begin{matrix}\\ \\ \text{第 }i\text{ 行}\\ \\ \text{第 }j\text{ 行}\\ \\ \\ \end{matrix},$$

（第 $i$ 列　第 $j$ 列）

或

$$\boldsymbol{E}[j, i+j(k)]=\begin{pmatrix}1&&&&&&\\&\ddots&&&&&\\&&1&&&&\\&&\vdots&\ddots&&&\\&&k&\cdots&1&&\\&&&&&\ddots&\\&&&&&&1\end{pmatrix}\begin{matrix}\\ \\ \text{第 }i\text{ 行}\\ \\ \text{第 }j\text{ 行}\\ \\ \\ \end{matrix}.$$

（第 $i$ 列　第 $j$ 列）

例如,

$$\boldsymbol{E}(1, 2)=\begin{pmatrix}0&1&0\\1&0&0\\0&0&1\end{pmatrix}, \boldsymbol{E}[i(2)]=\begin{pmatrix}1&0&0\\0&2&0\\0&0&1\end{pmatrix}, \boldsymbol{E}\left(1+2\left(\frac{1}{3}\right), 2\right)=\begin{pmatrix}1&\frac{1}{3}&0\\0&1&0\\0&0&1\end{pmatrix}$$

均为三阶初等矩阵.

很容易证明初等矩阵有以下结论.

**定理 2.2**　设 $\boldsymbol{A}$ 是一个 $m\times n$ 矩阵, 对 $\boldsymbol{A}$ 施行一次初等行变换, 相当于在 $\boldsymbol{A}$ 的左边乘

相应的 $m$ 阶初等矩阵；对 $\boldsymbol{A}$ 施行一次初等列变换，相当于在 $\boldsymbol{A}$ 的右边乘相应的 $n$ 阶初等矩阵.

例如，设 $\boldsymbol{A}=\begin{pmatrix}3&0&1\\1&-1&2\\0&1&1\end{pmatrix}$，则有

$$\boldsymbol{A}=\begin{pmatrix}3&0&1\\1&-1&2\\0&1&1\end{pmatrix}\xrightarrow{r_1\leftrightarrow r_2}\begin{pmatrix}1&-1&2\\3&0&1\\0&1&1\end{pmatrix},$$

$$\boldsymbol{E}(1,\ 2)\boldsymbol{A}=\begin{pmatrix}0&1&0\\1&0&0\\0&0&1\end{pmatrix}\begin{pmatrix}3&0&1\\1&-1&2\\0&1&1\end{pmatrix}=\begin{pmatrix}1&-1&2\\3&0&1\\0&1&1\end{pmatrix}.$$

再如

$$\boldsymbol{A}=\begin{pmatrix}3&0&1\\1&-1&2\\0&1&1\end{pmatrix}\xrightarrow{c_1+2c_3}\begin{pmatrix}5&0&1\\5&-1&2\\2&1&1\end{pmatrix},$$

$$\boldsymbol{AE}(3,\ 1+3(2))=\begin{pmatrix}3&0&1\\1&-1&2\\0&1&1\end{pmatrix}\begin{pmatrix}1&0&0\\0&1&0\\2&0&1\end{pmatrix}=\begin{pmatrix}5&0&1\\5&-1&2\\2&1&1\end{pmatrix}.$$

**【问题 2.3】** 已知 $\boldsymbol{P}_1\boldsymbol{P}_2\boldsymbol{A}=\boldsymbol{B}$，其中 $\boldsymbol{P}_1$，$\boldsymbol{P}_2$ 为初等矩阵，则矩阵 $\boldsymbol{B}$ 是由矩阵 $\boldsymbol{A}$ 先进行 $\boldsymbol{P}_1$ 对应的初等行变换，再进行 $\boldsymbol{P}_2$ 对应的初等行变换得到的. 以上说法是否正确？请说明理由.

**例 2.16** 求矩阵 $\boldsymbol{A}=\begin{pmatrix}1&0&0\\0&1&1\\1&1&0\end{pmatrix}$ 的标准形，并用初等矩阵表示初等变换.

**解**

$$\boldsymbol{A}=\begin{pmatrix}1&0&0\\0&1&1\\1&1&0\end{pmatrix}\xrightarrow{r_3-r_1}\begin{pmatrix}1&0&0\\0&1&1\\0&1&0\end{pmatrix}\xrightarrow{r_2\leftrightarrow r_3}\begin{pmatrix}1&0&0\\0&1&0\\0&1&1\end{pmatrix}\xrightarrow{r_3-r_2}\begin{pmatrix}1&0&0\\0&1&0\\0&0&1\end{pmatrix}=\boldsymbol{E}.$$

记

$$\boldsymbol{P}_1=\begin{pmatrix}1&0&0\\0&1&0\\-1&0&1\end{pmatrix},\ \boldsymbol{P}_2=\begin{pmatrix}1&0&0\\0&0&1\\0&1&0\end{pmatrix},\ \boldsymbol{P}_3=\begin{pmatrix}1&0&0\\0&1&0\\0&-1&1\end{pmatrix},$$

则有 $\boldsymbol{P}_3\boldsymbol{P}_2\boldsymbol{P}_1\boldsymbol{A}=\boldsymbol{E}$.

**例 2.17**　设矩阵 $\boldsymbol{A}=\begin{pmatrix}a_{11}&a_{12}&a_{13}\\a_{21}&a_{22}&a_{23}\\a_{31}&a_{32}&a_{33}\end{pmatrix}$，$\boldsymbol{P}_1=\begin{pmatrix}1&0&0\\0&1&2\\0&0&1\end{pmatrix}$，$\boldsymbol{P}_2=\begin{pmatrix}0&0&1\\0&1&0\\1&0&0\end{pmatrix}$，求 $\boldsymbol{P}_1\boldsymbol{A}\boldsymbol{P}_2$.

**解**　因 $\boldsymbol{P}_1$，$\boldsymbol{P}_2$ 是初等矩阵，故可不必直接进行矩阵的乘法运算. $\boldsymbol{P}_1\boldsymbol{A}$ 相当于把矩阵 $\boldsymbol{A}$ 的第 3 行乘 2 加到第 2 行，即有

$$\boldsymbol{P}_1\boldsymbol{A}=\begin{pmatrix}a_{11}&a_{12}&a_{13}\\a_{21}+2a_{31}&a_{22}+2a_{32}&a_{23}+2a_{33}\\a_{31}&a_{32}&a_{33}\end{pmatrix},$$

而 $\boldsymbol{P}_1\boldsymbol{A}\boldsymbol{P}_2=(\boldsymbol{P}_1\boldsymbol{A})\boldsymbol{P}_2$ 相当于把上步结果 $\boldsymbol{P}_1\boldsymbol{A}$ 的第 1 列与第 3 列交换，从而得到

$$\boldsymbol{P}_1\boldsymbol{A}\boldsymbol{P}_2=\begin{pmatrix}a_{13}&a_{12}&a_{11}\\a_{23}+2a_{33}&a_{22}+2a_{32}&a_{21}+2a_{31}\\a_{33}&a_{32}&a_{31}\end{pmatrix}.$$

## 习题 2.3

1. 下列各矩阵，初等矩阵是(　　).

A. $\begin{pmatrix}0&1&0\\0&0&1\\1&0&0\end{pmatrix}$　　B. $\begin{pmatrix}0&0&1\\0&1&0\\2&0&0\end{pmatrix}$　　C. $\begin{pmatrix}1&0&2\\0&1&0\\0&0&1\end{pmatrix}$　　D. $\begin{pmatrix}0&0&1\\0&1&0\\1&0&2\end{pmatrix}$

2. 与矩阵 $\boldsymbol{A}=\begin{pmatrix}1&2&0\\2&4&0\\0&0&4\end{pmatrix}$ 等价的矩阵是(　　).

A. $\begin{pmatrix}1&0&0\\0&0&0\\0&0&0\end{pmatrix}$　　B. $\begin{pmatrix}1&0&0\\0&2&0\\0&0&0\end{pmatrix}$　　C. $\begin{pmatrix}1&0&0\\0&2&0\\0&0&3\end{pmatrix}$　　D. $\begin{pmatrix}1&0&0\\0&2&0\\0&0&4\end{pmatrix}$

3. $\begin{pmatrix}0&0&1\\0&1&0\\1&0&0\end{pmatrix}^{2000}\begin{pmatrix}1&2&3\\4&5&6\\7&8&9\end{pmatrix}\begin{pmatrix}1&0&0\\0&0&1\\0&1&0\end{pmatrix}^{2001}=$(　　).

A. $\begin{pmatrix}7&8&9\\4&6&5\\1&3&2\end{pmatrix}$　　B. $\begin{pmatrix}1&3&2\\4&6&5\\7&9&8\end{pmatrix}$　　C. $\begin{pmatrix}3&1&2\\5&6&4\\7&9&8\end{pmatrix}$　　D. $\begin{pmatrix}7&8&9\\4&6&5\\1&2&3\end{pmatrix}$

4. 设 $\boldsymbol{A}$ 为三阶方阵，将 $\boldsymbol{A}$ 的第 1 列与第 2 列交换得矩阵 $\boldsymbol{B}$，再把矩阵 $\boldsymbol{B}$ 的第 2 列加到第 3 列得矩阵 $\boldsymbol{C}$，则 $\boldsymbol{C}=$(　　).

A. $\boldsymbol{AE}(1,2)\boldsymbol{E}(2,3+2(1))$　　　　B. $\boldsymbol{AE}(2+3(1),3)\boldsymbol{E}(1,2)$

C. $\boldsymbol{AE}(1,2)\boldsymbol{E}(3+2(1),2)$　　D. $\boldsymbol{AE}(3+2(1),2)\boldsymbol{E}(1,2)$

5. 设 $\boldsymbol{A}=\begin{pmatrix}1&2&3\\4&5&6\\7&8&9\end{pmatrix}$，$\boldsymbol{P}=\begin{pmatrix}0&0&1\\0&1&0\\1&0&0\end{pmatrix}$，$\boldsymbol{Q}=\begin{pmatrix}1&0&0\\0&0&1\\0&1&0\end{pmatrix}$，求 $\boldsymbol{P}^{20}\boldsymbol{A}\boldsymbol{Q}^{21}$.

6. 设 $\boldsymbol{A}$ 为三阶方阵，将 $\boldsymbol{A}$ 的第 1 列与第 2 列交换得矩阵 $\boldsymbol{B}$，再把 $\boldsymbol{B}$ 的第 2 列加到第 3 列得到矩阵 $\boldsymbol{C}$，求可逆矩阵 $\boldsymbol{Q}$，使得 $\boldsymbol{AQ}=\boldsymbol{C}$.

## 2.4 逆矩阵

在数的运算中，当数 $a\neq0$ 时，有 $a\cdot a^{-1}=a^{-1}\cdot a=1$，其中 $a^{-1}$ 为 $a$ 的倒数. 在矩阵的乘法运算中，单位矩阵 $\boldsymbol{E}$ 相当于数的乘法运算中的 1，那么对于方阵 $\boldsymbol{A}$，是否存在一个矩阵 $\boldsymbol{A}^{-1}$，使 $\boldsymbol{AA}^{-1}=\boldsymbol{A}^{-1}\boldsymbol{A}=\boldsymbol{E}$ 呢？

### 2.4.1 逆矩阵的定义

**定义 2.13** 对于 $n$ 阶方阵 $\boldsymbol{A}$，如果有一个 $n$ 阶方阵 $\boldsymbol{B}$，使 $\boldsymbol{AB}=\boldsymbol{BA}=\boldsymbol{E}$，则称矩阵 $\boldsymbol{A}$ 可逆，矩阵 $\boldsymbol{B}$ 为 $\boldsymbol{A}$ 的逆矩阵，简称逆阵.

需要注意的是，如果方阵 $\boldsymbol{A}$ 可逆，则 $\boldsymbol{A}$ 的逆阵是唯一的.

这是因为，若方阵 $\boldsymbol{B}$，$\boldsymbol{C}$ 都是方阵 $\boldsymbol{A}$ 的逆阵，则有

$$\boldsymbol{AB}=\boldsymbol{BA}=\boldsymbol{E},\ \boldsymbol{AC}=\boldsymbol{CA}=\boldsymbol{E},$$

可推出

$$\boldsymbol{B}=\boldsymbol{BE}=\boldsymbol{B}(\boldsymbol{AC})=(\boldsymbol{BA})\boldsymbol{C}=\boldsymbol{EC}=\boldsymbol{C},$$

即 $\boldsymbol{B}=\boldsymbol{C}$.

于是将方阵 $\boldsymbol{A}$ 的(唯一的)逆阵记作 $\boldsymbol{A}^{-1}$，而 $\boldsymbol{A}^{-1}$ 满足

$$\boldsymbol{AA}^{-1}=\boldsymbol{A}^{-1}\boldsymbol{A}=\boldsymbol{E}.$$

**例 2.18** 已知 $\boldsymbol{A}=\begin{pmatrix}2&1\\5&3\end{pmatrix}$，$\boldsymbol{B}=\begin{pmatrix}3&-1\\-5&2\end{pmatrix}$，根据定义验证 $\boldsymbol{B}=\boldsymbol{A}^{-1}$.

**解** 因为

$$\begin{pmatrix}2&1\\5&3\end{pmatrix}\begin{pmatrix}3&-1\\-5&2\end{pmatrix}=\begin{pmatrix}1&0\\0&1\end{pmatrix}，且\begin{pmatrix}3&-1\\-5&2\end{pmatrix}\begin{pmatrix}2&1\\5&3\end{pmatrix}=\begin{pmatrix}1&0\\0&1\end{pmatrix},$$

故 $\boldsymbol{B}=\boldsymbol{A}^{-1}$.

**例 2.19** 已知 $\boldsymbol{A}=\begin{pmatrix}a_1&&&\\&a_2&&\\&&\ddots&\\&&&a_n\end{pmatrix}$，$a_1,\cdots,a_n\neq0$，求 $\boldsymbol{A}^{-1}$.

**解**　记

$$B=\begin{pmatrix}\frac{1}{a_1} & & & \\ & \frac{1}{a_2} & & \\ & & \ddots & \\ & & & \frac{1}{a_n}\end{pmatrix},$$

因为 $AB=BA=E$，故

$$\begin{pmatrix}a_1 & & & \\ & a_2 & & \\ & & \ddots & \\ & & & a_n\end{pmatrix}^{-1}=\begin{pmatrix}\frac{1}{a_1} & & & \\ & \frac{1}{a_2} & & \\ & & \ddots & \\ & & & \frac{1}{a_n}\end{pmatrix}.$$

这说明可逆的对角矩阵的逆矩阵仍为对角矩阵，其逆矩阵等于对角线元素取倒数.

### 2.4.2　矩阵可逆的充要条件

**定理 2.3**　$n$ 阶方阵 $A$ 可逆的充要条件是 $|A|\neq 0$，且 $A^{-1}=\frac{1}{|A|}A^{*}$.

**证明**　必要性　因为方阵 $A$ 可逆，则有 $AA^{-1}=E$，故 $|A||A^{-1}|=|E|=1$，所以 $|A|\neq 0$.

充分性　由例 2.12 知 $AA^{*}=A^{*}A=|A|E$，因为 $|A|\neq 0$，故有

$$A\left(\frac{1}{|A|}A^{*}\right)=\left(\frac{1}{|A|}A^{*}\right)A=E,$$

所以由矩阵可逆的定义知，方阵 $A$ 可逆，且有 $A^{-1}=\frac{1}{|A|}A^{*}$.

**例 2.20**　已知 $A=\begin{pmatrix}a & b\\ c & d\end{pmatrix}$，$ad-bc\neq 0$，求 $A$ 的逆矩阵.

**解**　$A^{-1}=\frac{1}{|A|}A^{*}=\frac{1}{ad-bc}\begin{pmatrix}d & -b\\ -c & a\end{pmatrix}$.

当方阵 $A$ 可逆时，有下述运算性质.

**性质 2.7**　设 $A$ 为 $n$ 阶方阵.

(1)若 $A$ 可逆，则 $A^{-1}$ 也可逆，且有 $(A^{-1})^{-1}=A$.

(2)若 $A$ 可逆，则 $A^{T}$ 可逆，且有 $(A^{T})^{-1}=(A^{-1})^{T}$.

(3)若 $\boldsymbol{A}$ 可逆，则 $k\boldsymbol{A}$ 可逆，且有 $(k\boldsymbol{A})^{-1}=\frac{1}{k}\boldsymbol{A}^{-1}(k\neq 0)$.

(4)若 $\boldsymbol{A}$ 和 $\boldsymbol{B}$ 均为同阶可逆方阵，则 $\boldsymbol{AB}$，$\boldsymbol{BA}$ 均可逆，且有 $(\boldsymbol{AB})^{-1}=\boldsymbol{B}^{-1}\boldsymbol{A}^{-1}$，$(\boldsymbol{BA})^{-1}=\boldsymbol{A}^{-1}\boldsymbol{B}^{-1}$.

(5)若方阵 $\boldsymbol{A}$ 可逆，矩阵 $\boldsymbol{B}$，$\boldsymbol{C}$ 满足 $\boldsymbol{AB}=\boldsymbol{AC}$ 或 $\boldsymbol{BA}=\boldsymbol{CA}$，则有 $\boldsymbol{B}=\boldsymbol{C}$(即矩阵乘法满足左消去律和右消去律).

很容易证明(1)(2)(5)成立，这里只证明(3)和(4).

**证明** (3)因为 $|\boldsymbol{A}|\neq 0$，所以 $|k\boldsymbol{A}|=k^n|\boldsymbol{A}|\neq 0$，于是 $k\boldsymbol{A}$ 可逆.

又因为

$$\left(\frac{1}{k}\boldsymbol{A}^{-1}\right)(k\boldsymbol{A})=\boldsymbol{A}^{-1}\boldsymbol{A}=\boldsymbol{E},$$

所以有

$$(k\boldsymbol{A})^{-1}=\frac{1}{k}\boldsymbol{A}^{-1}(k\neq 0).$$

(4)因为 $|\boldsymbol{A}|\neq 0$，$|\boldsymbol{B}|\neq 0$，$|\boldsymbol{AB}|=|\boldsymbol{BA}|=|\boldsymbol{A}||\boldsymbol{B}|\neq 0$，于是 $\boldsymbol{AB}$，$\boldsymbol{BA}$ 均可逆. 又因为

$$(\boldsymbol{B}^{-1}\boldsymbol{A}^{-1})(\boldsymbol{AB})=\boldsymbol{B}^{-1}(\boldsymbol{A}^{-1}\boldsymbol{A})\boldsymbol{B}=\boldsymbol{B}^{-1}\boldsymbol{B}=\boldsymbol{E},$$

所以有 $(\boldsymbol{AB})^{-1}=\boldsymbol{B}^{-1}\boldsymbol{A}^{-1}$.

同理可证 $(\boldsymbol{BA})^{-1}=\boldsymbol{A}^{-1}\boldsymbol{B}^{-1}$.

另由(4)可以推出，若 $\boldsymbol{A}_1$，$\boldsymbol{A}_2$，…，$\boldsymbol{A}_n$ 均为同阶可逆矩阵，则 $\boldsymbol{A}_1\boldsymbol{A}_2\cdots\boldsymbol{A}_n$ 可逆，且 $(\boldsymbol{A}_1\boldsymbol{A}_2\cdots\boldsymbol{A}_n)^{-1}=\boldsymbol{A}_n^{-1}\boldsymbol{A}_{n-1}^{-1}\cdots\boldsymbol{A}_1^{-1}$.

**性质 2.8** 若 $\boldsymbol{AB}=\boldsymbol{E}$(或 $\boldsymbol{BA}=\boldsymbol{E}$)，则有 $\boldsymbol{B}=\boldsymbol{A}^{-1}$，$\boldsymbol{A}=\boldsymbol{B}^{-1}$.

**证明** 因为 $\boldsymbol{AB}=\boldsymbol{E}$，取行列式得 $|\boldsymbol{A}||\boldsymbol{B}|=|\boldsymbol{E}|=1$，有 $|\boldsymbol{A}|\neq 0$，于是 $\boldsymbol{A}$ 可逆. 用 $\boldsymbol{A}^{-1}$ 同时左乘等式 $\boldsymbol{AB}=\boldsymbol{E}$ 的两边得

$$\boldsymbol{A}^{-1}\boldsymbol{AB}=\boldsymbol{A}^{-1}\boldsymbol{E},$$

即 $\boldsymbol{B}=\boldsymbol{A}^{-1}$.

**【问题 2.4】** 已知 $\boldsymbol{A}$，$\boldsymbol{B}$，$\boldsymbol{C}$ 均为 $n$ 阶方阵，满足 $\boldsymbol{AB}=\boldsymbol{CA}=\boldsymbol{E}$，则 $\boldsymbol{B}=\boldsymbol{C}$. 以上说法是否正确？请说明理由.

**例 2.21** 设 $n$ 阶方阵 $\boldsymbol{A}$ 满足方程 $\boldsymbol{A}^2+\boldsymbol{A}-4\boldsymbol{E}=\boldsymbol{O}$. 证明：矩阵 $\boldsymbol{A}$ 和 $\boldsymbol{A}-\boldsymbol{E}$ 都可逆，并求它们的逆矩阵.

**解** 由 $\boldsymbol{A}^2+\boldsymbol{A}-4\boldsymbol{E}=\boldsymbol{O}$ 可得 $(\boldsymbol{A}+\boldsymbol{E})\boldsymbol{A}=4\boldsymbol{E}$. 由性质 2.8 可得 $\boldsymbol{A}$ 可逆，且 $\boldsymbol{A}^{-1}=\frac{1}{4}(\boldsymbol{A}+\boldsymbol{E})$.

同理，由 $\boldsymbol{A}^2+\boldsymbol{A}-4\boldsymbol{E}=\boldsymbol{O}$ 可得 $(\boldsymbol{A}-\boldsymbol{E})(\boldsymbol{A}+2\boldsymbol{E})=2\boldsymbol{E}$. 故 $\boldsymbol{A}-\boldsymbol{E}$ 可逆，且

$$(\boldsymbol{A}-\boldsymbol{E})^{-1}=\frac{1}{2}(\boldsymbol{A}+2\boldsymbol{E}).$$

**性质 2.9** 初等矩阵的逆矩阵仍为同类型的初等矩阵，且有

$$E^{-1}(i,j)=E(i,j),\ E^{-1}(i(k))=E\left(i\left(\frac{1}{k}\right)\right),$$

$$E^{-1}(i+j(k),j)=E(i+j(-k),j),\ E^{-1}(j,i+j(k))=E(j,i+j(-k)).$$

**证明** 由 $E(i,j)E(i,j)=E$ 得 $E^{-1}(i(k))=E\left(i\left(\frac{1}{k}\right)\right)$.

由 $E(i(k))E\left(i\left(\frac{1}{k}\right)\right)=E$ 得 $E^{-1}(i(k))=E\left(i\left(\frac{1}{k}\right)\right)$.

由 $E(i+j(k),j)E(i+j(-k),j)=E$ 得 $E^{-1}(i+j(k),j)=E(i+j(-k),j)$.

同理得 $E^{-1}(j,i+j(k))=E(j,i+j(-k))$.

### 2.4.3 矩阵之间的等价关系

矩阵 $A$ 与 $B$ 等价的定义在定义 2.11 已给出了，下面针对可逆矩阵展开讨论.

**定理 2.4** 方阵 $A$ 可逆的充分必要条件是存在有限个初等矩阵 $P_1,P_2,\cdots,P_s$，使 $A=P_1P_2\cdots P_s$.

**证明** 充分性 因为 $A=P_1P_2\cdots P_s$，且初等矩阵可逆，则有限个初等矩阵的积仍可逆，所以方阵 $A$ 可逆.

必要性 设 $n$ 阶方阵 $A$ 可逆，由定理 2.1 知方阵 $A$ 可以经过有限次初等变换化成标准形矩阵，即

$$F=\begin{pmatrix}E_r & O\\ O & O\end{pmatrix}_{n\times n}.$$

既然 $A\cong F$，也有 $F\cong A$，故存在初等矩阵 $P_1,P_2,\cdots,P_s$，使

$$A=P_1\cdots P_tF\,P_{t+1}\cdots p_s.$$

又因为 $A$ 可逆，且 $P_1,P_2,\cdots,P_s$ 可逆，故 $F$ 可逆.

假设 $F$ 中的 $r<n$，则有 $|F|=0$，这与 $F$ 可逆相矛盾，故有 $r=n$，即 $F=E$，从而 $A=P_1P_2\cdots P_s$.

**定理 2.5** 设 $A$，$B$ 均为 $m\times n$ 矩阵，则 $A\cong B$ 的充分必要条件是存在 $m$ 阶可逆矩阵 $P$ 和 $n$ 阶可逆矩阵 $Q$，使 $PAQ=B$.

**证明** 根据定义 2.11 矩阵的等价和定理 2.2 可知，$A\cong B$ 的充要条件是 $A$ 经过有限次初等变换化成 $B$，即存在有限个 $m$ 阶可逆矩阵 $P_1P_2\cdots P_s$ 及有限个 $n$ 阶矩阵 $Q_1,Q_2,\cdots,Q_t$，使 $P_1P_2\cdots P_sAQ_1Q_2\cdots Q_t=B$.

令 $P=P_1P_2\cdots P_s$，$Q=Q_1,Q_2,\cdots,Q_t$，则存在 $m$ 阶可逆矩阵 $P$ 和 $n$ 阶可逆矩阵 $Q$，使 $PAQ=B$.

在这里，定理 2.4 再次给出了方阵 $A$ 可逆的充分必要条件，同时也给出另一种求逆矩阵的方法，其原理如下.

若方阵$\boldsymbol{A}$可逆，则$\boldsymbol{A}^{-1}$可逆，即存在有限个初等矩阵$\boldsymbol{P}_1\boldsymbol{P}_2\cdots\boldsymbol{P}_s$，使$\boldsymbol{A}^{-1}=\boldsymbol{P}_1\boldsymbol{P}_2\cdots\boldsymbol{P}_s$，两边右乘$\boldsymbol{A}$，得

$$\boldsymbol{P}_1\boldsymbol{P}_2\cdots\boldsymbol{P}_s\boldsymbol{A}=\boldsymbol{A}^{-1}\boldsymbol{A}=\boldsymbol{E}. \tag{2.1}$$

式(2.1)也可写为

$$\boldsymbol{P}_1\boldsymbol{P}_2\cdots\boldsymbol{P}_s\boldsymbol{E}=\boldsymbol{A}^{-1}. \tag{2.2}$$

对比式(2.1)与式(2.2)可知，当$\boldsymbol{A}$经过一系列的初等变换化为$\boldsymbol{E}$时，对单位矩阵$\boldsymbol{E}$作同样的初等行变换可化为$\boldsymbol{A}^{-1}$，用分块矩阵的形式，式(2.1)和式(2.2)可合并为

$$\boldsymbol{P}_1\boldsymbol{P}_2\cdots\boldsymbol{P}_s(\boldsymbol{A}\,\vdots\,\boldsymbol{E})=(\boldsymbol{E}\,\vdots\,\boldsymbol{A}^{-1}).$$

即对$n\times 2n$矩阵$(\boldsymbol{A}\,\vdots\,\boldsymbol{E})$施行初等行变换，当把$\boldsymbol{A}$变成$\boldsymbol{E}$时，原来$\boldsymbol{E}$的就变成了$\boldsymbol{A}^{-1}$.

类似地，可以用初等列变换来求方阵$\boldsymbol{A}$的逆矩阵，即由$\boldsymbol{A}$与$\boldsymbol{E}$组成$2n\times n$矩阵$\begin{pmatrix}\boldsymbol{A}\\ \cdots\\ \boldsymbol{E}\end{pmatrix}$并对其施行一系列初等列变换，当把$\boldsymbol{A}$变成$\boldsymbol{E}$时，原来的$\boldsymbol{E}$就变成了$\boldsymbol{A}^{-1}$.

综上，得到求矩阵逆的两个公式如下.

$$(\boldsymbol{A}\,\vdots\,\boldsymbol{E})\xrightarrow{\text{行变换}}(\boldsymbol{E}\,\vdots\,\boldsymbol{A}^{-1}),\quad \begin{pmatrix}\boldsymbol{A}\\ \cdots\\ \boldsymbol{E}\end{pmatrix}\xrightarrow{\text{列变换}}\begin{pmatrix}\boldsymbol{E}\\ \cdots\\ \boldsymbol{A}^{-1}\end{pmatrix}.$$

**例 2.22** 求矩阵$\boldsymbol{A}=\begin{pmatrix}1&1&2\\-1&2&0\\1&1&3\end{pmatrix}$的逆.

**解** 使用初等行变换求逆公式.

$$(\boldsymbol{A}\,\vdots\,\boldsymbol{E})=\left(\begin{array}{ccc:ccc}1&1&2&1&0&0\\-1&2&0&0&1&0\\1&1&3&0&0&1\end{array}\right)\xrightarrow[r_3-r_1]{r_2+r_1}\left(\begin{array}{ccc:ccc}1&1&2&1&0&0\\0&3&2&1&1&0\\0&0&1&-1&0&1\end{array}\right)$$

$$\xrightarrow{r_2\times\frac{1}{3}}\left(\begin{array}{ccc:ccc}1&1&2&1&0&0\\0&1&\frac{2}{3}&\frac{1}{3}&\frac{1}{3}&0\\0&0&1&-1&0&1\end{array}\right)\xrightarrow{r_1-r_2}\left(\begin{array}{ccc:ccc}1&0&\frac{4}{3}&\frac{2}{3}&-\frac{1}{3}&0\\0&1&\frac{2}{3}&\frac{1}{3}&\frac{1}{3}&0\\0&0&1&-1&0&1\end{array}\right)$$

$$\xrightarrow[r_2-\frac{2}{3}r_3]{r_1-\frac{4}{3}r_3}\left(\begin{array}{ccc:ccc}1&0&0&2&-\frac{1}{3}&-\frac{4}{3}\\0&1&0&1&\frac{1}{3}&-\frac{2}{3}\\0&0&1&-1&0&1\end{array}\right),$$

所以

$$A^{-1}=\begin{pmatrix}2 & -\frac{1}{3} & -\frac{4}{3}\\ 1 & \frac{1}{3} & -\frac{2}{3}\\ -1 & 0 & 1\end{pmatrix}.$$

可以使用定义来验证所求结果的正确性. 事实上,

$$AA^{-1}=\begin{pmatrix}1 & 1 & 2\\ -1 & 2 & 0\\ 1 & 1 & 3\end{pmatrix}\begin{pmatrix}2 & -\frac{1}{3} & -\frac{4}{3}\\ 1 & \frac{1}{3} & -\frac{2}{3}\\ -1 & 0 & 1\end{pmatrix}=\begin{pmatrix}1 & 0 & 0\\ 0 & 1 & 0\\ 0 & 0 & 1\end{pmatrix}.$$

### 2.4.4 解矩阵方程

矩阵运算中, 经常需要求解一些矩阵方程. 例如, $AX=C$, $XB=C$, $AXB=C$. 若已知矩阵 $A$, $B$ 可逆, 则根据逆矩阵的运算法则可以得到矩阵方程的解.

(1)矩阵方程为 $AX=C$, 其中矩阵 $A$ 可逆.

方法 1　等式两端左乘 $A^{-1}$, 得 $X=A^{-1}C$.

方法 2　使用初等变换解矩阵方程, 即 $(A \vdots C)\xrightarrow{\text{行变换}}(E \vdots X)$.

(2)矩阵方程为 $XB=C$, 其中矩阵 $B$ 可逆.

方法 1　等式两端右乘 $B^{-1}$, 得 $X=CB^{-1}$.

方法 2　使用初等变换解矩阵方程, 即 $\begin{pmatrix}B\\ \cdots\\ C\end{pmatrix}\xrightarrow{\text{列变换}}\begin{pmatrix}E\\ \cdots\\ X\end{pmatrix}$.

(3)矩阵方程为 $AXB=C$, 其中矩阵 $A$, $B$ 可逆. 等式两端左乘 $A^{-1}$、右乘 $B^{-1}$, 得 $X=A^{-1}CB^{-1}$.

求解矩阵方程的步骤如下:

(1)根据矩阵的运算法则对矩阵方程进行化简;

(2)代入已知矩阵进行运算.

**例 2.23**　设矩阵 $A=\begin{pmatrix}4 & 1 & -2\\ 2 & 2 & 1\\ 3 & 1 & -1\end{pmatrix}$, $B=\begin{pmatrix}1 & -3\\ 2 & 2\\ 3 & -1\end{pmatrix}$, 求矩阵 $X$, 使得 $AX=B$.

**解**　因 $|A|=\begin{vmatrix}4 & 1 & 2\\ 2 & 2 & 1\\ 3 & 1 & -1\end{vmatrix}=1$, 故 $A$ 可逆.

所以 $X=A^{-1}B=\begin{pmatrix}10 & 2\\ -15 & -3\\ 12 & 4\end{pmatrix}$.

例 2.24

**例 2.24** 已知矩阵 $A=\begin{pmatrix}1&0&0\\1&1&0\\1&1&1\end{pmatrix}$，$B=\begin{pmatrix}0&1&1\\1&0&1\\1&1&0\end{pmatrix}$，且矩阵 $X$ 满足 $AXA+BXB=AXB+BXA+E$，其中 $E$ 是三阶单位矩阵，求 $X$.

**解** 由 $AXA+BXB=AXB+BXA+E$，可得

$AX(A-B)+BX(B-A)=E$，即 $(A-B)X(A-B)=E$.

而行列式 $|A-B|=\begin{vmatrix}1&-1&-1\\0&1&-1\\0&0&1\end{vmatrix}=1\neq 0$，所以矩阵 $A-B$ 可逆，且 $(A-B)^{-1}=\begin{pmatrix}1&1&2\\0&1&1\\0&0&1\end{pmatrix}$，

所以 $X=[(A-B)^{-1}]^2=\begin{pmatrix}1&2&5\\0&1&2\\0&0&1\end{pmatrix}$.

## 习题 2.4

1. 求下列矩阵的逆矩阵.

(1) $A=\begin{pmatrix}0&0&1\\0&1&1\\1&1&1\end{pmatrix}$.　　(2) $A=\begin{pmatrix}1&-5&-2\\-1&3&1\\3&-4&-1\end{pmatrix}$.

2. 设矩阵 $A=\begin{pmatrix}1&-1\\2&3\end{pmatrix}$，$B=A^2-3A+2E$，求 $B^{-1}$.

习题 2.4：3

3. 已知三阶方阵 $A$ 的逆矩阵为 $A^{-1}=\begin{pmatrix}1&1&1\\1&2&1\\1&1&3\end{pmatrix}$，试求其伴随矩阵 $A^*$ 的逆矩阵.

4. 若 $n$ 阶方阵 $A$ 满足 $A^2-2A-3E=O$，求 $(A+5E)^{-1}$.

5. 设 $A=\begin{pmatrix}1&0&1\\0&2&0\\0&0&1\end{pmatrix}$，求 $(A+3E)^{-1}(A^2-9E)$.

习题 2.4：4

6. 已知 $AP=PB$，其中 $B=\begin{pmatrix}1&0&0\\0&0&0\\0&0&-1\end{pmatrix}$，$P=\begin{pmatrix}1&0&0\\2&-1&0\\2&1&1\end{pmatrix}$，求

$A$ 及 $A^5$.

7. 设 $A$ 为三阶方阵，且 $|A|=\frac{1}{2}$，求行列式 $|3A^{-1}-2A^*|$ 的值.

8. 已知 $A$，$B$ 均为 $n$ 阶方阵，且 $AB=A+B$，证明：

(1) $A-E$ 可逆，其中 $E$ 为 $n$ 阶单位矩阵；

(2) $AB=BA$.

## 2.5　矩阵的秩

在 2.3 节的定理 2.1 中，给定的 $m\times n$ 矩阵 $A$ 总可以经过若干次初等变换化为标准形 $F=\begin{pmatrix} E_r & O \\ O & O \end{pmatrix}_{m\times n}$，其中 $r$ 为行阶梯形矩阵中非零行的行数，它是描述矩阵的一个重要指标，这个数 $r$ 就是本节要讨论的矩阵的秩.

### 2.5.1　矩阵秩的定义

**定义 2.14**　在 $m\times n$ 矩阵 $A$ 中，任取 $k$ 行 $k$ 列（$k\leqslant\min\{m, n\}$），位于这些行列交叉处的元素按原来位置构成的 $k$ 阶行列式，称为矩阵 $A$ 的 $k$ 阶子式.

易知，一个 $m\times n$ 矩阵 $A$ 的 $k$ 阶子式共有 $C_m^k C_n^k$ 个.

**定义 2.15**　$m\times n$ 矩阵 $A$ 中不为零的最高阶子式的阶数 $r$，称为矩阵 $A$ 的秩，记为 $r(A)=r$，若一个矩阵没有不等于零的最高阶子式（即零矩阵），则规定该矩阵的秩为零.

### 2.5.2　矩阵秩的性质

**性质 2.10**　设 $A$ 是 $m\times n$ 矩阵，矩阵的秩有下列性质.

(1) $0\leqslant r(A)\leqslant\min\{m, n\}$.

(2) 由于转置行列式的值不变，所以 $A^T$ 的子式与 $A$ 的子式对应相等，故有 $r(A^T)=r(A)$.

(3) 对于 $n$ 阶方阵 $A$，其最高阶子式就是 $n$ 阶子式，即 $A$ 的行列式 $|A|$，当 $|A|\neq 0$ 时，$r(A)=n$；当 $|A|=0$ 时，$r(A)<n$，故称可逆矩阵为满秩矩阵，不可逆矩阵为降秩矩阵.

对于矩阵秩的定义有下列等价条件.

**定理 2.6**　对于 $m\times n$ 矩阵 $A$，$r(A)=r$ 的充分必要条件是 $A$ 中存在 $r$ 阶子式不为零，而所有的 $r+1$ 阶子式（如果存在）全为零.

**例 2.25**　求矩阵 $A=\begin{pmatrix} 3 & 2 & 1 & 1 \\ 1 & 2 & -3 & 2 \\ 4 & 4 & -2 & 3 \end{pmatrix}$ 的秩 $r(A)$.

**解** 易见二阶子式$\begin{vmatrix} 3 & 2 \\ 1 & 2 \end{vmatrix}=4\neq 0$，但所有三阶子式都等于零，即

$$\begin{vmatrix} 3 & 2 & 1 \\ 1 & 2 & -3 \\ 4 & 4 & -2 \end{vmatrix}=0,\quad \begin{vmatrix} 3 & 2 & 1 \\ 1 & 2 & 2 \\ 4 & 4 & 3 \end{vmatrix}=0,\quad \begin{vmatrix} 3 & 1 & 1 \\ 1 & -3 & 2 \\ 4 & -2 & 3 \end{vmatrix}=0,\quad \begin{vmatrix} 2 & 1 & 1 \\ 2 & -3 & 2 \\ 4 & -2 & 3 \end{vmatrix}=0.$$

故 $r(\boldsymbol{A})=2$.

**例 2.26** 求阶梯形矩阵的秩，其中

$$\boldsymbol{A}=\begin{pmatrix} a_{11} & a_{12} & \cdots & a_{1r} & \cdots & a_{1n} \\ & a_{22} & \cdots & a_{2r} & \cdots & a_{2n} \\ & & \ddots & \vdots & & \vdots \\ & & & a_{rr} & \cdots & a_{rn} \\ 0 & \cdots & \cdots & \cdots & \cdots & 0 \\ \vdots & & & & & \vdots \\ 0 & 0 & \cdots & 0 & \cdots & 0 \end{pmatrix}\ (a_{11}a_{22}\cdots a_{rr}\neq 0).$$

**解** 阶梯形矩阵 $\boldsymbol{A}$ 存在一个 $r$ 阶子式$\begin{vmatrix} a_{11} & a_{12} & \cdots & a_{1r} \\ & a_{22} & \cdots & a_{2r} \\ & & \ddots & \vdots \\ & & & a_{rr} \end{vmatrix}\neq 0.$

由于后 $n-r$ 行均为零行，所以 $\boldsymbol{A}$ 的所有 $r+1$ 阶子式均为零，故 $r(\boldsymbol{A})=r$.

从上述两个例题可以看出，对于一般的矩阵，当行数和列数较高时，按照定义和定理 2.6 求矩阵的秩是很麻烦的. 而阶梯形矩阵求秩就简单得多，事实上阶梯形矩阵的秩等于其非零行的行数，无须计算，通过观察就能得出结论. 如何借助阶梯形矩阵的秩来求出一般矩阵的秩？下面的定理给出了相应的结论.

**定理 2.7** 若矩阵 $\boldsymbol{A}$ 与 $\boldsymbol{B}$ 等价，则 $r(\boldsymbol{A})=r(\boldsymbol{B})$.

结合定理 2.7，求矩阵的秩，只需使用初等变换把矩阵化为阶梯形矩阵，则阶梯形矩阵中非零行的行数就是所求矩阵的秩.

**推论** 设 $\boldsymbol{A}$ 是 $m\times n$ 矩阵，$r(\boldsymbol{A})=r$，则矩阵 $\boldsymbol{A}$ 的标准形为

$$\boldsymbol{F}=\begin{pmatrix} \boldsymbol{E}_r & \boldsymbol{O} \\ \boldsymbol{O} & \boldsymbol{O} \end{pmatrix}_{m\times n}.$$

**例 2.27** 利用初等变换求矩阵 $\boldsymbol{A}=\begin{pmatrix} 1 & -2 & -1 & 0 & 2 \\ -2 & 4 & 2 & 6 & -6 \\ 2 & -1 & 0 & 2 & 3 \\ 3 & 3 & 3 & 3 & 4 \end{pmatrix}$的秩 $r(\boldsymbol{A})$.

**解** 对矩阵 $\boldsymbol{A}$ 作初等变换得

$$A\xrightarrow[r_4-3r_1]{\substack{r_2+2r_1\\ r_3-2r_1}}\begin{pmatrix}1&-2&-1&0&2\\0&0&0&6&-2\\0&3&2&2&-1\\0&9&6&3&-2\end{pmatrix}\xrightarrow{r_4-3r_3}\begin{pmatrix}1&-2&-1&0&2\\0&0&0&6&-2\\0&3&2&2&-1\\0&0&0&-3&1\end{pmatrix}$$

$$\xrightarrow{r_2+2r_4}\begin{pmatrix}1&-2&-1&0&2\\0&0&0&0&0\\0&3&2&2&-1\\0&0&0&-3&1\end{pmatrix}\xrightarrow{r_2\leftrightarrow r_3}\begin{pmatrix}1&-2&-1&0&2\\0&3&2&2&-1\\0&0&0&0&0\\0&0&0&-3&1\end{pmatrix}$$

$$\xrightarrow{r_3\leftrightarrow r_4}\begin{pmatrix}1&-2&-1&0&2\\0&3&2&2&-1\\0&0&0&-3&1\\0&0&0&0&0\end{pmatrix}.$$

由此可知 $r(\boldsymbol{A})=3$.

### 2.5.3 矩阵秩的相关结论

**定理 2.8** 设 $\boldsymbol{A}$ 为 $m\times n$ 矩阵, $\boldsymbol{P}$, $\boldsymbol{Q}$ 分别为 $m$ 阶、$n$ 阶满秩矩阵, 则

$$r(\boldsymbol{A})=r(\boldsymbol{PA})=r(\boldsymbol{AQ})=r(\boldsymbol{PAQ}).$$

**【问题 2.5】** 已知 $\boldsymbol{A}$ 为 $m\times n$ 矩阵, $\boldsymbol{B}$ 为 $n\times s$ 矩阵, 若 $r(\boldsymbol{B})=n$, 则 $r(\boldsymbol{AB})=r(\boldsymbol{B})=n$. 以上说法是否正确？请说明理由.

**例 2.28** 设 $\boldsymbol{A}$ 为 $4\times3$ 矩阵, 且 $r(\boldsymbol{A})=2$, 而 $\boldsymbol{B}=\begin{pmatrix}1&0&2\\0&2&0\\-1&0&3\end{pmatrix}$, 求矩阵 $\boldsymbol{AB}$ 的秩.

**解** 因为

$$|\boldsymbol{B}|=\begin{vmatrix}1&0&2\\0&2&0\\-1&0&3\end{vmatrix}=10\neq0,$$

即矩阵 $\boldsymbol{B}$ 是满秩的, 根据定理 2.8 知 $r(\boldsymbol{AB})=r(\boldsymbol{A})=2$.

**定理 2.9** 设有矩阵 $\boldsymbol{A}$ 和矩阵 $\boldsymbol{B}$.

(1)若 $\boldsymbol{A}$ 为 $m\times n$ 矩阵, $\boldsymbol{B}$ 为 $n\times s$ 为矩阵, 则 $\max\{r(\boldsymbol{A}), r(\boldsymbol{B})\}\leqslant r(\boldsymbol{A}, \boldsymbol{B})\leqslant r(\boldsymbol{A})+r(\boldsymbol{B})$. 特别地, 当 $\boldsymbol{B}=\boldsymbol{b}$ 为非零列向量时, 有 $r(\boldsymbol{A})\leqslant r(\boldsymbol{A}, \boldsymbol{b})\leqslant r(\boldsymbol{A})+1$.

(2)若 $\boldsymbol{A}$, $\boldsymbol{B}$ 均为 $m\times n$ 矩阵, 则 $r(\boldsymbol{A}\pm\boldsymbol{B})\leqslant r(\boldsymbol{A})+r(\boldsymbol{B})$.

(3)若 $\boldsymbol{A}$ 为 $m\times n$ 矩阵, $\boldsymbol{B}$ 为 $n\times s$ 矩阵, 则 $r(\boldsymbol{A})+r(\boldsymbol{B})-n\leqslant r(\boldsymbol{AB})\leqslant\min\{r(\boldsymbol{A}), r(\boldsymbol{B})\}$.

(4)若 $\boldsymbol{A}$ 为 $m\times n$ 矩阵, $\boldsymbol{B}$ 为 $n\times s$ 矩阵, 若 $\boldsymbol{AB}=\boldsymbol{O}$, 则 $r(\boldsymbol{A})+r(\boldsymbol{B})\leqslant n$.

**例 2.29** 设 $m>n$, $\boldsymbol{A}$ 为 $m\times n$ 矩阵, $\boldsymbol{B}$ 为 $n\times m$ 矩阵, 证明: $|\boldsymbol{AB}|=0$.

**证明** 当 $m>n$ 时，由秩的定义知 $r(\boldsymbol{A})\leqslant n$，$r(\boldsymbol{B})\leqslant n$.

结合定理 2.9 中的(3)可得 $r(\boldsymbol{AB})\leqslant\min\{r(\boldsymbol{A}),r(\boldsymbol{B})\}\leqslant n<m$. 而 $\boldsymbol{AB}$ 为 $m$ 阶方阵，当 $r(\boldsymbol{AB})<m$ 时，$\boldsymbol{AB}$ 为降秩矩阵，从而有 $|\boldsymbol{AB}|=0$.

有关矩阵秩的相关结论，还需要了解矩阵的秩与其伴随矩阵的秩之间的关系.

**定理 2.10** 设 $\boldsymbol{A}$ 为 $n$ 阶方阵，$\boldsymbol{A}^*$ 为 $\boldsymbol{A}$ 的伴随矩阵，则

$$r(\boldsymbol{A}^*)=\begin{cases}n,\text{若 } r(\boldsymbol{A})=n,\\1,\text{若 } r(\boldsymbol{A})=n-1,\\0,\text{若 } r(\boldsymbol{A})<n-1.\end{cases}$$

## 习题 2.5

1. 求下列矩阵的秩.

(1)$\boldsymbol{A}=\begin{pmatrix}1&2&3&4\\1&-2&4&5\\1&10&1&2\end{pmatrix}$.　　(2)$\boldsymbol{A}=\begin{pmatrix}1&-1&2&1&0\\2&-2&4&2&1\\3&0&6&-1&1\\0&3&0&0&1\end{pmatrix}$.

2. 设三阶矩阵 $\boldsymbol{A}=\begin{pmatrix}x&1&1\\1&x&1\\1&1&x\end{pmatrix}$，试求 $r(\boldsymbol{A})$.

3. 设四阶矩阵 $\boldsymbol{A}$ 的秩为 2，则其伴随矩阵 $\boldsymbol{A}^*$ 的秩为________.

4. 设矩阵 $\boldsymbol{A}=\begin{pmatrix}1&-2&3k\\-1&2k&-3\\k&-2&3\end{pmatrix}$，问：$k$ 为何值时，可使得：

(1)$r(\boldsymbol{A})=1$；(2)$r(\boldsymbol{A})=2$；(3)$r(\boldsymbol{A})=3$?

5. 设矩阵 $\boldsymbol{A}=\begin{pmatrix}k&1&1&1\\1&k&1&1\\1&1&k&1\\1&1&1&k\end{pmatrix}$，求矩阵 $\boldsymbol{A}$ 的秩.

## 2.6 分块矩阵

对于行数和列数较多的矩阵，采取分块法来计算可以提高效率，同时减少运算错误.

### 2.6.1 分块矩阵的定义

**定义 2.16** 用若干条贯穿矩阵的横线和纵线将矩阵 $\boldsymbol{A}$ 分成若干个小块，每一小块称

为矩阵 $\boldsymbol{A}$ 的子块(或子阵). 以子块为元素的形式上的矩阵称为分块矩阵.

例如, 3×4 矩阵

$$\boldsymbol{A}=\begin{pmatrix} a_{11} & a_{12} & a_{13} & a_{14} \\ a_{21} & a_{22} & a_{23} & a_{24} \\ a_{31} & a_{32} & a_{33} & a_{34} \end{pmatrix}.$$

分块方式有很多, 下面列举其中的 3 种方法.

#### 2.6.1.1　普通分块

$$\boldsymbol{A}=\left(\begin{array}{cc:cc} a_{11} & a_{12} & a_{13} & a_{14} \\ \hdashline a_{21} & a_{22} & a_{23} & a_{24} \\ a_{31} & a_{32} & a_{33} & a_{34} \end{array}\right)=\begin{pmatrix} \boldsymbol{A}_{11} & \boldsymbol{A}_{12} \\ \boldsymbol{A}_{21} & \boldsymbol{A}_{22} \end{pmatrix}.$$

#### 2.6.1.2　按行分块

$$\boldsymbol{A}=\left(\begin{array}{cccc} a_{11} & a_{12} & a_{13} & a_{14} \\ \hdashline a_{21} & a_{22} & a_{23} & a_{24} \\ \hdashline a_{31} & a_{32} & a_{33} & a_{34} \end{array}\right).$$

#### 2.6.1.3　按列分块

$$\boldsymbol{A}=\left(\begin{array}{c:c:c:c} a_{11} & a_{12} & a_{13} & a_{14} \\ a_{21} & a_{22} & a_{23} & a_{24} \\ a_{31} & a_{32} & a_{33} & a_{34} \end{array}\right).$$

在矩阵运算中, 对矩阵做分块时需要掌握两个原则: ① 使矩阵的子块像“数”一样满足矩阵运算的要求, 不同的运算要采取不同的分块方法; ② 使运算尽量简单方便.

### 2.6.2　分块矩阵的运算

分块矩阵的运算与普通矩阵的运算规则相类似, 详细说明如下.

#### 2.6.2.1　分块矩阵的代数和运算

设矩阵 $\boldsymbol{A}$, $\boldsymbol{B}$ 为同型矩阵, 且采用相同的分块法, 有

$$\boldsymbol{A}=\begin{pmatrix} \boldsymbol{A}_{11} & \boldsymbol{A}_{12} & \cdots & \boldsymbol{A}_{1t} \\ \boldsymbol{A}_{21} & \boldsymbol{A}_{22} & \cdots & \boldsymbol{A}_{2t} \\ \vdots & \vdots & & \vdots \\ \boldsymbol{A}_{s1} & \boldsymbol{A}_{s2} & \cdots & \boldsymbol{A}_{st} \end{pmatrix},\ \boldsymbol{B}=\begin{pmatrix} \boldsymbol{B}_{11} & \boldsymbol{B}_{12} & \cdots & \boldsymbol{B}_{1t} \\ \boldsymbol{B}_{21} & \boldsymbol{B}_{22} & \cdots & \boldsymbol{B}_{2t} \\ \vdots & \vdots & & \vdots \\ \boldsymbol{B}_{s1} & \boldsymbol{B}_{s2} & \cdots & \boldsymbol{B}_{st} \end{pmatrix},$$

$$\boldsymbol{A}\pm\boldsymbol{B}=\begin{pmatrix}\boldsymbol{A}_{11}\pm\boldsymbol{B}_{11} & \boldsymbol{A}_{12}\pm\boldsymbol{B}_{12} & \cdots & \boldsymbol{A}_{1t}\pm\boldsymbol{B}_{1t}\\ \boldsymbol{A}_{21}\pm\boldsymbol{B}_{21} & \boldsymbol{A}_{22}\pm\boldsymbol{B}_{22} & \cdots & \boldsymbol{A}_{2t}\pm\boldsymbol{B}_{2t}\\ \vdots & \vdots & & \vdots\\ \boldsymbol{A}_{s1}\pm\boldsymbol{B}_{s1} & \boldsymbol{A}_{s2}\pm\boldsymbol{B}_{s2} & \cdots & \boldsymbol{A}_{st}\pm\boldsymbol{B}_{st}\end{pmatrix}.$$

#### 2.6.2.2 分块矩阵的数乘运算

设矩阵 $\boldsymbol{A}=\begin{pmatrix}\boldsymbol{A}_{11} & \boldsymbol{A}_{12} & \cdots & \boldsymbol{A}_{1t}\\ \boldsymbol{A}_{21} & \boldsymbol{A}_{22} & \cdots & \boldsymbol{A}_{2t}\\ \vdots & \vdots & & \vdots\\ \boldsymbol{A}_{s1} & \boldsymbol{A}_{s2} & \cdots & \boldsymbol{A}_{st}\end{pmatrix}$，$\lambda$ 为数，则 $\lambda\boldsymbol{A}=\begin{pmatrix}\lambda\boldsymbol{A}_{11} & \lambda\boldsymbol{A}_{12} & \cdots & \lambda\boldsymbol{A}_{1t}\\ \lambda\boldsymbol{A}_{21} & \lambda\boldsymbol{A}_{22} & \cdots & \lambda\boldsymbol{A}_{2t}\\ \vdots & \vdots & & \vdots\\ \lambda\boldsymbol{A}_{s1} & \lambda\boldsymbol{A}_{s2} & \cdots & \lambda\boldsymbol{A}_{st}\end{pmatrix}$.

#### 2.6.2.3 分块矩阵的乘法运算

设 $\boldsymbol{A}$ 为 $m\times l$ 矩阵，$\boldsymbol{B}$ 为 $l\times n$ 矩阵，分块为

$$\boldsymbol{A}=\begin{pmatrix}\boldsymbol{A}_{11} & \boldsymbol{A}_{12} & \cdots & \boldsymbol{A}_{1t}\\ \boldsymbol{A}_{21} & \boldsymbol{A}_{22} & \cdots & \boldsymbol{A}_{2t}\\ \vdots & \vdots & & \vdots\\ \boldsymbol{A}_{s1} & \boldsymbol{A}_{s2} & \cdots & \boldsymbol{A}_{st}\end{pmatrix},\ \boldsymbol{B}=\begin{pmatrix}\boldsymbol{B}_{11} & \boldsymbol{B}_{12} & \cdots & \boldsymbol{B}_{1r}\\ \boldsymbol{B}_{21} & \boldsymbol{B}_{22} & \cdots & \boldsymbol{B}_{2r}\\ \vdots & \vdots & & \vdots\\ \boldsymbol{B}_{t1} & \boldsymbol{B}_{t2} & \cdots & \boldsymbol{B}_{tr}\end{pmatrix}.$$

这里 $\boldsymbol{A}_{i1}$，$\boldsymbol{A}_{i2}$，$\cdots$，$\boldsymbol{A}_{it}(i=1,\ 2,\ \cdots,\ s)$ 的列数分别等于 $\boldsymbol{B}_{1j}$，$\boldsymbol{B}_{2j}$，$\cdots$，$\boldsymbol{B}_{tj}(j=1,\ 2,\ \cdots,\ r)$ 的行数，则

$$\boldsymbol{AB}=\begin{pmatrix}\boldsymbol{C}_{11} & \boldsymbol{C}_{12} & \cdots & \boldsymbol{C}_{1r}\\ \boldsymbol{C}_{21} & \boldsymbol{C}_{22} & \cdots & \boldsymbol{C}_{2r}\\ \vdots & \vdots & & \vdots\\ \boldsymbol{C}_{s1} & \boldsymbol{C}_{s2} & \cdots & \boldsymbol{C}_{sr}\end{pmatrix},$$

$$\boldsymbol{C}_{ij}=\sum_{k=1}^{t}\boldsymbol{A}_{ik}\boldsymbol{B}_{kj}=\boldsymbol{A}_{i1}\boldsymbol{B}_{1j}+\boldsymbol{A}_{i2}\boldsymbol{B}_{2j}+\cdots+\boldsymbol{A}_{it}\boldsymbol{B}_{tj}(i=1,\ 2\cdots,\ s;\ j=1,\ 2,\ \cdots,\ r).$$

#### 2.6.2.4 分块矩阵的转置

设矩阵 $\boldsymbol{A}=\begin{pmatrix}\boldsymbol{A}_{11} & \boldsymbol{A}_{12} & \cdots & \boldsymbol{A}_{1t}\\ \boldsymbol{A}_{21} & \boldsymbol{A}_{22} & \cdots & \boldsymbol{A}_{2t}\\ \vdots & \vdots & & \vdots\\ \boldsymbol{A}_{s1} & \boldsymbol{A}_{s2} & \cdots & \boldsymbol{A}_{st}\end{pmatrix}$，则 $\boldsymbol{A}^{\mathrm{T}}=\begin{pmatrix}\boldsymbol{A}_{11}^{\mathrm{T}} & \boldsymbol{A}_{21}^{\mathrm{T}} & \cdots & \boldsymbol{A}_{s1}^{\mathrm{T}}\\ \boldsymbol{A}_{12}^{\mathrm{T}} & \boldsymbol{A}_{22}^{\mathrm{T}} & \cdots & \boldsymbol{A}_{s2}^{\mathrm{T}}\\ \vdots & \vdots & & \vdots\\ \boldsymbol{A}_{1t}^{\mathrm{T}} & \boldsymbol{A}_{2t}^{\mathrm{T}} & \cdots & \boldsymbol{A}_{st}^{\mathrm{T}}\end{pmatrix}$.

**例 2.30** 设矩阵 $\boldsymbol{A}=\begin{pmatrix}2 & 0 & 0 & 0\\ 0 & 2 & 0 & 0\\ 1 & -1 & 1 & 0\\ 4 & 3 & 0 & 1\end{pmatrix}$，$\boldsymbol{B}=\begin{pmatrix}1 & 1 & 0\\ -1 & 0 & 1\\ 0 & 2 & 1\\ 0 & 1 & -1\end{pmatrix}$，求 $\boldsymbol{AB}$.

**解** 把 $\boldsymbol{A}$，$\boldsymbol{B}$ 分块成 $\boldsymbol{A}=\left(\begin{array}{cc:cc}2&0&0&0\\0&2&0&0\\\hdashline 1&-1&1&0\\4&3&0&1\end{array}\right)=\begin{pmatrix}2\boldsymbol{E}&\boldsymbol{O}\\\boldsymbol{A}_{21}&\boldsymbol{E}\end{pmatrix}$，$\boldsymbol{B}=\left(\begin{array}{c:cc}1&1&0\\-1&0&1\\\hdashline 0&2&1\\0&1&-1\end{array}\right)=$ $\begin{pmatrix}\boldsymbol{B}_{11}&\boldsymbol{E}\\\boldsymbol{O}&\boldsymbol{B}_{22}\end{pmatrix}$，则

$$\boldsymbol{AB}=\begin{pmatrix}2\boldsymbol{E}&\boldsymbol{O}\\\boldsymbol{A}_{21}&\boldsymbol{E}\end{pmatrix}\begin{pmatrix}\boldsymbol{B}_{11}&\boldsymbol{E}\\\boldsymbol{O}&\boldsymbol{B}_{22}\end{pmatrix}=\begin{pmatrix}2\boldsymbol{B}_{11}&2\boldsymbol{E}\\\boldsymbol{A}_{21}\boldsymbol{B}_{11}&\boldsymbol{A}_{21}+\boldsymbol{B}_{22}\end{pmatrix}.$$

而 $\boldsymbol{A}_{21}\boldsymbol{B}_{11}=\begin{pmatrix}2\\1\end{pmatrix}$，$\boldsymbol{A}_{21}+\boldsymbol{B}_{22}=\begin{pmatrix}3&0\\5&2\end{pmatrix}$，于是

$$\boldsymbol{AB}=\begin{pmatrix}2&2&0\\-2&0&2\\2&3&0\\1&5&2\end{pmatrix}.$$

### 2.6.3 分块对角矩阵

在矩阵分块运算中，分块对角矩阵的运算是非常重要的，也是常用的，下面进行详细的讨论.

**定义 2.17** 设 $\boldsymbol{A}$ 是 $n$ 阶方阵，若它的分块矩阵只有在主对角线上有非零子块且都是方阵块，其余子块均为零矩阵块，即 $\boldsymbol{A}=\begin{pmatrix}\boldsymbol{A}_1&\boldsymbol{O}&\cdots&\boldsymbol{O}\\\boldsymbol{O}&\boldsymbol{A}_2&\cdots&\boldsymbol{O}\\\vdots&\vdots&&\vdots\\\boldsymbol{O}&\boldsymbol{O}&\cdots&\boldsymbol{A}_t\end{pmatrix}$，则称方阵 $\boldsymbol{A}$ 为分块对角矩阵.

分块对角矩阵有下列性质：

(1)若 $\boldsymbol{A}$ 为分块对角矩阵，则 $|\boldsymbol{A}|=|\boldsymbol{A}_1||\boldsymbol{A}_2|\cdots|\boldsymbol{A}_t|$.

(2)若分块对角矩阵 $\boldsymbol{A}$ 的每个子块的行列式 $|\boldsymbol{A}_i|\neq 0(i=1,2,\cdots,t)$，则 $|\boldsymbol{A}|\neq 0$，从而矩阵 $\boldsymbol{A}$ 可逆，且 $\boldsymbol{A}^{-1}=\begin{pmatrix}\boldsymbol{A}_1^{-1}&&&\\&\boldsymbol{A}_2^{-1}&&\\&&\ddots&\\&&&\boldsymbol{A}_t^{-1}\end{pmatrix}$.

**【问题 2.6】** 设 $\boldsymbol{A}$ 为 $m$ 阶方阵，$\boldsymbol{B}$ 为 $n$ 阶方阵，则分块行列式 $\begin{vmatrix}\boldsymbol{O}&\boldsymbol{B}\\\boldsymbol{A}&\boldsymbol{O}\end{vmatrix}=|\boldsymbol{A}||\boldsymbol{B}|$.

以上说法是否正确？请说明理由.

**例 2.31** 已知$A=\begin{pmatrix}1&2&0&0\\0&1&0&0\\0&0&2&3\\0&0&1&3\end{pmatrix}$，求$A$的行列式、秩及逆矩阵.

**解** 把矩阵分块得$A=\begin{pmatrix}A_1&O\\O&A_2\end{pmatrix}$，则根据性质得$|A|=|A_1||A_2|=\begin{vmatrix}1&2\\0&1\end{vmatrix}\begin{vmatrix}2&3\\1&3\end{vmatrix}=3$，$A$的秩为$r(A)=2+2=4$，$A$的逆矩阵的计算使用公式$A^{-1}=\begin{pmatrix}A_1^{-1}&O\\O&A_2^{-1}\end{pmatrix}$.

由$\begin{pmatrix}a&b\\c&d\end{pmatrix}^{-1}=\frac{1}{ad-bc}\begin{pmatrix}d&-b\\-c&a\end{pmatrix}$，有

$$\begin{pmatrix}1&2\\0&1\end{pmatrix}^{-1}=\begin{pmatrix}1&-2\\0&1\end{pmatrix},\ \begin{pmatrix}2&3\\1&3\end{pmatrix}^{-1}=\frac{1}{3}\begin{pmatrix}3&-3\\-1&2\end{pmatrix}=\begin{pmatrix}1&-1\\-\frac{1}{3}&\frac{2}{3}\end{pmatrix},$$

故

$$A^{-1}=\begin{pmatrix}1&-2&0&0\\0&1&0&0\\0&0&1&-1\\0&0&-\frac{1}{3}&\frac{2}{3}\end{pmatrix}.$$

**例 2.32** 设矩阵$A=\begin{pmatrix}2&1&0\\5&3&0\\0&0&2\end{pmatrix}$，求$|A^3|$.

**解** 把矩阵$A$分块得$A=\left(\begin{array}{cc:c}2&1&0\\5&3&0\\ \hdashline 0&0&2\end{array}\right)=\begin{pmatrix}A_1&O\\O&A_2\end{pmatrix}$，则根据性质得$|A|=|A_1||A_2|=\begin{vmatrix}2&1\\5&3\end{vmatrix}|2|=2$，所以$|A^3|=|A|^3=2^3=8$.

# 习题 2.6

1. 利用分块法求下列矩阵的逆矩阵.

(1) $A=\begin{pmatrix}1&0&0&0&0\\0&1&0&0&0\\0&0&1&0&0\\0&0&0&2&1\\0&0&0&5&3\end{pmatrix}$.

(2) $A=\begin{pmatrix}0&a_1&0&\cdots&0\\0&0&a_2&\cdots&0\\\vdots&\vdots&\vdots&&\vdots\\0&0&0&\cdots&a_{n-1}\\a_n&0&0&\cdots&0\end{pmatrix}$ $(a_1, a_2, \cdots, a_n\neq 0)$.

2. 设矩阵 $A=\begin{pmatrix}3&0&0&0&0\\0&5&3&0&0\\0&2&1&0&0\\0&0&0&2&5\\0&0&0&1&2\end{pmatrix}$，求 $|A^3|$ 和 $A^{-1}$.

3. 设 $A$，$B$ 分别是 $m$ 阶和 $n$ 阶可逆矩阵，则 $\begin{pmatrix}A&O\\C&B\end{pmatrix}^{-1}=\begin{pmatrix}A^{-1}&O\\-B^{-1}CA^{-1}&B^{-1}\end{pmatrix}$. 利用该公式求矩阵 $\begin{pmatrix}1&0&0&0\\1&2&0&0\\2&1&3&0\\1&2&1&4\end{pmatrix}$ 的逆矩阵.

4. 设 $A$，$B$ 分别是 $m$ 阶和 $n$ 阶可逆矩阵，则 $\begin{pmatrix}A&C\\O&B\end{pmatrix}^{-1}=\begin{pmatrix}A^{-1}&-A^{-1}CB^{-1}\\O&B^{-1}\end{pmatrix}$. 利用该公式求矩阵 $\begin{pmatrix}1&2&2&1\\1&1&1&3\\0&0&1&1\\0&0&1&2\end{pmatrix}$ 的逆矩阵.

## 2.7 运用 MATLAB 进行矩阵运算

MATLAB 中所有的数值功能都是以矩阵为基本单元进行的，其矩阵运算功能可谓全面、强大，本节主要介绍如何运用 MATLAB 进行矩阵运算.

矩阵的基本运算包括加、减、数乘、乘法、乘方、转置、求逆、求秩等，下面将分别进行介绍.

**例 2.33** 已知矩阵 $\boldsymbol{A}=\begin{pmatrix}1&2&3\\2&2&1\\3&4&3\end{pmatrix}$，$\boldsymbol{B}=\begin{pmatrix}1&1&1\\0&1&1\\0&0&1\end{pmatrix}$，求 $\boldsymbol{A}-\boldsymbol{B}$，$\boldsymbol{B}^{-1}$，$\boldsymbol{A}^3$.

**解**

```
>>A=[1 2 3; 2 2 1; 3 4 3]; B=[1 1 1; 0 1 1; 0 0 1];
>>A-B
>>inv(B)
>>A^3
```

由运行结果知 $\boldsymbol{A}-\boldsymbol{B}=\begin{pmatrix}0&1&2\\2&1&0\\3&4&2\end{pmatrix}$，$\boldsymbol{B}^{-1}=\begin{pmatrix}1&-1&0\\0&1&-1\\0&0&1\end{pmatrix}$，$\boldsymbol{A}^3=\begin{pmatrix}92&120&102\\66&86&72\\138&180&152\end{pmatrix}$.

**例 2.34** 求矩阵 $\boldsymbol{A}=\begin{pmatrix}2&3&1&4\\1&-2&4&5\\3&8&-2&13\\4&-1&9&-6\end{pmatrix}$ 的秩及行最简形矩阵.

**解**

```
>>A=[2 3 1 4; 1 -2 4 5; 3 8 -2 13; 4 -1 9 -6];
>>rank(A)
>>rref(A)
```

由运行结果知 $r(\boldsymbol{A})=3$，$\boldsymbol{A}$ 的行最简形矩阵为 $\begin{pmatrix}1&0&2&-1\\0&1&-1&2\\0&0&0&0\\0&0&0&0\end{pmatrix}$.

**例 2.35** 设矩阵 $\boldsymbol{A}=\begin{pmatrix}1&2\\3&4\end{pmatrix}$，求伴随矩阵 $\boldsymbol{A}^*$.

**解**

```
>>A=[1 2; 3 4];
```

```
>>det(A)
ans=
    -2
>>format rat
>>det(A) * inv(A)
ans=
    4  -2
    -3  1
```

**例 2.36**　设矩阵 $\boldsymbol{A}=\begin{pmatrix}1&2&3\\2&2&1\\3&4&3\end{pmatrix}$，$\boldsymbol{B}=\begin{pmatrix}2&1\\5&3\end{pmatrix}$，$\boldsymbol{C}=\begin{pmatrix}1&3\\2&0\\3&1\end{pmatrix}$，求矩阵 $\boldsymbol{X}$，使其满足方程 $\boldsymbol{AXB}=\boldsymbol{C}$.

**解**

```
>>A=sym([1 2 3; 2 2 1; 3 4 3]);
>>B=sym([2 1; 5 3]);
>>C=sym([1 3; 2 0; 3 1]);
>>X=inv(A) * C * inv(B)
ans=
3.0000      -3.0000     1.0000
-3.0000      5.0000    -2.0000
1.0000      -2.0000     1.0000
```

由运行结果知，$\boldsymbol{X}=\begin{pmatrix}-2&1\\10&-4\\-10&4\end{pmatrix}$.

## 第 2 章总复习题

1.（2024）设 $\boldsymbol{A}$ 为三阶矩阵，$\boldsymbol{P}=\begin{pmatrix}1&0&0\\0&1&0\\1&0&1\end{pmatrix}$，若 $\boldsymbol{P}^{\mathrm{T}}\boldsymbol{A}\boldsymbol{P}^2=\begin{pmatrix}a+2c&0&c\\0&b&0\\2c&0&c\end{pmatrix}$，则 $\boldsymbol{A}=$（　　）.

A. $\begin{pmatrix}c&0&0\\0&a&0\\0&0&b\end{pmatrix}$　　B. $\begin{pmatrix}b&0&0\\0&c&0\\0&0&a\end{pmatrix}$　　C. $\begin{pmatrix}a&0&0\\0&b&0\\0&0&c\end{pmatrix}$　　D. $\begin{pmatrix}c&0&0\\0&b&0\\0&0&a\end{pmatrix}$

2. (2024) 设 $\boldsymbol{A}$ 为四阶矩阵, $\boldsymbol{A}^*$ 为 $\boldsymbol{A}$ 的伴随矩阵, 若 $\boldsymbol{A}(\boldsymbol{A}-\boldsymbol{A}^*)=\boldsymbol{O}$, 且 $\boldsymbol{A}\neq\boldsymbol{A}^*$, 则 $r(\boldsymbol{A})$ 的取值为(　　).

A. 0 或 1　　B. 1 或 3　　C. 2 或 3　　D. 1 或 2

3. (2024) 设 $\boldsymbol{A}, \boldsymbol{B}$ 为二阶矩阵, 且 $\boldsymbol{AB}=\boldsymbol{BA}$, 则 "$\boldsymbol{A}$ 有两个不相等的特征值" 是 "$\boldsymbol{B}$ 可对角化" 的(　　).

A. 充分必要条件　　B. 充分不必要条件

C. 必要不充分条件　　D. 既不充分也不必要条件

4. (2020) 若矩阵 $\boldsymbol{A}$ 经过初等列变换化成 $\boldsymbol{B}$, 则(　　).

A. 存在矩阵 $\boldsymbol{P}$, 使得 $\boldsymbol{PA}=\boldsymbol{B}$

B. 存在矩阵 $\boldsymbol{P}$, 使得 $\boldsymbol{BP}=\boldsymbol{A}$

C. 存在矩阵 $\boldsymbol{P}$, 使得 $\boldsymbol{PB}=\boldsymbol{A}$

D. 方程组 $\boldsymbol{Ax}=\boldsymbol{0}$ 与 $\boldsymbol{Bx}=\boldsymbol{0}$ 同解

5. (2021) 设 $\boldsymbol{A}, \boldsymbol{B}$ 为 $n$ 阶实矩阵, 下列不成立的是(　　).

A. $r\begin{pmatrix}\boldsymbol{A} & \boldsymbol{O}\\ \boldsymbol{O} & \boldsymbol{A}^{\mathrm{T}}\boldsymbol{A}\end{pmatrix}=2r(\boldsymbol{A})$　　B. $r\begin{pmatrix}\boldsymbol{A} & \boldsymbol{AB}\\ \boldsymbol{O} & \boldsymbol{A}^{\mathrm{T}}\end{pmatrix}=2r(\boldsymbol{A})$

C. $r\begin{pmatrix}\boldsymbol{A} & \boldsymbol{BA}\\ \boldsymbol{O} & \boldsymbol{A}^{\mathrm{T}}\boldsymbol{A}\end{pmatrix}=2r(\boldsymbol{A})$　　D. $r\begin{pmatrix}\boldsymbol{A} & \boldsymbol{O}\\ \boldsymbol{BA} & \boldsymbol{A}^{\mathrm{T}}\end{pmatrix}=2r(\boldsymbol{A})$

6. (2023) 已知 $n$ 阶矩阵 $\boldsymbol{A}, \boldsymbol{B}, \boldsymbol{C}$ 满足 $\boldsymbol{ABC}=\boldsymbol{O}$, $\boldsymbol{E}$ 为 $n$ 阶单位矩阵, 记矩阵 $\begin{pmatrix}\boldsymbol{O} & \boldsymbol{A}\\ \boldsymbol{BC} & \boldsymbol{E}\end{pmatrix}, \begin{pmatrix}\boldsymbol{AB} & \boldsymbol{C}\\ \boldsymbol{O} & \boldsymbol{E}\end{pmatrix}, \begin{pmatrix}\boldsymbol{E} & \boldsymbol{AB}\\ \boldsymbol{AB} & \boldsymbol{O}\end{pmatrix}$ 的秩分别为 $r_1, r_2, r_3$, 则(　　).

A. $r_1\leqslant r_2\leqslant r_3$　　B. $r_1\leqslant r_3\leqslant r_2$　　C. $r_3\leqslant r_2\leqslant r_1$　　D. $r_2\leqslant r_1\leqslant r_3$

7. (2023) $\boldsymbol{A}, \boldsymbol{B}$ 为可逆矩阵, $\boldsymbol{E}$ 为单位阵, $\boldsymbol{M}^*$ 为 $\boldsymbol{M}$ 的伴随矩阵, 则 $\begin{pmatrix}\boldsymbol{A} & \boldsymbol{E}\\ \boldsymbol{O} & \boldsymbol{B}\end{pmatrix}^*=$ (　　).

A. $\begin{pmatrix}|\boldsymbol{A}|\boldsymbol{B}^* & -\boldsymbol{B}^*\boldsymbol{A}^*\\ \boldsymbol{O} & |\boldsymbol{B}|\boldsymbol{A}^*\end{pmatrix}$　　B. $\begin{pmatrix}|\boldsymbol{B}|\boldsymbol{A}^* & -\boldsymbol{A}^*\boldsymbol{B}^*\\ \boldsymbol{O} & |\boldsymbol{A}|\boldsymbol{B}^*\end{pmatrix}$

C. $\begin{pmatrix}|\boldsymbol{B}|\boldsymbol{A}^* & -\boldsymbol{B}^*\boldsymbol{A}^*\\ \boldsymbol{O} & |\boldsymbol{A}|\boldsymbol{B}^*\end{pmatrix}$　　D. $\begin{pmatrix}|\boldsymbol{A}|\boldsymbol{B}^* & -\boldsymbol{A}^*\boldsymbol{B}^*\\ \boldsymbol{O} & |\boldsymbol{B}|\boldsymbol{A}^*\end{pmatrix}$

8. (2022) 已知矩阵 $\boldsymbol{A}$ 与 $\boldsymbol{E}-\boldsymbol{A}$ 可逆, 其中 $\boldsymbol{E}$ 为单位矩阵, 若矩阵 $\boldsymbol{B}$ 满足 $(\boldsymbol{E}-(\boldsymbol{E}-\boldsymbol{A})^{-1})\boldsymbol{B}=\boldsymbol{A}$, 则 $\boldsymbol{B}-\boldsymbol{A}=$ ________.

9. (2020) 行列式 $\begin{vmatrix}a & 0 & -1 & 1\\ 0 & a & 1 & -1\\ -1 & 1 & a & 0\\ 1 & -1 & 0 & a\end{vmatrix}=$ ________.

10. (2021) 设 $\boldsymbol{A}=(a_{ij})$ 为三阶矩阵，$A_{ij}$ 为元素 $a_{ij}$ 的代数余子式，若 $\boldsymbol{A}$ 的每行元素之和均为 2，且 $|\boldsymbol{A}|=3$，则 $A_{11}+A_{21}+A_{31}=$________.

11. (2015) 设矩阵 $\boldsymbol{A}=\begin{pmatrix} a & 0 & 1 \\ 1 & a & -1 \\ 0 & 1 & a \end{pmatrix}$，且 $\boldsymbol{A}^3=\boldsymbol{O}$.

(1) 求 $a$ 的值.

(2) 若矩阵 $\boldsymbol{X}$ 满足 $\boldsymbol{X}-\boldsymbol{X}\boldsymbol{A}^2-\boldsymbol{A}\boldsymbol{X}+\boldsymbol{A}\boldsymbol{X}\boldsymbol{A}^2=\boldsymbol{E}$，其中 $\boldsymbol{E}$ 为三阶单位矩阵，求 $\boldsymbol{X}$.

12. (2002) 已知 $\boldsymbol{A}$，$\boldsymbol{B}$ 为三阶方阵，且满足 $2\boldsymbol{A}^{-1}\boldsymbol{B}=\boldsymbol{B}-4\boldsymbol{E}$，其中 $\boldsymbol{E}$ 为三阶单位矩阵.

(1) 证明：矩阵 $\boldsymbol{A}-2\boldsymbol{E}$ 可逆.

(2) 若 $\boldsymbol{B}=\begin{pmatrix} 1 & -2 & 0 \\ 1 & 2 & 0 \\ 0 & 0 & 2 \end{pmatrix}$，求矩阵 $\boldsymbol{A}$.

13. (1997) 设 $\boldsymbol{A}$ 是 $n$ 阶可逆方阵，将 $\boldsymbol{A}$ 的第 $i$ 行和第 $j$ 行对换后得到矩阵 $\boldsymbol{B}$.

(1) 证明：矩阵 $\boldsymbol{B}$ 可逆.

(2) 求矩阵 $\boldsymbol{A}\boldsymbol{B}^{-1}$.

矩阵的来源

第 2 章思维导图

# 第 3 章　向量与向量空间

向量是线性代数的基本概念之一. 本章主要学习 $n$ 元有序数组, 即 $n$ 维向量, 包括向量的线性运算、线性关系及由向量构成的向量空间.

## 3.1　$n$ 维向量及其线性运算

建立空间直角坐标系后, 可使几何向量与三元有序数组一一对应, 在许多实际问题中, 所研究的对象需要用多个数构成的有序数组来描述. 本节将几何向量推广到 $n$ 维向量, 并给出了 $n$ 维向量的线性运算.

### 3.1.1　$n$ 维向量的定义

**定义 3.1**　由 $n$ 个数 $a_1, a_2, \cdots, a_n$ 组成的有序数组称为 $n$ 维向量.

若记为 $(a_1, a_2, \cdots, a_n)$, 称为 $n$ 维行向量; 若记为 $\begin{pmatrix} a_1 \\ a_2 \\ \vdots \\ a_n \end{pmatrix}$, 称为 $n$ 维列向量. 其中, $a_i$ 称为第 $i$ 个分量, $n$ 称为向量的维数.

分量全为实数的向量称为实向量, 分量全为复数的向量称为复向量. 本书除特别说明, 均指实向量.

需要注意的是, $n$ 维行向量即为 $1\times n$ 矩阵, 而 $n$ 维列向量即为 $n\times 1$ 矩阵. 根据矩阵的运算, 可定义向量的运算. 比如, 向量 $\boldsymbol{\alpha}$ 的转置与矩阵的转置相同: 记为 $\boldsymbol{\alpha}^{\mathrm{T}}$.

本书中, 用黑体小写字母 $\boldsymbol{a}$, $\boldsymbol{b}$, $\boldsymbol{\alpha}$, $\boldsymbol{\beta}$, $\boldsymbol{\gamma}$ 等表示列向量, 用 $\boldsymbol{a}^{\mathrm{T}}$, $\boldsymbol{b}^{\mathrm{T}}$, $\boldsymbol{\alpha}^{\mathrm{T}}$, $\boldsymbol{\beta}^{\mathrm{T}}$, $\boldsymbol{\gamma}^{\mathrm{T}}$ 等表示行向量.

### 3.1.2　$n$ 维向量的线性运算

**定义 3.2**

(1) 分量全为 0 的向量称为零向量, 记作 $\mathbf{0}$, 即 $\mathbf{0}=(0, \cdots, 0)^{\mathrm{T}}$.

(2)对于 $\boldsymbol{\alpha}=(a_1, a_2, \cdots, a_n)^{\mathrm{T}}$，称 $(-a_1, -a_2, \cdots, -a_n)^{\mathrm{T}}$ 为 $\boldsymbol{\alpha}$ 的负向量，记为 $-\boldsymbol{\alpha}$.

(3)对于 $\boldsymbol{\alpha}=(a_1, a_2, \cdots, a_n)^{\mathrm{T}}$，$\boldsymbol{\beta}=(b_1, b_2, \cdots, b_n)^{\mathrm{T}}$，当且仅当 $a_i=b_i(i=1, 2, \cdots, n)$ 时，称 $\boldsymbol{\alpha}$ 与 $\boldsymbol{\beta}$ 相等，记为 $\boldsymbol{\alpha}=\boldsymbol{\beta}$.

(4)对于 $\boldsymbol{\alpha}=(a_1, a_2, \cdots, a_n)^{\mathrm{T}}$，$\boldsymbol{\beta}=(b_1, b_2, \cdots, b_n)^{\mathrm{T}}$，称 $(a_1+b_1, a_2+b_2, \cdots, a_n+b_n)^{\mathrm{T}}$ 为 $\boldsymbol{\alpha}$ 与 $\boldsymbol{\beta}$ 的和，记为 $\boldsymbol{\alpha}+\boldsymbol{\beta}$.

(5)对于 $\boldsymbol{\alpha}=(a_1, a_2, \cdots, a_n)^{\mathrm{T}}$，$\boldsymbol{\beta}=(b_1, b_2, \cdots, b_n)^{\mathrm{T}}$，称 $(a_1-b_1, a_2-b_2, \cdots, a_n-b_n)^{\mathrm{T}}$ 为 $\boldsymbol{\alpha}$ 与 $\boldsymbol{\beta}$ 的差，记为 $\boldsymbol{\alpha}-\boldsymbol{\beta}$.

(6)对于 $\boldsymbol{\alpha}=(a_1, a_2, \cdots, a_n)^{\mathrm{T}}$，$k$ 为实数，称 $(ka_1, ka_2, \cdots, ka_n)^{\mathrm{T}}$ 为 $k$ 与 $\boldsymbol{\alpha}$ 的数乘，记为 $k\boldsymbol{\alpha}$.

向量的加法和数乘统称为向量的线性运算. 根据矩阵的运算规律，向量的线性运算满足下列 8 条性质.

**定理 3.1**　对任意的 $n$ 维向量 $\boldsymbol{\alpha}$，$\boldsymbol{\beta}$，$\boldsymbol{\gamma}$ 和数 $k$，$l$，有

(1) $\boldsymbol{\alpha}+\boldsymbol{\beta}=\boldsymbol{\beta}+\boldsymbol{\alpha}$;

(2) $(\boldsymbol{\alpha}+\boldsymbol{\beta})+\boldsymbol{\gamma}=\boldsymbol{\alpha}+(\boldsymbol{\beta}+\boldsymbol{\gamma})$;

(3) $\boldsymbol{\alpha}+\mathbf{0}=\boldsymbol{\alpha}$;

(4) $\boldsymbol{\alpha}+(-\boldsymbol{\alpha})=\mathbf{0}$;

(5) $1\cdot\boldsymbol{\alpha}=\boldsymbol{\alpha}$;

(6) $k(l\boldsymbol{\alpha})=(kl)\boldsymbol{\alpha}$;

(7) $k(\boldsymbol{\alpha}+\boldsymbol{\beta})=k\boldsymbol{\alpha}+k\boldsymbol{\beta}$;

(8) $(k+l)\boldsymbol{\alpha}=k\boldsymbol{\alpha}+l\boldsymbol{\alpha}$.

**【问题 3.1】**　向量有乘法运算吗?

**例 3.1**　某工厂 4 种产品三天的产量(单位：t)按照产品顺序用向量表示，第 1 天为 $\boldsymbol{\alpha}_1=(15, 20, 17, 8)^{\mathrm{T}}$，第 2 天为 $\boldsymbol{\alpha}_2=(16, 22, 18, 9)^{\mathrm{T}}$，第 3 天为 $\boldsymbol{\alpha}_3=(18, 20, 16, 11)^{\mathrm{T}}$，求三天各产品的产量和.

**解**　$\boldsymbol{\alpha}_1+\boldsymbol{\alpha}_2+\boldsymbol{\alpha}_3=(15, 20, 17, 8)^{\mathrm{T}}+(16, 22, 18, 9)^{\mathrm{T}}+(18, 20, 16, 11)^{\mathrm{T}}=(49, 62, 51, 28)^{\mathrm{T}}$.

## 习题 3.1

1. 设向量 $\boldsymbol{\alpha}_1=(1, 1, 0)^{\mathrm{T}}$，$\boldsymbol{\alpha}_2=(0, 1, 1)^{\mathrm{T}}$，$\boldsymbol{\alpha}_3=(3, 4, 0)^{\mathrm{T}}$，求 $\boldsymbol{\alpha}_1-\boldsymbol{\alpha}_2$ 及 $3\boldsymbol{\alpha}_1+2\boldsymbol{\alpha}_2-\boldsymbol{\alpha}_3$.

2. 设向量 $3\boldsymbol{\alpha}+4\boldsymbol{\beta}=(2, 1, 1, 2)^{\mathrm{T}}$，$2\boldsymbol{\alpha}+3\boldsymbol{\beta}=(-1, 2, 3, 1)^{\mathrm{T}}$，求 $\boldsymbol{\alpha}$ 及 $\boldsymbol{\beta}$.

3. 设 $\boldsymbol{\alpha}_1=(1, a, 0)^{\mathrm{T}}$，$\boldsymbol{\alpha}_2=(-1, 2, b)^{\mathrm{T}}$，当 $a$，$b$ 为何值时，$\boldsymbol{\alpha}_1+\boldsymbol{\alpha}_2=\mathbf{0}$?

4. 设 $n$ 维行向量 $\boldsymbol{\alpha}=\left(\frac{1}{2}, 0, \cdots, 0, \frac{1}{2}\right)$，定义 $\boldsymbol{A}=\boldsymbol{E}-\boldsymbol{\alpha}^{\mathrm{T}}\boldsymbol{\alpha}$，$\boldsymbol{B}=\boldsymbol{E}+2\boldsymbol{\alpha}^{\mathrm{T}}\boldsymbol{\alpha}$，求 $\boldsymbol{AB}$.

## 3.2 向量组的线性关系

由若干个同维数的行向量(或同维数的列向量)组成的集合称为向量组.

对于一个 $m\times n$ 矩阵 $\boldsymbol{A}=(a_{ij})$，它的 $n$ 个 $m$ 维列向量

$$\boldsymbol{\alpha}_i=(a_{1i}, a_{2i}, \cdots, a_{mi})^{\mathrm{T}}(i=1, 2, \cdots, n)$$

构成的向量组，称为 $\boldsymbol{A}$ 的列向量组；同理，$m$ 个 $n$ 维行向量 $\boldsymbol{\beta}_i^{\mathrm{T}}=(a_{i1}, a_{i2}, \cdots, a_{in})(i=1, 2, \cdots, m)$ 构成的向量组，称为 $\boldsymbol{A}$ 的行向量组.

由此，矩阵 $\boldsymbol{A}$ 可记为

$$\boldsymbol{A}=(\boldsymbol{\alpha}_1, \boldsymbol{\alpha}_2, \cdots, \boldsymbol{\alpha}_n)=\begin{pmatrix}\boldsymbol{\beta}_1^{\mathrm{T}}\\ \boldsymbol{\beta}_2^{\mathrm{T}}\\ \vdots\\ \boldsymbol{\beta}_m^{\mathrm{T}}\end{pmatrix}.$$

所以，矩阵 $\boldsymbol{A}$ 与其列向量组或行向量组之间建立了一一对应关系.

向量组的学习和研究是十分重要的，下面从线性关系的角度来展开.

### 3.2.1 向量组的线性组合

**定义 3.3** 给定向量组 $\boldsymbol{\alpha}_1, \boldsymbol{\alpha}_2, \cdots, \boldsymbol{\alpha}_m$ 和向量 $\boldsymbol{\beta}$，如果存在一组数 $k_1, k_2, \cdots, k_m$，使

$$\boldsymbol{\beta}=k_1\boldsymbol{\alpha}_1+k_2\boldsymbol{\alpha}_2+\cdots+k_m\boldsymbol{\alpha}_m,$$

则称 $\boldsymbol{\beta}$ 是 $\boldsymbol{\alpha}_1, \boldsymbol{\alpha}_2, \cdots, \boldsymbol{\alpha}_m$ 的线性组合，或称 $\boldsymbol{\beta}$ 可由 $\boldsymbol{\alpha}_1, \boldsymbol{\alpha}_2, \cdots, \boldsymbol{\alpha}_m$ 线性表示，$k_1, k_2, \cdots, k_m$ 称为 $\boldsymbol{\beta}$ 由 $\boldsymbol{\alpha}_1, \boldsymbol{\alpha}_2, \cdots, \boldsymbol{\alpha}_m$ 线性表示的系数.

**例 3.2** 设 $\boldsymbol{\alpha}_1=(1, 2, 3)^{\mathrm{T}}$，$\boldsymbol{\alpha}_2=(2, 4, 6)^{\mathrm{T}}$，则 $\boldsymbol{0}=(0, 0, 0)^{\mathrm{T}}=0\cdot(1, 2, 3)^{\mathrm{T}}+0\cdot(2, 4, 6)^{\mathrm{T}}$，即零向量可由 $\boldsymbol{\alpha}_1, \boldsymbol{\alpha}_2$ 线性表示.

更一般地，$n$ 维零向量可由任意 $n$ 维向量组线性表示. 事实上，设 $\boldsymbol{\alpha}_1, \boldsymbol{\alpha}_2, \cdots, \boldsymbol{\alpha}_m$ 为任意向量组，则有

$$\boldsymbol{0}=0\cdot\boldsymbol{\alpha}_1+0\cdot\boldsymbol{\alpha}_2+\cdots+0\cdot\boldsymbol{\alpha}_m.$$

**例 3.3** 设 $n$ 维向量组 $\boldsymbol{e}_1=(1, 0, \cdots, 0)^{\mathrm{T}}$，$\boldsymbol{e}_2=(0, 1, \cdots, 0)^{\mathrm{T}}$，$\cdots$，$\boldsymbol{e}_n=(0, 0, \cdots, 1)^{\mathrm{T}}$，则任意 $n$ 维向量组 $\boldsymbol{\alpha}=(a_1, a_2, \cdots, a_n)^{\mathrm{T}}$ 可由 $\boldsymbol{e}_1, \boldsymbol{e}_2, \cdots, \boldsymbol{e}_n$ 线性表示.

事实上，有

$$\boldsymbol{\alpha}=a_1\boldsymbol{e}_1+a_2\boldsymbol{e}_2+\cdots+a_n\boldsymbol{e}_n.$$

称 $\boldsymbol{e}_1, \boldsymbol{e}_2, \cdots, \boldsymbol{e}_n$ 为 $n$ 维基本单位向量组.

**例 3.4** 向量组中任一向量都可由这个向量组线性表示.

事实上，对于向量组 $\boldsymbol{\alpha}_1, \boldsymbol{\alpha}_2, \cdots, \boldsymbol{\alpha}_m$ 中的任意向量 $\boldsymbol{\alpha}_i$，都有

$$\boldsymbol{\alpha}_i=0\cdot\boldsymbol{\alpha}_1+\cdots+0\cdot\boldsymbol{\alpha}_{i-1}+1\cdot\boldsymbol{\alpha}_i+0\cdot\boldsymbol{\alpha}_{i+1}+\cdots+0\cdot\boldsymbol{\alpha}_m,$$

所以，$\boldsymbol{\alpha}_i$ 可由 $\boldsymbol{\alpha}_1, \boldsymbol{\alpha}_2, \cdots, \boldsymbol{\alpha}_m$ 线性表示.

**例 3.5**　向量 $\boldsymbol{\beta}=(-1, 1, 5)^{\mathrm{T}}$ 能否表示成向量组 $\boldsymbol{\alpha}_1=(1, 2, 3)^{\mathrm{T}}$，$\boldsymbol{\alpha}_2=(0, 1, 4)^{\mathrm{T}}$，$\boldsymbol{\alpha}_3=(2, 3, 6)^{\mathrm{T}}$ 的线性组合？

**解**　设存在一组数 $x_1, x_2, x_3$，使 $x_1\boldsymbol{\alpha}_1+x_2\boldsymbol{\alpha}_2+x_3\boldsymbol{\alpha}_3=\boldsymbol{\beta}$，即

$$\begin{cases}x_1+2x_3=-1,\\2x_1+x_2+3x_3=1,\\3x_1+4x_2+6x_3=5,\end{cases}$$

使用克莱姆法则可解得 $x_1=1$，$x_2=2$，$x_3=-1$，故 $\boldsymbol{\beta}=\boldsymbol{\alpha}_1+2\boldsymbol{\alpha}_2-\boldsymbol{\alpha}_3$.

例 3.5

### 3.2.2　向量组的等价

**定义 3.4**　设有两个向量组：（Ⅰ）$\boldsymbol{\alpha}_1, \boldsymbol{\alpha}_2, \cdots, \boldsymbol{\alpha}_m$；（Ⅱ）$\boldsymbol{\beta}_1, \boldsymbol{\beta}_2, \cdots, \boldsymbol{\beta}_s$. 若向量组（Ⅰ）中每个向量都可由向量组（Ⅱ）线性表示，则称向量组（Ⅰ）可由向量组（Ⅱ）线性表示. 若两个向量组可相互线性表示，则称它们等价.

例如，$\boldsymbol{e}_1=(1, 0, 0)^{\mathrm{T}}$，$\boldsymbol{e}_2=(0, 1, 0)^{\mathrm{T}}$，$\boldsymbol{e}_3=(0, 0, 1)^{\mathrm{T}}$ 和 $\boldsymbol{\alpha}_1=(1, 1, 1)^{\mathrm{T}}$，$\boldsymbol{\alpha}_2=(1, 1, 0)^{\mathrm{T}}$，$\boldsymbol{\alpha}_3=(1, 0, 0)^{\mathrm{T}}$ 这两个向量组是等价的.

事实上，显然有 $\boldsymbol{\alpha}_1=\boldsymbol{e}_1+\boldsymbol{e}_2+\boldsymbol{e}_3$，$\boldsymbol{\alpha}_2=\boldsymbol{e}_1+\boldsymbol{e}_2$，$\boldsymbol{\alpha}_3=\boldsymbol{e}_1$，又容易得 $\boldsymbol{e}_1=\boldsymbol{\alpha}_3$，$\boldsymbol{e}_2=\boldsymbol{\alpha}_2-\boldsymbol{\alpha}_3$，$\boldsymbol{e}_3=\boldsymbol{\alpha}_1-\boldsymbol{\alpha}_2$，所以两个向量组等价.

不难证明，向量组等价满足下列 3 条性质.

(1) 反身性：每一个向量组都与其自身等价.

(2) 对称性：若向量组（Ⅰ）与（Ⅱ）等价，则向量组（Ⅱ）与（Ⅰ）也等价.

(3) 传递性：若向量组（Ⅰ）与（Ⅱ）等价，向量组（Ⅱ）与（Ⅲ）等价，则向量组（Ⅰ）与（Ⅲ）等价.

由定义 3.4，若向量组（Ⅱ）$\boldsymbol{\beta}_1, \boldsymbol{\beta}_2, \cdots, \boldsymbol{\beta}_s$ 可由向量组（Ⅰ）$\boldsymbol{\alpha}_1, \boldsymbol{\alpha}_2, \cdots, \boldsymbol{\alpha}_m$ 线性表示，则存在一组数

$$c_{1i}, c_{2i}, \cdots, c_{mi}(i=1, \cdots, s),$$

使

$$\boldsymbol{\beta}_i=c_{1i}\boldsymbol{\alpha}_1+c_{2i}\boldsymbol{\alpha}_2+\cdots+c_{mi}\boldsymbol{\alpha}_m=(\boldsymbol{\alpha}_1, \boldsymbol{\alpha}_2, \cdots, \boldsymbol{\alpha}_m)\begin{pmatrix}c_{1i}\\c_{2i}\\\vdots\\c_{mi}\end{pmatrix},$$

从而

$$(\boldsymbol{\beta}_1, \boldsymbol{\beta}_2, \cdots, \boldsymbol{\beta}_s)=(\boldsymbol{\alpha}_1, \boldsymbol{\alpha}_2, \cdots, \boldsymbol{\alpha}_m)\boldsymbol{C},$$

其中 $m\times s$ 矩阵 $\boldsymbol{C}=(c_{ij})$ 称为这一线性表示过程的表示矩阵.

令 $\boldsymbol{A}=(\boldsymbol{\alpha}_1, \boldsymbol{\alpha}_2, \cdots, \boldsymbol{\alpha}_m)$, $\boldsymbol{B}=(\boldsymbol{\beta}_1, \boldsymbol{\beta}_2, \cdots, \boldsymbol{\beta}_s)$, 则有 $\boldsymbol{AC}=\boldsymbol{B}$. 进而有以下定理.

**定理 3.2** 向量组 $\boldsymbol{\beta}_1, \boldsymbol{\beta}_2, \cdots, \boldsymbol{\beta}_s$ 可由向量组 $\boldsymbol{\alpha}_1, \boldsymbol{\alpha}_2, \cdots, \boldsymbol{\alpha}_m$ 线性表示的充要条件是矩阵方程 $\boldsymbol{AX}=\boldsymbol{B}$ 有解.

**定理 3.3** 行向量组 $\boldsymbol{\beta}_1^{\mathrm{T}}, \boldsymbol{\beta}_2^{\mathrm{T}}, \cdots, \boldsymbol{\beta}_s^{\mathrm{T}}$ 可由行向量组 $\boldsymbol{\alpha}_1^{\mathrm{T}}, \boldsymbol{\alpha}_2^{\mathrm{T}}, \cdots, \boldsymbol{\alpha}_m^{\mathrm{T}}$ 线性表示的充要条件是矩阵方程 $\boldsymbol{XA}^{\mathrm{T}}=\boldsymbol{B}^{\mathrm{T}}$ 有解.

**例 3.6** 设 $\boldsymbol{A}, \boldsymbol{B}, \boldsymbol{C}$ 为 $n$ 阶矩阵, 若 $\boldsymbol{AB}=\boldsymbol{C}$, 且 $\boldsymbol{B}$ 可逆, 则矩阵 $\boldsymbol{C}$ 的列向量组与矩阵 $\boldsymbol{A}$ 的列向量组等价.

**证明** 将 $\boldsymbol{A}, \boldsymbol{C}$ 按列分块, $\boldsymbol{A}=(\boldsymbol{\alpha}_1, \boldsymbol{\alpha}_2, \cdots, \boldsymbol{\alpha}_n)$, $\boldsymbol{C}=(\boldsymbol{\gamma}_1, \boldsymbol{\gamma}_2, \cdots, \boldsymbol{\gamma}_n)$, 由 $\boldsymbol{AB}=\boldsymbol{C}$, 可得

$$(\boldsymbol{\alpha}_1, \boldsymbol{\alpha}_2, \cdots, \boldsymbol{\alpha}_n)\begin{pmatrix} b_{11} & \cdots & b_{1n} \\ b_{21} & \cdots & b_{2n} \\ \vdots & & \vdots \\ b_{n1} & \cdots & b_{nn} \end{pmatrix}=(\boldsymbol{\gamma}_1, \boldsymbol{\gamma}_2, \cdots, \boldsymbol{\gamma}_n),$$

即

$$\boldsymbol{\gamma}_i=b_{1i}\boldsymbol{\alpha}_1+b_{2i}\boldsymbol{\alpha}_2+\cdots+b_{ni}\boldsymbol{\alpha}_n (i=1, 2, \cdots, n),$$

故 $\boldsymbol{C}$ 的列向量组可由 $\boldsymbol{A}$ 的列向量组线性表示. 又因为 $\boldsymbol{B}$ 可逆, 故 $\boldsymbol{A}=\boldsymbol{CB}^{-1}$, 同理可得, $\boldsymbol{A}$ 的列向量组可由 $\boldsymbol{C}$ 的列向量组线性表示, 从而证得矩阵 $\boldsymbol{C}$ 的列向量组与矩阵 $\boldsymbol{A}$ 的列向量组等价.

### 3.2.3 线性组合在生产中的应用举例

假设一个混凝土生产企业只能生产并储存三种不同型号的混凝土, 具体配方比例如表 3.1 所示.

**表 3.1**

| 成分 | 型号 | | |
| --- | --- | --- | --- |
| | C20 混凝土 | C25 混凝土 | C30 混凝土 |
| 水泥 | 1 | 1 | 1 |
| 水 | 0.51 | 0.44 | 0.38 |
| 砂 | 1.81 | 1.42 | 1.12 |
| 石子 | 3.68 | 3.16 | 2.72 |

现在有两个用户要求混凝土中含有水泥、水、砂、石子的比例分别为 1∶0.6∶2.4∶4 和 1∶0.46∶1.54∶3.31. 那么, 能否利用这三种型号的混凝土配出满足两个用户要求的混凝土? 如能配出, 需要这两种混凝土各 100 吨, 问这三种型号的混凝土各需要多少吨?

### 3.2.4　向量组线性相关性的定义

向量组的线性相关性是向量在线性运算下的重要性质，也是后面学习线性方程组理论的重要基础.

**定义 3.5**　给定 $n$ 维向量组 $\boldsymbol{\alpha}_1, \boldsymbol{\alpha}_2, \cdots, \boldsymbol{\alpha}_m$，如果存在不全为零的数 $k_1, k_2, \cdots, k_m$，使

$$k_1\boldsymbol{\alpha}_1+k_2\boldsymbol{\alpha}_2+\cdots+k_m\boldsymbol{\alpha}_m=\boldsymbol{0},$$

则称 $\boldsymbol{\alpha}_1, \boldsymbol{\alpha}_2, \cdots, \boldsymbol{\alpha}_m$ 线性相关.

若当且仅当 $k_1, k_2, \cdots, k_m$ 全为零时，上述等式才成立，则称 $\boldsymbol{\alpha}_1, \boldsymbol{\alpha}_2, \cdots, \boldsymbol{\alpha}_m$ **线性无关**.

由定义可知，若两个向量 $\boldsymbol{\alpha}_1$ 和 $\boldsymbol{\alpha}_2$ 线性相关，则存在不全为零的数 $k_1$，$k_2$，使 $k_1\boldsymbol{\alpha}_1+k_2\boldsymbol{\alpha}_2=\boldsymbol{0}$. 不妨设 $k_1\neq0$，则有 $\boldsymbol{\alpha}_1=-\dfrac{k_2}{k_1}\boldsymbol{\alpha}_2$.

所以，两个二维向量线性相关的几何意义是这两个向量共线.

类似地，3 个二维向量线性相关的几何意义是这 3 个向量共面.

**【问题 3.2】**　判别下列说法的对错：向量组 $\boldsymbol{\alpha}_1, \boldsymbol{\alpha}_2, \cdots, \boldsymbol{\alpha}_m$ 线性无关的充要条件是存在全为零的数 $k_1, k_2, \cdots, k_m$，使得 $k_1\boldsymbol{\alpha}_1+k_2\boldsymbol{\alpha}_2+\cdots+k_m\boldsymbol{\alpha}_m=\boldsymbol{0}$.

**例 3.7**　证明：$n$ 维基本单位向量组 $\boldsymbol{e}_1=(1, 0, \cdots, 0)^{\mathrm{T}}$，$\boldsymbol{e}_2=(0, 1, \cdots, 0)^{\mathrm{T}}$，$\cdots$，$\boldsymbol{e}_n=(0, 0, \cdots, 1)^{\mathrm{T}}$ 线性无关.

**证明**　设有一组数 $k_1, k_2, \cdots, k_n$，使 $k_1\boldsymbol{e}_1+k_2\boldsymbol{e}_2+\cdots+k_n\boldsymbol{e}_n=\boldsymbol{0}$，即 $(k_1, k_2, \cdots, k_n)^{\mathrm{T}}=\boldsymbol{0}$，有 $k_1=k_2=\cdots=k_n=0$，所以 $\boldsymbol{e}_1, \boldsymbol{e}_2, \cdots, \boldsymbol{e}_n$ 线性无关.

**例 3.8**　讨论向量组 $\boldsymbol{A}$：$\boldsymbol{\alpha}_1=(1, 2, 3)^{\mathrm{T}}$，$\boldsymbol{\alpha}_2=(2, 3, 4)^{\mathrm{T}}$，$\boldsymbol{\alpha}_3=(3, 4, 5)^{\mathrm{T}}$，$\boldsymbol{\alpha}_4=(4, 5, 6)^{\mathrm{T}}$ 的线性相关性.

**解**　因为向量组 $\boldsymbol{A}$ 中向量的个数 $s=4$ 大于向量的维数 $n=3$，所以向量组 $\boldsymbol{A}$ 线性相关.

注　当向量组中向量的个数等于向量组的维数时，可利用行列式判别向量组的线性相关性.

**例 3.9**　已知向量组 $\boldsymbol{\alpha}_1, \boldsymbol{\alpha}_2, \boldsymbol{\alpha}_3$ 线性无关，向量组 $\boldsymbol{\alpha}_1+2\boldsymbol{\alpha}_2$，$2\boldsymbol{\alpha}_2+t\boldsymbol{\alpha}_3$，$3\boldsymbol{\alpha}_2+2\boldsymbol{\alpha}_1$ 线性相关，求 $t$ 的值.

**解**　因为向量组 $\boldsymbol{\alpha}_1+2\boldsymbol{\alpha}_2$，$2\boldsymbol{\alpha}_2+t\boldsymbol{\alpha}_3$，$3\boldsymbol{\alpha}_2+2\boldsymbol{\alpha}_1$ 线性相关，所以有不全为 0 的数 $k_1$，$k_2$，$k_3$，使得

$$k_1(\boldsymbol{\alpha}_1+2\boldsymbol{\alpha}_2)+k_2(2\boldsymbol{\alpha}_2+t\boldsymbol{\alpha}_3)+k_3(3\boldsymbol{\alpha}_2+2\boldsymbol{\alpha}_1)=\boldsymbol{0}.$$

整理得

$$(k_1+2k_3)\boldsymbol{\alpha}_1+(2k_1+2k_2)\boldsymbol{\alpha}_2+(tk_2+3k_3)\boldsymbol{\alpha}_3=\boldsymbol{0}.$$

由 $\boldsymbol{\alpha}_1$, $\boldsymbol{\alpha}_2$, $\boldsymbol{\alpha}_3$ 线性无关，可得

$$\begin{cases}k_1+2k_3=0,\\2k_1+2k_2=0,\\tk_2+3k_3=0.\end{cases}$$

由于 $k_1$, $k_2$, $k_3$ 不全为 0，从而该齐次线性方程组有非零解，因此系数行列式必为零，即

$$\begin{vmatrix}1&0&2\\2&2&0\\0&t&3\end{vmatrix}=6+4t=0,\text{ 解得 } t=-\frac{3}{2}.$$

### 3.2.5 向量组线性相关性的性质

下面给出关于向量组线性相关性的一些常见性质.

**性质 3.1** 一个向量线性相关的充要条件是这个向量为零向量.

**证明** 一个向量 $\boldsymbol{\alpha}$ 线性相关的充要条件是存在非零的数 $k$，使 $k\boldsymbol{\alpha}=\mathbf{0}$，也即当且仅当 $\boldsymbol{\alpha}$ 为零向量.

**推论** 一个向量线性无关的充要条件是这个向量为非零向量.

**性质 3.2** 两个向量线性相关的充要条件是对应分量成比例.

**证明** 必要性 设 $\boldsymbol{\alpha}_1$, $\boldsymbol{\alpha}_2$ 线性相关，即存在不全为零的数 $k_1$, $k_2$，使 $k_1\boldsymbol{\alpha}_1+k_2\boldsymbol{\alpha}_2=\mathbf{0}$. 不妨设 $k_1\neq0$，则有

$$\boldsymbol{\alpha}_1=-\frac{k_2}{k_1}\boldsymbol{\alpha}_2,$$

即 $\boldsymbol{\alpha}_1$, $\boldsymbol{\alpha}_2$ 对应分量成比例.

充分性 设 $\boldsymbol{\alpha}_1$, $\boldsymbol{\alpha}_2$ 对应分量成比例，则存在常数 $k$，使 $\boldsymbol{\alpha}_1=k\boldsymbol{\alpha}_2$ 或 $\boldsymbol{\alpha}_2=k\boldsymbol{\alpha}_1$，从而有 $\boldsymbol{\alpha}_1-k\boldsymbol{\alpha}_2=\mathbf{0}$ 或 $k\boldsymbol{\alpha}_1-\boldsymbol{\alpha}_2=\mathbf{0}$，即存在不全为零的数 1, $-k$，或 $k$, $-1$，使上式成立，故 $\boldsymbol{\alpha}_1$, $\boldsymbol{\alpha}_2$ 线性相关.

**推论** 两个向量线性无关的充要条件是对应分量不成比例.

**性质 3.3** $m(m\geqslant2)$ 个向量线性相关的充要条件是至少有一个向量可由其余 $m-1$ 个向量线性表示.

**证明** 必要性 设 $m(m\geqslant2)$ 个向量 $\boldsymbol{\alpha}_1$, $\boldsymbol{\alpha}_2$, $\cdots$, $\boldsymbol{\alpha}_m$ 线性相关，即存在不全为零的数 $k_1$, $k_2$, $\cdots$, $k_m$，使

$$k_1\boldsymbol{\alpha}_1+k_2\boldsymbol{\alpha}_2+\cdots+k_m\boldsymbol{\alpha}_m=\mathbf{0},$$

不妨设 $k_1\neq0$，则有

$$\boldsymbol{\alpha}_1=-\frac{k_2}{k_1}\boldsymbol{\alpha}_2-\cdots-\frac{k_m}{k_1}\boldsymbol{\alpha}_m,$$

即 $\boldsymbol{\alpha}_1$ 可由 $\boldsymbol{\alpha}_2, \cdots, \boldsymbol{\alpha}_m$ 线性表示.

充分性　不妨设 $\boldsymbol{\alpha}_m$ 可由 $\boldsymbol{\alpha}_1, \boldsymbol{\alpha}_2, \cdots, \boldsymbol{\alpha}_{m-1}$ 线性表示，即存在一组数 $k_1, k_2, \cdots, k_{m-1}$，使

$$\boldsymbol{\alpha}_m=k_1\boldsymbol{\alpha}_1+k_2\boldsymbol{\alpha}_2+\cdots+k_{m-1}\boldsymbol{\alpha}_{m-1},$$

即

$$k_1\boldsymbol{\alpha}_1+k_2\boldsymbol{\alpha}_2+\cdots+k_{m-1}\boldsymbol{\alpha}_{m-1}+(-1)\boldsymbol{\alpha}_m=\mathbf{0}.$$

因 $k_1, k_2, \cdots, k_{m-1}, -1$ 中至少 $-1$ 不为 0，所以 $\boldsymbol{\alpha}_1, \boldsymbol{\alpha}_2, \cdots, \boldsymbol{\alpha}_m$ 线性相关.

**推论**　$m(m\geqslant 2)$ 个向量线性无关的充要条件是任意向量都不能由其余 $m-1$ 个向量线性表示.

**性质 3.4**　若 $\boldsymbol{\alpha}_1, \boldsymbol{\alpha}_2, \cdots, \boldsymbol{\alpha}_m$ 线性无关，而 $\boldsymbol{\alpha}_1, \boldsymbol{\alpha}_2, \cdots, \boldsymbol{\alpha}_m, \boldsymbol{\beta}$ 线性相关，则 $\boldsymbol{\beta}$ 可由 $\boldsymbol{\alpha}_1, \boldsymbol{\alpha}_2, \cdots, \boldsymbol{\alpha}_m$ 线性表示，且表示式唯一.

**证明**　由于 $\boldsymbol{\alpha}_1, \boldsymbol{\alpha}_2, \cdots, \boldsymbol{\alpha}_m, \boldsymbol{\beta}$ 线性相关，即存在不全为零的数 $k_1, k_2, \cdots, k_m, k$，使 $k_1\boldsymbol{\alpha}_1+k_2\boldsymbol{\alpha}_2+\cdots+k_m\boldsymbol{\alpha}_m+k\boldsymbol{\beta}=\mathbf{0}$. 若 $k=0$，则有不全为零的数 $k_1, k_2, \cdots, k_m$，使 $k_1\boldsymbol{\alpha}_1+k_2\boldsymbol{\alpha}_2+\cdots+k_m\boldsymbol{\alpha}_m=\mathbf{0}$，与 $\boldsymbol{\alpha}_1, \boldsymbol{\alpha}_2, \cdots, \boldsymbol{\alpha}_m$ 线性无关矛盾，所以 $k\neq 0$，即 $\boldsymbol{\beta}$ 可由 $\boldsymbol{\alpha}_1, \boldsymbol{\alpha}_2, \cdots, \boldsymbol{\alpha}_m$ 线性表示.

下面证明唯一性. 设

$$\boldsymbol{\beta}=k_1\boldsymbol{\alpha}_1+k_2\boldsymbol{\alpha}_2+\cdots+k_m\boldsymbol{\alpha}_m,$$
$$\boldsymbol{\beta}=l_1\boldsymbol{\alpha}_1+l_2\boldsymbol{\alpha}_2+\cdots+l_m\boldsymbol{\alpha}_m,$$

两式相减，可得 $(k_1-l_1)\boldsymbol{\alpha}_1+(k_2-l_2)\boldsymbol{\alpha}_2+\cdots+(k_m-l_m)\boldsymbol{\alpha}_m=\mathbf{0}$. 由 $\boldsymbol{\alpha}_1, \boldsymbol{\alpha}_2, \cdots, \boldsymbol{\alpha}_m$ 线性无关，可得 $k_i=l_i(i=1, 2, \cdots, m)$.

**性质 3.5**　向量组中有一部分向量组线性相关，则整个向量组线性相关.

**证明**　设向量组 $\boldsymbol{\alpha}_1, \boldsymbol{\alpha}_2, \cdots, \boldsymbol{\alpha}_m$ 中的 $s(s\leqslant m)$ 个向量线性相关，不妨设为 $\boldsymbol{\alpha}_1, \boldsymbol{\alpha}_2, \cdots, \boldsymbol{\alpha}_s$，即存在不全为零的数 $k_1, k_2, \cdots, k_s$，使 $k_1\boldsymbol{\alpha}_1+k_2\boldsymbol{\alpha}_2+\cdots+k_s\boldsymbol{\alpha}_s=\mathbf{0}$，从而有 $k_1\boldsymbol{\alpha}_1+k_2\boldsymbol{\alpha}_2+\cdots+k_s\boldsymbol{\alpha}_s+0\boldsymbol{\alpha}_{s+1}+\cdots+0\boldsymbol{\alpha}_m=\mathbf{0}$，即 $\boldsymbol{\alpha}_1, \boldsymbol{\alpha}_2, \cdots, \boldsymbol{\alpha}_m$ 线性相关.

**推论**　若一个向量组线性无关，则其任一部分向量组都线性无关.

**性质 3.6**　设向量组(Ⅰ)$\boldsymbol{\alpha}_1, \boldsymbol{\alpha}_2, \cdots, \boldsymbol{\alpha}_m$ 与(Ⅱ)$\boldsymbol{\beta}_1, \boldsymbol{\beta}_2, \cdots, \boldsymbol{\beta}_s$，若(Ⅱ)可由(Ⅰ)线性表示，且 $s>m$，则向量组(Ⅱ)$\boldsymbol{\beta}_1, \boldsymbol{\beta}_2, \cdots, \boldsymbol{\beta}_s$ 线性相关.

**例 3.10**　证明：含有零向量的向量组一定线性相关.

**证明**　由性质 3.1，零向量线性相关. 再由性质 3.5，整个向量组线性相关.

**例 3.11**　设 $\boldsymbol{A}=\begin{pmatrix}1 & 2 & -2\\ 2 & 1 & 2\\ 3 & 0 & 4\end{pmatrix}$，$\boldsymbol{\alpha}=(a, 1, 1)^{\mathrm{T}}$，若 $\boldsymbol{A\alpha}$ 与 $\boldsymbol{\alpha}$ 线性相关，求 $a$.

**解**　由性质 3.2，$\boldsymbol{A\alpha}$ 与 $\boldsymbol{\alpha}$ 对应分量成比例，即存在数 $k$，使 $\boldsymbol{A\alpha}=k\boldsymbol{\alpha}$，即

$$\begin{cases} a=k\alpha, \\ 2a+3=k, \\ 3a+4=k, \end{cases}$$

解得 $a=-1$.

**例 3.12** 设向量组 $\boldsymbol{\alpha}_1, \boldsymbol{\alpha}_2, \boldsymbol{\alpha}_3$ 线性相关，向量组 $\boldsymbol{\alpha}_2, \boldsymbol{\alpha}_3, \boldsymbol{\alpha}_4$ 线性无关，证明：

(1) $\boldsymbol{\alpha}_1$ 可由 $\boldsymbol{\alpha}_2, \boldsymbol{\alpha}_3$ 线性表示；

(2) $\boldsymbol{\alpha}_4$ 不可由 $\boldsymbol{\alpha}_1, \boldsymbol{\alpha}_2, \boldsymbol{\alpha}_3$ 线性表示.

**证明** (1)因 $\boldsymbol{\alpha}_2, \boldsymbol{\alpha}_3, \boldsymbol{\alpha}_4$ 线性无关，由性质 3.5 的推论，$\boldsymbol{\alpha}_2, \boldsymbol{\alpha}_3$ 线性无关，再由性质 3.4，$\boldsymbol{\alpha}_1$ 可由 $\boldsymbol{\alpha}_2, \boldsymbol{\alpha}_3$线性表示，且表示法唯一.

(2)用反证法，假设 $\boldsymbol{\alpha}_4$ 可由 $\boldsymbol{\alpha}_1, \boldsymbol{\alpha}_2, \boldsymbol{\alpha}_3$ 线性表示，由(1)，$\boldsymbol{\alpha}_1$ 可由 $\boldsymbol{\alpha}_2, \boldsymbol{\alpha}_3$ 线性表示，则 $\boldsymbol{\alpha}_4$ 可由 $\boldsymbol{\alpha}_2, \boldsymbol{\alpha}_3$ 线性表示，这与条件 $\boldsymbol{\alpha}_2, \boldsymbol{\alpha}_3, \boldsymbol{\alpha}_4$ 线性无关矛盾，所以 $\boldsymbol{\alpha}_4$ 不可由 $\boldsymbol{\alpha}_1, \boldsymbol{\alpha}_2, \boldsymbol{\alpha}_3$ 线性表示.

### 3.2.6 向量组线性相关性的判定

**定理 3.4** $m$ 个 $n$ 维向量 $\boldsymbol{\alpha}_i=(a_{1i}, a_{2i}, \cdots, a_{ni})^{\mathrm{T}}(i=1, 2, \cdots, m)$ 线性相关的充要条件是矩阵

$$\boldsymbol{A}=(\boldsymbol{\alpha}_1, \boldsymbol{\alpha}_2, \cdots, \boldsymbol{\alpha}_m)=\begin{pmatrix} a_{11} & a_{12} & \cdots & a_{1m} \\ a_{21} & a_{22} & \cdots & a_{2m} \\ \vdots & \vdots & & \vdots \\ a_{n1} & a_{n2} & \cdots & a_{nm} \end{pmatrix}$$

的秩 $r(\boldsymbol{A})<m$.

**证明** 必要性 设 $\boldsymbol{\alpha}_1, \boldsymbol{\alpha}_2, \cdots, \boldsymbol{\alpha}_m$ 线性相关，根据性质 3.3，至少有一个向量可由其余 $m-1$ 个向量线性表示，不妨设该向量为 $\boldsymbol{\alpha}_m$，即

$$\boldsymbol{\alpha}_m=k_1\boldsymbol{\alpha}_1+k_2\boldsymbol{\alpha}_2+\cdots+k_{m-1}\boldsymbol{\alpha}_{m-1}.$$

上式写成分量形式为

$$\begin{cases} a_{1m}=k_1a_{11}+k_2a_{12}+\cdots+k_{m-1}a_{1,m-1}, \\ a_{2m}=k_1a_{21}+k_2a_{22}+\cdots+k_{m-1}a_{2,m-1}, \\ \qquad\vdots \\ a_{nm}=k_1a_{n1}+k_2a_{n2}+\cdots+k_{m-1}a_{n,m-1}. \end{cases}$$

对 $\boldsymbol{A}$ 作初等列变换，用 $-k_1, -k_2, \cdots, -k_{m-1}$ 分别乘 $\boldsymbol{A}$ 的第 $1, 2, \cdots, m-1$ 列后都加至第 $m$ 列，有

$$\boldsymbol{A}=\begin{pmatrix} a_{11} & a_{12} & \cdots & a_{1m} \\ a_{21} & a_{22} & \cdots & a_{2m} \\ \vdots & \vdots & & \vdots \\ a_{n1} & a_{n2} & \cdots & a_{nm} \end{pmatrix}\rightarrow\begin{pmatrix} a_{11} & \cdots & a_{1,m-1} & 0 \\ a_{21} & \cdots & a_{2,m-1} & 0 \\ \vdots & & \vdots & \vdots \\ a_{n1} & \cdots & a_{n,m-1} & 0 \end{pmatrix}=\boldsymbol{B}.$$

由矩阵秩的定义知 $r(\boldsymbol{B})<m$. 由于 $\boldsymbol{A}$ 与 $\boldsymbol{B}$ 等价, 所以 $r(\boldsymbol{A})=r(\boldsymbol{B})<m$.

充分性的证明略.

**推论 1**　任意 $m$ 个 $n$ 维向量 $\boldsymbol{\alpha}_i=(a_{1i}, a_{2i}, \cdots, a_{ni})^{\mathrm{T}}(i=1, 2, \cdots, m)$ 线性无关的充要条件是它们构成的矩阵 $\boldsymbol{A}=\boldsymbol{A}_{n\times m}$ 的秩 $r(\boldsymbol{A})=m(m<n)$.

**推论 2**　任意 $n$ 个 $n$ 维向量 $\boldsymbol{\alpha}_i=(a_{1i}, a_{2i}, \cdots, a_{ni})^{\mathrm{T}}(i=1, 2, \cdots, n)$ 线性无关的充要条件是矩阵 $\boldsymbol{A}$ 的行列式不等于零.

**推论 3**　当 $m>n$ 时, $m$ 个 $n$ 维向量线性相关.

**定理 3.5**　当 $m$ 个 $s$ 维向量 $\boldsymbol{\alpha}_i=(a_{1i}, a_{2i}, \cdots, a_{si})^{\mathrm{T}}(i=1, 2, \cdots, m)$ 线性无关, 则对应的 $m$ 个 $s+1$ 维向量 $\boldsymbol{\beta}_i=(a_{1i}, a_{2i}, \cdots, a_{si}, a_{s+1,i})^{\mathrm{T}}(i=1, 2, \cdots, m)$ 也线性无关.

**证明**　记

$$\boldsymbol{A}=(\boldsymbol{\alpha}_1, \boldsymbol{\alpha}_2, \cdots, \boldsymbol{\alpha}_m)=\begin{pmatrix} a_{11} & a_{12} & \cdots & a_{1m} \\ a_{21} & a_{22} & \cdots & a_{2m} \\ \vdots & \vdots & & \vdots \\ a_{s1} & a_{s2} & \cdots & a_{sm} \end{pmatrix},$$

$$\boldsymbol{B}=(\boldsymbol{\beta}_1, \boldsymbol{\beta}_2, \cdots, \boldsymbol{\beta}_m)=\begin{pmatrix} a_{11} & a_{12} & \cdots & a_{1m} \\ a_{21} & a_{22} & \cdots & a_{2m} \\ \vdots & \vdots & & \vdots \\ a_{s1} & a_{s2} & \cdots & a_{sm} \\ a_{s+1,1} & a_{s+1,2} & \cdots & a_{s+1,m} \end{pmatrix},$$

则 $r(\boldsymbol{A})\leqslant r(\boldsymbol{B})$. 由定理 3.4 的推论 1 知 $r(\boldsymbol{A})=m$, 故 $r(\boldsymbol{B})=m$, 从而向量组 $\boldsymbol{\beta}_1, \boldsymbol{\beta}_2, \cdots, \boldsymbol{\beta}_m$ 线性无关.

称 $m$ 个 $s$ 维向量 $\boldsymbol{\alpha}_i=(a_{1i}, a_{2i}, \cdots, a_{si})^{\mathrm{T}}(i=1, 2, \cdots, m)$ 添加 $n-s$ 个分量后得到的向量组 $\boldsymbol{\gamma}_i=(a_{1i}, a_{2i}, \cdots, a_{si}, a_{s+1,i}, \cdots, a_{n-1,i}, a_{ni})^{\mathrm{T}}(i=1, 2, \cdots, m)$ 为原向量组 $\boldsymbol{\alpha}_1, \boldsymbol{\alpha}_2, \cdots, \boldsymbol{\alpha}_m$ 的延长向量组, 则有如下推论.

**推论**　若一个向量组线性无关, 则其延长向量组线性无关.

**例 3.13**　判断向量组 $\boldsymbol{A}$: $\boldsymbol{\alpha}_1=(-2, 6, 2, 0)^{\mathrm{T}}$, $\boldsymbol{\alpha}_2=(1, -2, -1, 0)^{\mathrm{T}}$, $\boldsymbol{\alpha}_3=(-2, -4, 0, 2)^{\mathrm{T}}$ 的线性相关性.

**解**　记矩阵 $\boldsymbol{A}=(\boldsymbol{\alpha}_1, \boldsymbol{\alpha}_2, \boldsymbol{\alpha}_3)$, 对 $\boldsymbol{A}$ 作初等变换, 得

$$\boldsymbol{A}=\begin{pmatrix} -2 & 1 & -2 \\ 6 & -2 & -4 \\ 2 & -1 & 0 \\ 0 & 0 & 2 \end{pmatrix} \xrightarrow[r_3+r_1]{r_2+3r_1} \begin{pmatrix} -2 & 1 & -2 \\ 0 & 1 & -10 \\ 0 & 0 & -2 \\ 0 & 0 & 2 \end{pmatrix} \xrightarrow{r_4+r_3} \begin{pmatrix} -2 & 1 & -2 \\ 0 & 1 & -10 \\ 0 & 0 & -2 \\ 0 & 0 & 0 \end{pmatrix}.$$

因为 $r(\boldsymbol{A})=3$, 与向量组 $\boldsymbol{A}$ 中所含向量个数相等, 故向量组 $\boldsymbol{A}$ 线性无关.

## 习题 3.2

1. 设$\boldsymbol{A}$, $\boldsymbol{B}$为满足$\boldsymbol{AB}=\boldsymbol{E}$的任意两个矩阵, 则必有(　　).

A. $\boldsymbol{A}$的列向量组线性无关, $\boldsymbol{B}$的行向量组线性无关

B. $\boldsymbol{A}$的列向量组线性无关, $\boldsymbol{B}$的列向量组线性无关

C. $\boldsymbol{A}$的行向量组线性无关, $\boldsymbol{B}$的行向量组线性无关

D. $\boldsymbol{A}$的行向量组线性无关, $\boldsymbol{B}$的列向量组线性无关

2. 设$\boldsymbol{A}$, $\boldsymbol{B}$为满足$\boldsymbol{AB}=\boldsymbol{O}$的任意两个非零矩阵, 则必有(　　).

A. $\boldsymbol{A}$的列向量组线性相关, $\boldsymbol{B}$的行向量组线性相关

B. $\boldsymbol{A}$的列向量组线性相关, $\boldsymbol{B}$的列向量组线性相关

C. $\boldsymbol{A}$的行向量组线性相关, $\boldsymbol{B}$的行向量组线性相关

D. $\boldsymbol{A}$的行向量组线性相关, $\boldsymbol{B}$的列向量组线性相关

3. 设向量$\boldsymbol{\beta}$可由向量组$\boldsymbol{\alpha}_1$, $\boldsymbol{\alpha}_2$, …, $\boldsymbol{\alpha}_m$线性表示, 但不能由向量组(Ⅰ)$\boldsymbol{\alpha}_1$, $\boldsymbol{\alpha}_2$, …, $\boldsymbol{\alpha}_{m-1}$线性表示, 记向量组(Ⅱ)$\boldsymbol{\alpha}_1$, $\boldsymbol{\alpha}_2$, …, $\boldsymbol{\alpha}_{m-1}$, $\boldsymbol{\beta}$, 则(　　).

A. $\boldsymbol{\alpha}_m$不能由(Ⅰ)线性表示, 也不能由(Ⅱ)线性表示

B. $\boldsymbol{\alpha}_m$不能由(Ⅰ)线性表示, 但可由(Ⅱ)线性表示

C. $\boldsymbol{\alpha}_m$可由(Ⅰ)线性表示, 也可由(Ⅱ)线性表示

D. $\boldsymbol{\alpha}_m$可由(Ⅰ)线性表示, 但不能由(Ⅱ)线性表示

4. $n$维向量组$\boldsymbol{\alpha}_1$, $\boldsymbol{\alpha}_2$, …, $\boldsymbol{\alpha}_s$($3\leqslant s\leqslant n$)线性无关的充分必要条件是(　　).

A. 存在一组不全为零的数$k_1$, $k_2$, …, $k_s$, 使$k_1\boldsymbol{\alpha}_1+k_2\boldsymbol{\alpha}_2+\cdots+k_s\boldsymbol{\alpha}_s\neq\boldsymbol{0}$

B. $\boldsymbol{\alpha}_1$, $\boldsymbol{\alpha}_2$, …, $\boldsymbol{\alpha}_s$中任意两个向量都线性无关

C. $\boldsymbol{\alpha}_1$, $\boldsymbol{\alpha}_2$, …, $\boldsymbol{\alpha}_s$中存在一个向量, 它不能由其余向量线性表示

D. $\boldsymbol{\alpha}_1$, $\boldsymbol{\alpha}_2$, …, $\boldsymbol{\alpha}_s$中任意一个向量都不能由其余向量线性表示

5. 已知向量$\boldsymbol{\alpha}_1=(1, 1, 1, 1)^{\mathrm{T}}$, $\boldsymbol{\alpha}_2=(1, 1, 1, 0)^{\mathrm{T}}$, $\boldsymbol{\alpha}_3=(1, 1, 0, 0)^{\mathrm{T}}$, $\boldsymbol{\alpha}_4=(1, 0, 0, 0)^{\mathrm{T}}$, $\boldsymbol{\beta}=(0, 2, 0, -1)^{\mathrm{T}}$, 试将$\boldsymbol{\beta}$表示为向量组$\boldsymbol{\alpha}_1$, $\boldsymbol{\alpha}_2$, $\boldsymbol{\alpha}_3$, $\boldsymbol{\alpha}_4$的线性组合.

6. 判断下列向量组是否线性相关:

(1)$\boldsymbol{\alpha}_1=(1, 2, 3, 4)^{\mathrm{T}}$, $\boldsymbol{\alpha}_2=(-1, 2, 2, 3)^{\mathrm{T}}$, $\boldsymbol{\alpha}_3=(2, -1, 1, 1)^{\mathrm{T}}$.

(2)$\boldsymbol{\alpha}_1=(1, 2)^{\mathrm{T}}$, $\boldsymbol{\alpha}_2=(3, 4)^{\mathrm{T}}$, $\boldsymbol{\alpha}_3=(5, 6)^{\mathrm{T}}$.

7. 已知向量组$\boldsymbol{\alpha}_1=(1, 1, 1, 3)^{\mathrm{T}}$, $\boldsymbol{\alpha}_2=(-1, -3, 5, 1)^{\mathrm{T}}$, $\boldsymbol{\alpha}_3=(3, 2, -1, k+2)^{\mathrm{T}}$, $\boldsymbol{\alpha}_4=(-2, -6, 10, k)^{\mathrm{T}}$线性相关, 求$k$.

8. 已知向量$\boldsymbol{\alpha}_1=(1, 2, -1, 3)^{\mathrm{T}}$, $\boldsymbol{\alpha}_2=(2, -1, 3, 5)^{\mathrm{T}}$, $\boldsymbol{\alpha}_3=(-1, a+17, a, -1)^{\mathrm{T}}$, 问: $a$为何值时, 向量组$\boldsymbol{\alpha}_1$, $\boldsymbol{\alpha}_2$, $\boldsymbol{\alpha}_3$线性相关? 线性无关?

9. 已知向量组$\boldsymbol{\alpha}_1$, $\boldsymbol{\alpha}_2$, $\boldsymbol{\alpha}_3$线性无关, 证明: $\boldsymbol{\alpha}_1+2\boldsymbol{\alpha}_2$, $2\boldsymbol{\alpha}_1+3\boldsymbol{\alpha}_3$, $3\boldsymbol{\alpha}_3+\boldsymbol{\alpha}_1$线性无关.

10. 已知向量组 $\boldsymbol{\alpha}_1, \boldsymbol{\alpha}_2, \cdots, \boldsymbol{\alpha}_m$ 线性无关，证明：$\boldsymbol{\beta}_1=\boldsymbol{\alpha}_1, \boldsymbol{\beta}_2=\boldsymbol{\alpha}_1+\boldsymbol{\alpha}_2, \cdots, \boldsymbol{\beta}_m=\boldsymbol{\alpha}_1+\boldsymbol{\alpha}_2+\cdots+\boldsymbol{\alpha}_m$ 线性无关.

## 3.3 极大线性无关组和向量组的秩

$n$ 维基本单位向量组 $\boldsymbol{e}_1, \boldsymbol{e}_2, \cdots, \boldsymbol{e}_n$ 是线性无关的，而且任意一个 $n$ 维向量都可由它们线性表示. 很自然的一个问题是，在一个向量组中，具备上述性质的部分组是什么样的呢？这就是本节要学习的内容，即向量组的极大线性无关组和向量组的秩.

### 3.3.1 极大线性无关组和向量组的秩

**定义 3.6** 在向量组 $\boldsymbol{\alpha}_1, \boldsymbol{\alpha}_2, \cdots, \boldsymbol{\alpha}_m$ 中，选取 $r$ 个向量 $\boldsymbol{\alpha}_{i_1}, \boldsymbol{\alpha}_{i_2}, \cdots, \boldsymbol{\alpha}_{i_r}$，如果满足

(1) $\boldsymbol{\alpha}_{i_1}, \boldsymbol{\alpha}_{i_2}, \cdots, \boldsymbol{\alpha}_{i_r}$ 线性无关；

(2) $\boldsymbol{\alpha}_1, \boldsymbol{\alpha}_2, \cdots, \boldsymbol{\alpha}_m$ 中任意一个向量都可由 $\boldsymbol{\alpha}_{i_1}, \boldsymbol{\alpha}_{i_2}, \cdots, \boldsymbol{\alpha}_{i_r}$ 线性表示，

则称 $\boldsymbol{\alpha}_{i_1}, \boldsymbol{\alpha}_{i_2}, \cdots, \boldsymbol{\alpha}_{i_r}$ 是向量组 $\boldsymbol{\alpha}_1, \boldsymbol{\alpha}_2, \cdots, \boldsymbol{\alpha}_m$ 的一个极大线性无关组，简称为极大无关组.

若 $\boldsymbol{\alpha}_{i_1}, \boldsymbol{\alpha}_{i_2}, \cdots, \boldsymbol{\alpha}_{i_r}$ 是向量组 $\boldsymbol{\alpha}_1, \boldsymbol{\alpha}_2, \cdots, \boldsymbol{\alpha}_m$ 的一个极大无关组，由定义，向量组中任意向量都可由 $\boldsymbol{\alpha}_{i_1}, \boldsymbol{\alpha}_{i_2}, \cdots, \boldsymbol{\alpha}_{i_r}$ 线性表示，再结合线性相关的性质 3.6 可知，任意 $r+1$ 个向量都是线性相关的. 反之，若向量组 $\boldsymbol{\alpha}_1, \boldsymbol{\alpha}_2, \cdots, \boldsymbol{\alpha}_m$ 中的任意 $r+1$ 个向量都是线性相关的，则由极大无关组的定义可知，任意向量 $\boldsymbol{\alpha}_i$ 都可由 $\boldsymbol{\alpha}_{i_1}, \boldsymbol{\alpha}_{i_2}, \cdots, \boldsymbol{\alpha}_{i_r}$ 线性表示. 所以，得到极大无关组的等价定义.

**定义 3.7** 在向量组 $\boldsymbol{\alpha}_1, \boldsymbol{\alpha}_2, \cdots, \boldsymbol{\alpha}_m$ 中，如果存在 $r$ 个向量 $\boldsymbol{\alpha}_{i_1}, \boldsymbol{\alpha}_{i_2}, \cdots, \boldsymbol{\alpha}_{i_r}$ 满足

(1) $\boldsymbol{\alpha}_{i_1}, \boldsymbol{\alpha}_{i_2}, \cdots, \boldsymbol{\alpha}_{i_r}$ 线性无关；

(2) $\boldsymbol{\alpha}_1, \boldsymbol{\alpha}_2, \cdots, \boldsymbol{\alpha}_m$ 中任意 $r+1$ 个向量都线性相关，

则称 $\boldsymbol{\alpha}_{i_1}, \boldsymbol{\alpha}_{i_2}, \cdots, \boldsymbol{\alpha}_{i_r}$ 是向量组 $\boldsymbol{\alpha}_1, \boldsymbol{\alpha}_2, \cdots, \boldsymbol{\alpha}_m$ 的一个极大线性无关组.

由等价定义可知，极大线性无关组就是向量组中个数最多的、线性无关的部分组.

需要注意的是，若向量组是线性无关的，那么极大无关组是唯一的，就是向量组本身. 若向量组是线性相关的，则极大无关组不一定唯一. 例如向量组 $\boldsymbol{\alpha}_1=(1, 0)^{\mathrm{T}}$，$\boldsymbol{\alpha}_2=(0, 1)^{\mathrm{T}}$，$\boldsymbol{\alpha}_3=(2, 3)^{\mathrm{T}}$ 是线性相关的，任意两个向量线性无关，所以，任意两个向量都是极大无关组.

由极大无关组的定义还可以得到，向量组和它的任意一个极大无关组都是等价的，进而同一向量组的任意两个极大无关组是等价的. 当向量组线性相关时，其极大无关组不唯一，但是由性质 3.6，极大无关组所含向量的个数是唯一的.

**定义 3.8** 向量组 $\boldsymbol{\alpha}_1, \boldsymbol{\alpha}_2, \cdots, \boldsymbol{\alpha}_m$ 的极大无关组所含向量的个数称为向量组的秩，

记为 $r(\boldsymbol{\alpha}_1, \boldsymbol{\alpha}_2, \cdots, \boldsymbol{\alpha}_m)$.

只含有零向量的向量组没有极大无关组，规定秩为零.

由定义可知，向量组 $\boldsymbol{\alpha}_1, \boldsymbol{\alpha}_2, \cdots, \boldsymbol{\alpha}_m$ 线性无关的充要条件是秩等于 $m$，线性相关的充要条件是秩小于 $m$.

**定理 3.6** 等价的向量组有相同的秩.

**证明** 设向量组 $\boldsymbol{\alpha}_1, \boldsymbol{\alpha}_2, \cdots, \boldsymbol{\alpha}_m$ 和 $\boldsymbol{\beta}_1, \boldsymbol{\beta}_2, \cdots, \boldsymbol{\beta}_s$ 等价，两个向量组的秩分别为 $r_1$，$r_2$. 因为 $\boldsymbol{\alpha}_1, \boldsymbol{\alpha}_2, \cdots, \boldsymbol{\alpha}_m$ 可由 $\boldsymbol{\beta}_1, \boldsymbol{\beta}_2, \cdots, \boldsymbol{\beta}_s$ 线性表示，即 $\boldsymbol{\alpha}_1, \boldsymbol{\alpha}_2, \cdots, \boldsymbol{\alpha}_m$ 的极大无关组可由 $\boldsymbol{\beta}_1, \boldsymbol{\beta}_2, \cdots, \boldsymbol{\beta}_s$ 线性表示，进而可由 $\boldsymbol{\beta}_1, \boldsymbol{\beta}_2, \cdots, \boldsymbol{\beta}_s$ 的极大无关组线性表示，由线性相关性的性质 3.6，$r_1 \leqslant r_2$，同理可得，$r_2 \leqslant r_1$. 所以，两个向量组的秩相同.

需要注意的是，若两个向量组的秩相同，这两个向量组未必等价. 例如，一个向量 $\boldsymbol{\alpha} = (1, 0)^{\mathrm{T}}$ 构成的向量组的秩为 1，一个向量 $\boldsymbol{\beta} = (0, 1)^{\mathrm{T}}$ 构成的向量组的秩也为 1，但是显然二者不等价.

**【问题 3.3】** 矩阵的等价和向量组的等价的区别是什么?

对于特殊的向量组，比如，全体 $n$ 维向量构成的向量组，记为 $\mathbf{R}^n$，则单位向量组 $\boldsymbol{e}_1 = (1, 0, \cdots, 0)^{\mathrm{T}}$，$\boldsymbol{e}_2 = (0, 1, \cdots, 0)^{\mathrm{T}}$，$\cdots$，$\boldsymbol{e}_n = (0, 0, \cdots, 1)^{\mathrm{T}}$ 为 $\mathbf{R}^n$ 的一个极大无关组，$\mathbf{R}^n$ 的秩为 $n$. 那么，对于一般的向量组，如何求出它的极大无关组和秩呢?

### 3.3.2 向量组的秩和矩阵的秩的关系

对于 $m \times n$ 矩阵 $\boldsymbol{A}$，称 $\boldsymbol{A}$ 的 $m$ 个 $n$ 维行向量构成的向量组为 $\boldsymbol{A}$ 的行向量组，称 $n$ 个 $m$ 维列向量构成的向量组为 $\boldsymbol{A}$ 的列向量组，并分别称它们的秩为 $\boldsymbol{A}$ 的行秩和列秩.

**定理 3.7** 设 $\boldsymbol{A}$ 为 $m \times n$ 矩阵，则 $\boldsymbol{A}$ 的秩等于 $\boldsymbol{A}$ 的行秩，也等于 $\boldsymbol{A}$ 的列秩.

**证明** 令 $\boldsymbol{A} = (\boldsymbol{\alpha}_1, \boldsymbol{\alpha}_2, \cdots, \boldsymbol{\alpha}_n)$，设 $r(\boldsymbol{A}) = r$，根据矩阵秩的定义，存在 $r$ 阶子式 $D_r \neq 0$. 若 $D_r$ 位于 $\boldsymbol{A}$ 中的第 $s_1, s_2, \cdots, s_r$ 列上，这里 $s_1 < s_2 < \cdots < s_r$，则由 $\boldsymbol{A}$ 的 $r$ 个列向量 $\boldsymbol{\alpha}_{s_1}, \boldsymbol{\alpha}_{s_2}, \cdots, \boldsymbol{\alpha}_{s_r}$ 构成的矩阵 $\boldsymbol{A}_1 = (\boldsymbol{\alpha}_{s_1}, \boldsymbol{\alpha}_{s_2}, \cdots, \boldsymbol{\alpha}_{s_r})$，其秩 $r(\boldsymbol{A}_1) = r$. 故 $\boldsymbol{\alpha}_{s_1}, \boldsymbol{\alpha}_{s_2}, \cdots, \boldsymbol{\alpha}_{s_r}$ 线性无关.

再从矩阵 $\boldsymbol{A}$ 的列向量组中任取 $r+1$ 个，记这 $r+1$ 个列向量构成的矩阵为 $\boldsymbol{A}_2$，显然 $r(\boldsymbol{A}_2) \leqslant r(\boldsymbol{A}) = r < r+1$，故 $\boldsymbol{A}$ 的列向量组中任意的 $\boldsymbol{r}+1$ 个向量线性相关. 于是 $\boldsymbol{\alpha}_{s_1}, \boldsymbol{\alpha}_{s_2}, \cdots, \boldsymbol{\alpha}_{s_r}$ 是 $\boldsymbol{\alpha}_1, \boldsymbol{\alpha}_2, \cdots, \boldsymbol{\alpha}_n$ 的一个极大无关组，即 $\boldsymbol{A}$ 的列向量组 $\boldsymbol{\alpha}_1, \boldsymbol{\alpha}_2, \cdots, \boldsymbol{\alpha}_n$ 的秩为 $r$.

由于 $r(\boldsymbol{A}) = r(\boldsymbol{A}^{\mathrm{T}})$，而 $\boldsymbol{A}$ 的行向量组的秩就是 $\boldsymbol{A}^{\mathrm{T}}$ 的列向量组的秩，故 $\boldsymbol{A}$ 的行向量组的秩也等于矩阵 $\boldsymbol{A}$ 的秩，从而矩阵 $\boldsymbol{A}$ 的秩等于 $\boldsymbol{A}$ 的行秩，也等于 $\boldsymbol{A}$ 的列秩.

由定理的证明过程可知，若 $D_r$ 是矩阵 $\boldsymbol{A}$ 的一个最高阶非零子式，则 $D_r$ 所在的 $r$ 列就是 $\boldsymbol{A}$ 的列向量组的一个极大无关组，而 $D_r$ 所在的 $r$ 行就是 $\boldsymbol{A}$ 的行向量组的一个极大无关组.

**例 3.14** 求向量组 $\boldsymbol{\alpha}_1 = (1, 1, 4)^{\mathrm{T}}$，$\boldsymbol{\alpha}_2 = (1, 0, 4)^{\mathrm{T}}$，$\boldsymbol{\alpha}_3 = (1, 2, 4)^{\mathrm{T}}$，$\boldsymbol{\alpha}_4 =$

$(1, 3, 4)^T$ 的秩和一个极大无关组，并将其余向量用该极大无关组线性表示.

**解** 令

$$A=(\boldsymbol{\alpha}_1, \boldsymbol{\alpha}_2, \boldsymbol{\alpha}_3, \boldsymbol{\alpha}_4)=\begin{pmatrix}1&1&1&1\\1&0&2&3\\4&4&4&4\end{pmatrix}.$$

例 3.14

对 $\boldsymbol{A}$ 进行初等行变换，化成行阶梯形为

$$A\to\begin{pmatrix}1&1&1&1\\0&1&-1&-2\\0&0&0&0\end{pmatrix}=\boldsymbol{B},$$

可得 $\boldsymbol{A}$ 的秩为 2，即 $\boldsymbol{A}$ 的列向量组 $\boldsymbol{\alpha}_1, \boldsymbol{\alpha}_2, \boldsymbol{\alpha}_3, \boldsymbol{\alpha}_4$ 的秩为 2.

又因为以 $\boldsymbol{B}$ 的两个非零行的第 1 个非零元为对角元的二阶子式 $\begin{vmatrix}1&1\\0&1\end{vmatrix}\neq 0$，所以，$\boldsymbol{B}$ 的两个非零行的第 1 个非零元所在的列即为 $\boldsymbol{B}$ 的列向量组的一个极大无关组.

由于矩阵 $\boldsymbol{A}$ 进行初等行变换化为矩阵 $\boldsymbol{B}$，即 $\boldsymbol{A}$ 的列向量组和 $\boldsymbol{B}$ 的列向量组有相同的线性关系，所以 $\boldsymbol{\alpha}_1, \boldsymbol{\alpha}_2$ 为 $\boldsymbol{\alpha}_1, \boldsymbol{\alpha}_2, \boldsymbol{\alpha}_3, \boldsymbol{\alpha}_4$ 的一个极大无关组.

为了将 $\boldsymbol{\alpha}_3, \boldsymbol{\alpha}_4$ 用 $\boldsymbol{\alpha}_1, \boldsymbol{\alpha}_2$ 线性表示，再对 $\boldsymbol{A}$ 进行初等行变换，化成行最简形为

$$A\to\begin{pmatrix}1&0&2&3\\0&1&-1&-2\\0&0&0&0\end{pmatrix}=\boldsymbol{C}.$$

令 $\boldsymbol{C}=(\boldsymbol{\beta}_1, \boldsymbol{\beta}_2, \boldsymbol{\beta}_3, \boldsymbol{\beta}_4)$，则 $\boldsymbol{\beta}_3=2\boldsymbol{\beta}_1-\boldsymbol{\beta}_2$，$\boldsymbol{\beta}_4=3\boldsymbol{\beta}_1-2\boldsymbol{\beta}_2$. 因为 $\boldsymbol{A}$ 的列向量组和 $\boldsymbol{C}$ 的列向量组有相同的线性关系，所以 $\boldsymbol{\alpha}_3=2\boldsymbol{\alpha}_1-\boldsymbol{\alpha}_2$，$\boldsymbol{\alpha}_4=3\boldsymbol{\alpha}_1-2\boldsymbol{\alpha}_2$.

**例 3.15** 向量组 $\boldsymbol{A}$：$\boldsymbol{\alpha}_1, \boldsymbol{\alpha}_2, \boldsymbol{\alpha}_3, \boldsymbol{\alpha}_4$ 的秩为 3，向量组 $\boldsymbol{B}$：$\boldsymbol{\alpha}_1, \boldsymbol{\alpha}_2, \boldsymbol{\alpha}_3, \boldsymbol{\alpha}_5$ 的秩为 4，证明：向量组 $\boldsymbol{\alpha}_1, \boldsymbol{\alpha}_2, \boldsymbol{\alpha}_3, \boldsymbol{\alpha}_5-\boldsymbol{\alpha}_4$ 线性无关.

**证明** 由向量组 $\boldsymbol{B}$：$\boldsymbol{\alpha}_1, \boldsymbol{\alpha}_2, \boldsymbol{\alpha}_3, \boldsymbol{\alpha}_5$ 的秩为 4 可知，$\boldsymbol{\alpha}_1, \boldsymbol{\alpha}_2, \boldsymbol{\alpha}_3, \boldsymbol{\alpha}_5$ 线性无关.

由向量组 $\boldsymbol{A}$：$\boldsymbol{\alpha}_1, \boldsymbol{\alpha}_2, \boldsymbol{\alpha}_3, \boldsymbol{\alpha}_4$ 的秩为 3 可知，$\boldsymbol{\alpha}_1, \boldsymbol{\alpha}_2, \boldsymbol{\alpha}_3, \boldsymbol{\alpha}_4$ 线性相关.

于是向量 $\boldsymbol{\alpha}_4$ 可由向量组 $\boldsymbol{\alpha}_1, \boldsymbol{\alpha}_2, \boldsymbol{\alpha}_3$ 线性表示，即存在一组数 $l_1, l_2, l_3$，使得 $\boldsymbol{\alpha}_4=l_1\boldsymbol{\alpha}_1+l_2\boldsymbol{\alpha}_2+l_3\boldsymbol{\alpha}_3$. 设存在一组数 $k_1, k_2, k_3, k_4$，使得 $k_1\boldsymbol{\alpha}_1+k_2\boldsymbol{\alpha}_2+k_3\boldsymbol{\alpha}_3+k_4(\boldsymbol{\alpha}_5-\boldsymbol{\alpha}_4)=\boldsymbol{0}$，代入整理得 $(k_1-k_4l_1)\boldsymbol{\alpha}_1+(k_2-k_4l_2)\boldsymbol{\alpha}_2+(k_3-k_4l_3)\boldsymbol{\alpha}_3+k_4\boldsymbol{\alpha}_5=\boldsymbol{0}$. 由于向量组 $\boldsymbol{B}$ 线性无关，可知 $k_1=k_2=k_3=k_4=0$，因此向量组 $\boldsymbol{\alpha}_1, \boldsymbol{\alpha}_2, \boldsymbol{\alpha}_3, \boldsymbol{\alpha}_5-\boldsymbol{\alpha}_4$ 线性无关.

**例 3.16** 设 $\boldsymbol{A}$，$\boldsymbol{B}$ 为 $m\times n$ 矩阵，则 $r(\boldsymbol{A}+\boldsymbol{B})\leqslant r(\boldsymbol{A})+r(\boldsymbol{B})$.

**证明** 令

$$\boldsymbol{A}=(\boldsymbol{\alpha}_1, \boldsymbol{\alpha}_2, \cdots, \boldsymbol{\alpha}_n),\ \boldsymbol{B}=(\boldsymbol{\beta}_1, \boldsymbol{\beta}_2, \cdots, \boldsymbol{\beta}_n),$$

则

$$\boldsymbol{A}+\boldsymbol{B}=(\boldsymbol{\alpha}_1+\boldsymbol{\beta}_1, \boldsymbol{\alpha}_2+\boldsymbol{\beta}_2, \cdots, \boldsymbol{\alpha}_n+\boldsymbol{\beta}_n).$$

设 $r(\boldsymbol{A})=r_1$，$r(\boldsymbol{B})=r_2$，由定理 3.7 知，$\boldsymbol{A}$，$\boldsymbol{B}$ 的列向量组的秩分别等于 $r_1$，$r_2$，不妨设 $\boldsymbol{A}$，$\boldsymbol{B}$ 的列向量组的极大无关组分别为 $\boldsymbol{\alpha}_1$，$\boldsymbol{\alpha}_2$，…，$\boldsymbol{\alpha}_{r_1}$ 和 $\boldsymbol{\beta}_1$，$\boldsymbol{\beta}_2$，…，$\boldsymbol{\beta}_{r_2}$，由极大无关组的定义，$\boldsymbol{A}$ 的列向量组 $\boldsymbol{\alpha}_1$，$\boldsymbol{\alpha}_2$，…，$\boldsymbol{\alpha}_n$ 可由 $\boldsymbol{\alpha}_1$，$\boldsymbol{\alpha}_2$，…，$\boldsymbol{\alpha}_{r_1}$ 线性表示，$\boldsymbol{B}$ 的列向量组 $\boldsymbol{\beta}_1$，$\boldsymbol{\beta}_2$，…，$\boldsymbol{\beta}_n$ 可由 $\boldsymbol{\beta}_1$，$\boldsymbol{\beta}_2$，…，$\boldsymbol{\beta}_{r_2}$ 线性表示，从而矩阵 $\boldsymbol{A}+\boldsymbol{B}$ 的列向量组 $\boldsymbol{\alpha}_1+\boldsymbol{\beta}_1$，$\boldsymbol{\alpha}_2+\boldsymbol{\beta}_2$，…，$\boldsymbol{\alpha}_n+\boldsymbol{\beta}_n$ 可由向量组 $\boldsymbol{\alpha}_1$，$\boldsymbol{\alpha}_2$，…，$\boldsymbol{\alpha}_{r_1}$，$\boldsymbol{\beta}_1$，$\boldsymbol{\beta}_2$，…，$\boldsymbol{\beta}_{r_2}$ 线性表示，所以

$$r(\boldsymbol{A}+\boldsymbol{B})\leqslant r(\boldsymbol{\alpha}_1,\boldsymbol{\alpha}_2,\cdots,\boldsymbol{\alpha}_{r_1},\boldsymbol{\beta}_1,\boldsymbol{\beta}_2,\cdots,\boldsymbol{\beta}_{r_2})\leqslant r_1+r_2.$$

## 习题 3.3

1. 若 $\boldsymbol{\alpha}_1$，$\boldsymbol{\alpha}_2$，…，$\boldsymbol{\alpha}_r$ 是向量组 $\boldsymbol{\alpha}_1$，$\boldsymbol{\alpha}_2$，…，$\boldsymbol{\alpha}_r$，…，$\boldsymbol{\alpha}_n$ 的极大无关组，则不正确的是(　　).

A. $\boldsymbol{\alpha}_n$ 可由 $\boldsymbol{\alpha}_1$，$\boldsymbol{\alpha}_2$，…，$\boldsymbol{\alpha}_r$ 线性表示　　B. $\boldsymbol{\alpha}_1$ 可由 $\boldsymbol{\alpha}_{r+1}$，$\boldsymbol{\alpha}_{r+2}$，…，$\boldsymbol{\alpha}_n$ 线性表示

C. $\boldsymbol{\alpha}_1$ 可由 $\boldsymbol{\alpha}_1$，$\boldsymbol{\alpha}_2$，…，$\boldsymbol{\alpha}_r$ 线性表示　　D. $\boldsymbol{\alpha}_n$ 可由 $\boldsymbol{\alpha}_{r+1}$，$\boldsymbol{\alpha}_{r+2}$，…，$\boldsymbol{\alpha}_n$ 线性表示

2. 求下列向量组的秩与一个极大线性无关组，并将其余向量用该极大线性无关组线性表示：

(1) $\boldsymbol{\alpha}_1=(1,1,3,1)^{\mathrm{T}}$，$\boldsymbol{\alpha}_2=(-1,1,-1,3)^{\mathrm{T}}$，$\boldsymbol{\alpha}_3=(5,-2,8,9)^{\mathrm{T}}$，$\boldsymbol{\alpha}_4=(-1,3,1,7)^{\mathrm{T}}$.

(2) $\boldsymbol{\alpha}_1=(2,1,4,3)^{\mathrm{T}}$，$\boldsymbol{\alpha}_2=(-1,1,-6,6)^{\mathrm{T}}$，$\boldsymbol{\alpha}_3=(-1,-2,2,-9)^{\mathrm{T}}$，$\boldsymbol{\alpha}_4=(1,1,-2,7)^{\mathrm{T}}$，$\boldsymbol{\alpha}_5=(2,4,4,9)^{\mathrm{T}}$.

3. 求向量组 $\boldsymbol{\alpha}_1=(1,-1,2,4)^{\mathrm{T}}$，$\boldsymbol{\alpha}_2=(0,3,1,2)^{\mathrm{T}}$，$\boldsymbol{\alpha}_3=(3,0,7,14)^{\mathrm{T}}$，$\boldsymbol{\alpha}_4=(2,1,5,6)^{\mathrm{T}}$，$\boldsymbol{\alpha}_5=(1,-1,2,0)^{\mathrm{T}}$ 的秩及一个包含 $\boldsymbol{\alpha}_1$，$\boldsymbol{\alpha}_5$ 的极大无关组，并将其余向量用此极大无关组线性表示.

4. 设矩阵 $\boldsymbol{A}=\begin{pmatrix}1&-1&2&1&0\\2&-2&4&-2&0\\3&0&6&-1&1\\0&3&0&0&1\end{pmatrix}$，求 $\boldsymbol{A}$ 的行向量组的秩和一个极大无关组，并用此极大无关组线性表示其余行向量.

5. 设向量组 $\boldsymbol{\alpha}_1=(1+a,1,1,1)^{\mathrm{T}}$，$\boldsymbol{\alpha}_2=(2,2+a,2,2)^{\mathrm{T}}$，$\boldsymbol{\alpha}_3=(3,3,3+a,3)^{\mathrm{T}}$，$\boldsymbol{\alpha}_4=(4,4,4,4+a)^{\mathrm{T}}$，问：何时它们线性相关？当线性相关时，求一个极大无关组，并把其余向量用该极大无关组线性表示.

6. 设 $\boldsymbol{A}$ 为 $m\times s$ 矩阵，$\boldsymbol{B}$ 为 $s\times n$ 矩阵，证明：$r(\boldsymbol{AB})\leqslant\min\{r(\boldsymbol{A}),r(\boldsymbol{B})\}$.

7. 已知向量组(Ⅰ)$\boldsymbol{\alpha}_1$，$\boldsymbol{\alpha}_2$，$\boldsymbol{\alpha}_3$；(Ⅱ)$\boldsymbol{\alpha}_1$，$\boldsymbol{\alpha}_2$，$\boldsymbol{\alpha}_3$，$\boldsymbol{\alpha}_4$；(Ⅲ)$\boldsymbol{\alpha}_1$，$\boldsymbol{\alpha}_2$，$\boldsymbol{\alpha}_3$，$\boldsymbol{\alpha}_5$，证明：若向量组(Ⅰ)和(Ⅱ)的秩为 3，向量组(Ⅲ)的秩为 4，则向量组 $\boldsymbol{\alpha}_1$，$\boldsymbol{\alpha}_2$，$\boldsymbol{\alpha}_3$，$\boldsymbol{\alpha}_5-\boldsymbol{\alpha}_4$ 的秩为 4.

# 3.4 向量空间

## 3.4.1 向量空间的定义

**定义 3.9** 设 $V$ 是 $n$ 维向量的非空集合，如果 $V$ 对加法和数乘两种运算都封闭，即

(1)若 $\boldsymbol{\alpha}\in V$，$\boldsymbol{\beta}\in V$，则 $\boldsymbol{\alpha}+\boldsymbol{\beta}\in V$；

(2)若 $\boldsymbol{\alpha}\in V$，$k\in\mathbf{R}$，则 $k\boldsymbol{\alpha}\in V$，

则称 $V$ 是 $\mathbf{R}$ 上的向量空间.

**例 3.17** 全体 $n$ 维向量的集合 $\mathbf{R}^n$ 构成一向量空间，称为 $n$ 维向量空间. 特别地，$n=1$ 时，$\mathbf{R}^1$ 表示一维向量空间，即数轴；$n=2$ 时，$\mathbf{R}^2$ 表示二维向量空间，即平面；$n=3$ 时，$\mathbf{R}^3$ 表示三维向量空间，即立体空间.

**例 3.18** 判断下列集合是否构成向量空间.

(1)$V_1=\{(0,x_2,\cdots,x_n)^{\mathrm{T}}\mid x_2,\cdots,x_n\in\mathbf{R}\}$.

(2)$V_2=\{(1,x_2,\cdots,x_n)^{\mathrm{T}}\mid x_2,\cdots,x_n\in\mathbf{R}\}$.

**解** (1)$V_1$ 构成向量空间.

事实上，任取 $V_1$ 中的两个向量 $\boldsymbol{\alpha}=(0,a_2,\cdots,a_n)^{\mathrm{T}}$，$\boldsymbol{\beta}=(0,b_2,\cdots,b_n)^{\mathrm{T}}$ 及 $k\in\mathbf{R}$，有

$$\boldsymbol{\alpha}+\boldsymbol{\beta}=(0,a_2+b_2,\cdots,a_n+b_n)^{\mathrm{T}}\in V_1,\ k\boldsymbol{\alpha}=(0,ka_2,\cdots,ka_n)\in V_1.$$

(2)$V_2$ 不构成向量空间.

事实上，任取 $V_2$ 中的一个向量 $\boldsymbol{\alpha}=(1,a_1,\cdots,a_n)^{\mathrm{T}}$，有 $2\boldsymbol{\alpha}=(2,2a_2,\cdots,2a_n)^{\mathrm{T}}\notin V_2$.

**例 3.19** 设 $\boldsymbol{\alpha}_1,\boldsymbol{\alpha}_2,\cdots,\boldsymbol{\alpha}_m$ 为 $m$ 个 $n$ 维向量，证明集合

$$V=\{\boldsymbol{\xi}\mid\boldsymbol{\xi}=k_1\boldsymbol{\alpha}_1+k_2\boldsymbol{\alpha}_2+\cdots+k_m\boldsymbol{\alpha}_m,\ k_1,k_2,\cdots,k_m\in\mathbf{R}\}$$

是一个向量空间.

**证明** 任取 $V$ 中的两个向量

$$\boldsymbol{\xi}_1=k_1\boldsymbol{\alpha}_1+k_2\boldsymbol{\alpha}_2+\cdots+k_m\boldsymbol{\alpha}_m,\ \boldsymbol{\xi}_2=l_1\boldsymbol{\alpha}_1+l_2\boldsymbol{\alpha}_2+\cdots+l_m\boldsymbol{\alpha}_m,$$

以及 $s\in\mathbf{R}$，有

$$\boldsymbol{\xi}_1+\boldsymbol{\xi}_2=(k_1+l_1)\boldsymbol{\alpha}_1+(k_2+l_2)\boldsymbol{\alpha}_2+\cdots+(k_m+l_m)\boldsymbol{\alpha}_m\in V,$$

$$s\boldsymbol{\xi}=sk_1\boldsymbol{\alpha}_1+sk_2\boldsymbol{\alpha}_2+\cdots+sk_m\boldsymbol{\alpha}_m\in V.$$

这说明 $V$ 中的向量对向量的加法和数乘运算具有封闭性，从而构成向量空间. 称这个向量空间 $V$ 是由向量组 $\boldsymbol{\alpha}_1,\boldsymbol{\alpha}_2,\cdots,\boldsymbol{\alpha}_m$ 生成的向量空间.

**定义 3.10** 设 $V_1$，$V_2$ 为向量空间，若 $V_1\subseteq V_2$，称 $V_1$ 是 $V_2$ 的子空间.

例如，任意向量空间 $V$ 都有两个子空间，即由零向量构成的零子空间 $\{\mathbf{0}\}$ 和 $V$ 本身，

称为平凡子空间；任意向量空间 $V$ 都是 $\mathbf{R}^n$ 的子空间，特别地，由 $n$ 维向量 $\boldsymbol{\alpha}_1$，$\boldsymbol{\alpha}_2$，…，$\boldsymbol{\alpha}_m$ 生成的向量空间是 $\mathbf{R}^n$ 的子空间.

**定义 3.11** 设 $V$ 是向量空间，若 $V$ 中有 $m$ 个向量 $\boldsymbol{\alpha}_1$，$\boldsymbol{\alpha}_2$，…，$\boldsymbol{\alpha}_m$ 满足

(1) $\boldsymbol{\alpha}_1$，$\boldsymbol{\alpha}_2$，…，$\boldsymbol{\alpha}_m$ 线性无关；

(2) $V$ 中任意一个向量都能由 $\boldsymbol{\alpha}_1$，$\boldsymbol{\alpha}_2$，…，$\boldsymbol{\alpha}_m$ 线性表示，

则称 $\boldsymbol{\alpha}_1$，$\boldsymbol{\alpha}_2$，…，$\boldsymbol{\alpha}_m$ 为向量空间 $V$ 的一组基，向量空间 $V$ 的基中所含的向量个数称为向量空间 $V$ 的维数，并称 $V$ 为 $m$ 维向量空间.

规定零向量空间 $\{\mathbf{0}\}$ 的维数为 0，称为 0 维向量空向，它没有基.

由定义可知，若把向量空间 $V$ 看作向量组，$V$ 的一组基就是一个极大无关组，而维数就是向量组的秩. 而且，若 $\boldsymbol{\alpha}_1$，$\boldsymbol{\alpha}_2$，…，$\boldsymbol{\alpha}_m$ 为向量空间 $V$ 的一组基，则 $V$ 可看作由 $\boldsymbol{\alpha}_1$，$\boldsymbol{\alpha}_2$，…，$\boldsymbol{\alpha}_m$ 生成的向量空间.

**【问题 3.4】** 向量空间的基是唯一的吗?

**例 3.20** 对于向量空间 $\mathbf{R}^n$，$n$ 维基本单位向量组 $\boldsymbol{e}_1=(1,0,\cdots,0)^{\mathrm{T}}$，$\boldsymbol{e}_2=(0,1,\cdots,0)^{\mathrm{T}}$，…，$\boldsymbol{e}_n=(0,0,\cdots,1)^{\mathrm{T}}$ 是一组基，维数为 $n$，称为 $n$ 维向量空间.

**例 3.21** 对于由向量组 $\boldsymbol{\alpha}_1$，$\boldsymbol{\alpha}_2$，…，$\boldsymbol{\alpha}_m$ 生成的向量空间 $V$，$\boldsymbol{\alpha}_1$，$\boldsymbol{\alpha}_2$，…，$\boldsymbol{\alpha}_m$ 的极大无关组就是 $V$ 的一组基，$\boldsymbol{\alpha}_1$，$\boldsymbol{\alpha}_2$，…，$\boldsymbol{\alpha}_m$ 的秩就是 $V$ 的维数.

### 3.4.2 过渡矩阵与坐标变换

**定义 3.12** 设 $\boldsymbol{\alpha}_1$，$\boldsymbol{\alpha}_2$，…，$\boldsymbol{\alpha}_m$ 是 $m$ 维向量空间 $V$ 的一组基，则对 $V$ 中任意向量 $\boldsymbol{\beta}$，存在唯一的一组实数 $x_1$，$x_2$，…，$x_m$，使 $\boldsymbol{\beta}=x_1\boldsymbol{\alpha}_1+x_2\boldsymbol{\alpha}_2+\cdots+x_m\boldsymbol{\alpha}_m$，称有序数组 $(x_1,x_2,\cdots,x_m)^{\mathrm{T}}$ 为向量 $\boldsymbol{\beta}$ 在基 $\boldsymbol{\alpha}_1$，$\boldsymbol{\alpha}_2$，…，$\boldsymbol{\alpha}_m$ 下的坐标.

由定义可知，向量空间 $\mathbf{R}^n$ 中任意向量 $\boldsymbol{\alpha}=(a_1,a_2,\cdots,a_n)$ 在基 $\boldsymbol{e}_1=(1,0,\cdots,0)^{\mathrm{T}}$，$\boldsymbol{e}_2=(0,1,\cdots,0)^{\mathrm{T}}$，…，$\boldsymbol{e}_n=(0,0,\cdots,1)^{\mathrm{T}}$ 下的坐标就是它的分量.

**例 3.22** 设向量组 $\boldsymbol{\alpha}_1=(1,2,1)^{\mathrm{T}}$，$\boldsymbol{\alpha}_2=(1,3,2)^{\mathrm{T}}$，$\boldsymbol{\alpha}_3=(1,a,3)^{\mathrm{T}}$ 为 $\mathbf{R}^3$ 的一组基，$\boldsymbol{\beta}=(1,1,1)^{\mathrm{T}}$ 在这组基下的坐标为 $(b,c,1)^{\mathrm{T}}$，求 $a$，$b$，$c$.

**解** 由题意可知 $\boldsymbol{\beta}=b\boldsymbol{\alpha}_1+c\boldsymbol{\alpha}_2+\boldsymbol{\alpha}_3$，代入可得

$$\begin{cases} b+c+1=1, \\ 2b+3c+a=1, \\ b+2c+3=1, \end{cases}$$

解得

$$\begin{cases} a=3, \\ b=2, \\ c=-2. \end{cases}$$

例 3.22

由向量空间的基的定义，任意两组基是等价的. 若 $\boldsymbol{\alpha}_1$，$\boldsymbol{\alpha}_2$，…，$\boldsymbol{\alpha}_m$ 和 $\boldsymbol{\beta}_1$，$\boldsymbol{\beta}_2$，…，$\boldsymbol{\beta}_m$

是 $m$ 维向量空间 $V$ 的两组基，则它们可以相互线性表示，从而存在矩阵 $\boldsymbol{C}$，使

$$(\boldsymbol{\beta}_1, \boldsymbol{\beta}_2, \cdots, \boldsymbol{\beta}_m)=(\boldsymbol{\alpha}_1, \boldsymbol{\alpha}_2, \cdots, \boldsymbol{\alpha}_m)\boldsymbol{C}.$$

称这个表达式为基变换公式，称矩阵 $\boldsymbol{C}$ 为从基 $\boldsymbol{\alpha}_1, \boldsymbol{\alpha}_2, \cdots, \boldsymbol{\alpha}_m$ 到基 $\boldsymbol{\beta}_1, \boldsymbol{\beta}_2, \cdots, \boldsymbol{\beta}_m$ 的过渡矩阵.

从基 $\boldsymbol{\alpha}_1, \boldsymbol{\alpha}_2, \cdots, \boldsymbol{\alpha}_m$ 到基 $\boldsymbol{\beta}_1, \boldsymbol{\beta}_2, \cdots, \boldsymbol{\beta}_m$ 的过渡矩阵实际上就是向量 $\boldsymbol{\beta}_1, \boldsymbol{\beta}_2, \cdots, \boldsymbol{\beta}_m$ 分别在基 $\boldsymbol{\alpha}_1, \boldsymbol{\alpha}_2, \cdots, \boldsymbol{\alpha}_m$ 下的坐标组成的矩阵，也就是表示矩阵.

**例 3.23**　设 $\boldsymbol{\alpha}_1=(1, 1, 0)^{\mathrm{T}}$，$\boldsymbol{\alpha}_2=(0, 1, 1)^{\mathrm{T}}$，$\boldsymbol{\alpha}_3=(0, 0, 1)^{\mathrm{T}}$ 和 $\boldsymbol{\beta}_1=(1, -1, -1)^{\mathrm{T}}$，$\boldsymbol{\beta}_2=(1, 1, -1)^{\mathrm{T}}$，$\boldsymbol{\beta}_3=(-1, 1, 0)^{\mathrm{T}}$ 是向量空间 $\mathbf{R}^3$ 的两组基. 求由基 $\boldsymbol{\alpha}_1, \boldsymbol{\alpha}_2, \boldsymbol{\alpha}_3$ 到基 $\boldsymbol{\beta}_1, \boldsymbol{\beta}_2, \boldsymbol{\beta}_3$ 的过渡矩阵.

**解**　设矩阵 $\boldsymbol{C}$ 是由基 $\boldsymbol{\alpha}_1, \boldsymbol{\alpha}_2, \boldsymbol{\alpha}_3$ 到基 $\boldsymbol{\beta}_1, \boldsymbol{\beta}_2, \boldsymbol{\beta}_3$ 的过渡矩阵，则

$$(\boldsymbol{\beta}_1, \boldsymbol{\beta}_2, \boldsymbol{\beta}_3)=(\boldsymbol{\alpha}_1, \boldsymbol{\alpha}_2, \boldsymbol{\alpha}_3)\boldsymbol{C},$$

即

$$\begin{pmatrix}1 & 1 & -1\\ -1 & 1 & 1\\ -1 & -1 & 0\end{pmatrix}=\begin{pmatrix}1 & 0 & 0\\ 1 & 1 & 0\\ 0 & 1 & 1\end{pmatrix}\boldsymbol{C}.$$

由于 $\boldsymbol{\alpha}_1, \boldsymbol{\alpha}_2, \boldsymbol{\alpha}_3$ 线性无关，故矩阵

$$\begin{pmatrix}1 & 0 & 0\\ 1 & 1 & 0\\ 0 & 1 & 1\end{pmatrix}$$

可逆，因此

$$\boldsymbol{C}=\begin{pmatrix}1 & 0 & 0\\ 1 & 1 & 0\\ 0 & 1 & 1\end{pmatrix}^{-1}\begin{pmatrix}1 & 1 & -1\\ -1 & 1 & 1\\ -1 & -1 & 0\end{pmatrix}$$

$$=\begin{pmatrix}1 & 0 & 0\\ -1 & 1 & 0\\ 1 & -1 & 1\end{pmatrix}\begin{pmatrix}1 & 1 & -1\\ -1 & 1 & 1\\ -1 & -1 & 0\end{pmatrix}$$

$$=\begin{pmatrix}1 & 1 & -1\\ -2 & 0 & 2\\ 1 & -1 & -2\end{pmatrix}.$$

## 习题 3.4

1. 设向量组 $\boldsymbol{\alpha}_1=(2, 1, -2)^{\mathrm{T}}$，$\boldsymbol{\alpha}_2=(0, 3, 1)^{\mathrm{T}}$，$\boldsymbol{\alpha}_3=(0, 0, k-2)^{\mathrm{T}}$ 为 $\mathbf{R}^3$ 的一组基，求 $k$.

2. 已知向量空间 $\boldsymbol{\alpha}_1=(1,-1,1)^{\mathrm{T}}$, $\boldsymbol{\alpha}_2=(1,-2,2)^{\mathrm{T}}$, $\boldsymbol{\alpha}_3=(1,a,5)^{\mathrm{T}}$ 是向量空间 $\mathbf{R}^3$ 的一组基, 求 $a$.

3. 已知三维向量空间的一组基为 $\boldsymbol{\alpha}_1=(1,1,0)^{\mathrm{T}}$, $\boldsymbol{\alpha}_2=(1,0,1)^{\mathrm{T}}$, $\boldsymbol{\alpha}_3=(0,1,1)^{\mathrm{T}}$, 求向量 $\boldsymbol{\mu}=(2,0,0)^{\mathrm{T}}$ 在上述基下的坐标.

4. 设向量组 $\boldsymbol{\alpha}_1=(1,2,1)^{\mathrm{T}}$, $\boldsymbol{\alpha}_2=(1,3,2)^{\mathrm{T}}$, $\boldsymbol{\alpha}_3=(1,3,3)^{\mathrm{T}}$ 为 $\mathbf{R}^3$ 的一组基, $\boldsymbol{\beta}=(1,1,1)^{\mathrm{T}}$ 在这组基下的坐标为$(2,-2,1)^{\mathrm{T}}$. 证明: $\boldsymbol{\alpha}_2$, $\boldsymbol{\alpha}_3$, $\boldsymbol{\beta}$ 为 $\mathbf{R}^3$ 的一组基, 并求 $\boldsymbol{\alpha}_2$, $\boldsymbol{\alpha}_3$, $\boldsymbol{\beta}$ 到 $\boldsymbol{\alpha}_1$, $\boldsymbol{\alpha}_2$, $\boldsymbol{\alpha}_3$ 的过渡矩阵.

## 3.5 向量的内积

在二维向量空间 $\mathbf{R}^2$ 和三维向量空间 $\mathbf{R}^3$ 中, 借助向量的数量积, 给出了向量的长度、夹角等度量性质. 那么, 在 $n$ 维向量空间 $\mathbf{R}^n$ 中, 借助什么工具来定义 $n$ 维向量的长度、夹角呢? 本节首先将几何空间的数量积推广到 $n$ 维向量空向 $\mathbf{R}^n$, 并进一步定义 $\mathbf{R}^n$ 中向量的长度、夹角等概念.

### 3.5.1 向量的内积的定义

**定义 3.13** 设 $n$ 维向量空间 $\mathbf{R}^n$ 中的两个向量 $\boldsymbol{\alpha}=(a_1,a_2,\cdots,a_n)^{\mathrm{T}}$, $\boldsymbol{\beta}=(b_1,b_2,\cdots,b_n)^{\mathrm{T}}$, 称$(\boldsymbol{\alpha},\boldsymbol{\beta})=a_1b_1+a_2b_2+\cdots+a_nb_n$ 为向量 $\boldsymbol{\alpha}$ 与 $\boldsymbol{\beta}$ 的内积.

由定义可知, 内积是向量的一种运算, 其结果是一个实数. 特别地, 当 $n=2$, 3 时, 内积即为解析几何中的数量积.

由内积的定义, 容易得到如下的性质.

(1) $(\boldsymbol{\alpha},\boldsymbol{\beta})=(\boldsymbol{\beta},\boldsymbol{\alpha})$.

(2) $(k\boldsymbol{\alpha}+l\boldsymbol{\beta},\boldsymbol{\gamma})=k(\boldsymbol{\alpha},\boldsymbol{\gamma})+l(\boldsymbol{\beta},\boldsymbol{\gamma})$.

(3) $(\boldsymbol{\alpha},\boldsymbol{\alpha})\geqslant 0$, 当且仅当 $\boldsymbol{\alpha}=\mathbf{0}$ 时, 有$(\boldsymbol{\alpha},\boldsymbol{\alpha})=0$.

用上述性质, 可以得到柯西-布涅柯夫斯基不等式

$$(\boldsymbol{\alpha},\boldsymbol{\beta})^2\leqslant(\boldsymbol{\alpha},\boldsymbol{\alpha})(\boldsymbol{\beta},\boldsymbol{\beta}).$$

下面利用内积定义 $n$ 维向量的长度.

**定义 3.14** 设 $n$ 维向量 $\boldsymbol{\alpha}=(a_1,a_2,\cdots,a_n)^{\mathrm{T}}$, 令

$$\|\boldsymbol{\alpha}\|=\sqrt{(\boldsymbol{\alpha},\boldsymbol{\alpha})}=\sqrt{a_1^2+a_2^2+\cdots+a_n^2},$$

称 $\|\boldsymbol{\alpha}\|$ 为向量 $\boldsymbol{\alpha}$ 的长度(或范数).

由定义, 可以得到关于向量长度的下列性质.

(1)非负性: $\|\boldsymbol{\alpha}\|\geqslant 0$, 当且仅当 $\boldsymbol{\alpha}=\mathbf{0}$ 时, 有 $\|\boldsymbol{\alpha}\|=0$;

(2)齐次性: $\|\lambda\boldsymbol{\alpha}\|=|\lambda|\,\|\boldsymbol{\alpha}\|$;

(3) 三角不等式：$\|\boldsymbol{\alpha}+\boldsymbol{\beta}\| \leqslant \|\boldsymbol{\alpha}\|+\|\boldsymbol{\beta}\|$.

根据长度的定义，(1) 和 (2) 是显然成立的. 下面证明 (3).

**证明**　由内积的定义，

$$\|\boldsymbol{\alpha}+\boldsymbol{\beta}\|^2=(\boldsymbol{\alpha}+\boldsymbol{\beta}, \boldsymbol{\alpha}+\boldsymbol{\beta})=(\boldsymbol{\alpha}, \boldsymbol{\alpha})+2(\boldsymbol{\alpha}, \boldsymbol{\beta})+(\boldsymbol{\beta}, \boldsymbol{\beta}),$$

根据柯西–布涅柯夫斯基不等式，可得

$$|(\boldsymbol{\alpha}, \boldsymbol{\beta})| \leqslant \sqrt{(\boldsymbol{\alpha}, \boldsymbol{\alpha})(\boldsymbol{\beta}, \boldsymbol{\beta})}.$$

从而

$$\begin{aligned}\|\boldsymbol{\alpha}+\boldsymbol{\beta}\|^2 &\leqslant (\boldsymbol{\alpha}, \boldsymbol{\alpha})+2\sqrt{(\boldsymbol{\alpha}, \boldsymbol{\alpha})(\boldsymbol{\beta}, \boldsymbol{\beta})}+(\boldsymbol{\beta}, \boldsymbol{\beta}) \\ &=\|\boldsymbol{\alpha}\|^2+2\|\boldsymbol{\alpha}\|\,\|\boldsymbol{\beta}\|+\|\boldsymbol{\beta}\|^2 \\ &=(\|\boldsymbol{\alpha}\|+\|\boldsymbol{\beta}\|)^2,\end{aligned}$$

即

$$\|\boldsymbol{\alpha}+\boldsymbol{\beta}\| \leqslant \|\boldsymbol{\alpha}\|+\|\boldsymbol{\beta}\|.$$

$\|\boldsymbol{\alpha}\|=1$ 时，称 $\boldsymbol{\alpha}$ 为单位向量.

如果 $\boldsymbol{\alpha} \neq \mathbf{0}$，令 $\|\boldsymbol{e}\|=\dfrac{\boldsymbol{\alpha}}{\|\boldsymbol{\alpha}\|}$，则向量 $\boldsymbol{e}$ 的长度

$$\|\boldsymbol{e}\|=\left\|\frac{\boldsymbol{\alpha}}{\|\boldsymbol{\alpha}\|}\right\|=\frac{1}{\|\boldsymbol{\alpha}\|}\|\boldsymbol{\alpha}\|=1,$$

即 $\boldsymbol{e}$ 是一个单位向量，把这一过程称为向量 $\boldsymbol{\alpha}$ 的单位化.

当 $n$ 维向量 $\boldsymbol{\alpha} \neq \mathbf{0}, \boldsymbol{\beta} \neq \mathbf{0}$ 时，由柯西–布涅柯夫斯基不等式可得

$$\left|\frac{(\boldsymbol{\alpha}, \boldsymbol{\beta})}{\sqrt{(\boldsymbol{\alpha}, \boldsymbol{\alpha})(\boldsymbol{\beta}, \boldsymbol{\beta})}}\right| \leqslant 1,$$

由此可定义两个向量的夹角.

**定义 3.15**　设 $n$ 维向量 $\boldsymbol{\alpha} \neq \mathbf{0}, \boldsymbol{\beta} \neq \mathbf{0}$，

$$\theta=\arccos \frac{(\boldsymbol{\alpha}, \boldsymbol{\beta})}{\|\boldsymbol{\alpha}\|\,\|\boldsymbol{\beta}\|}$$

称为向量 $\boldsymbol{\alpha}$ 和 $\boldsymbol{\beta}$ 的夹角.

**例 3.24**　求四维向量 $\boldsymbol{\alpha}=(1, 2, 2, 3)^{\mathrm{T}}$ 和 $\boldsymbol{\beta}=(3, 1, 5, 1)^{\mathrm{T}}$ 的夹角.

**解**

$$\begin{gathered}\|\boldsymbol{\alpha}\|=\sqrt{1^2+2^2+2^2+3^2}=3\sqrt{2}, \\ \|\boldsymbol{\beta}\|=\sqrt{3^2+1^2+5^2+1^2}=6, \\ (\boldsymbol{\alpha}, \boldsymbol{\beta})=1\times3+2\times1+2\times5+3\times1=18,\end{gathered}$$

从而夹角

$$\theta=\arccos \frac{(\boldsymbol{\alpha}, \boldsymbol{\beta})}{\|\boldsymbol{\alpha}\|\,\|\boldsymbol{\beta}\|}=\arccos \frac{\sqrt{2}}{2}=\frac{\pi}{4}.$$

### 3.5.2 向量组的正交规范化

**定义 3.16** 若向量 $\boldsymbol{\alpha}$ 和 $\boldsymbol{\beta}$ 的内积为零，即 $(\boldsymbol{\alpha}, \boldsymbol{\beta})=0$，则称 $\boldsymbol{\alpha}$ 和 $\boldsymbol{\beta}$ 正交.

由定义，零向量和任何向量都正交. 而且，若 $\boldsymbol{\alpha}$ 和 $\boldsymbol{\beta}$ 正交，则夹角为 $\frac{\pi}{2}$，即正交的几何意义为垂直，所以，$\boldsymbol{\alpha}$ 和 $\boldsymbol{\beta}$ 正交，可以记为 $\boldsymbol{\alpha}\perp\boldsymbol{\beta}$.

**【问题 3.5】** 什么向量可以和任何向量都正交?

**定义 3.17** 若一个非零向量组的任意两个向量都是正交的，则称该向量组为**正交向量组**. 若正交向量组的每一个向量都是单位向量，则称为**标准(规范)正交向量组**.

特别地，如果标准正交向量组的秩等于向量空间的维数，则称该标准正交向量组为标准正交基.

**例 3.25** $n$ 维向量组 $\boldsymbol{e}_1=(1, 0, \cdots, 0)^{\mathrm{T}}$，$\boldsymbol{e}_2=(0, 1, \cdots, 0)^{\mathrm{T}}$，$\cdots$，$\boldsymbol{e}_n=(0, 0, \cdots, 1)^{\mathrm{T}}$ 是 $n$ 维向量空间 $\mathbf{R}^n$ 中的一组标准正交基.

又如，四维向量组 $\boldsymbol{\alpha}_1=(1, 0, 0, 0)^{\mathrm{T}}$，$\boldsymbol{\alpha}_2=(0, 1, 0, 0)^{\mathrm{T}}$，$\boldsymbol{\alpha}_3=\left(0, 0, \frac{\sqrt{2}}{2}, \frac{\sqrt{2}}{2}\right)$，$\boldsymbol{\alpha}_4=\left(0, 0, \frac{\sqrt{2}}{2}, -\frac{\sqrt{2}}{2}\right)^{\mathrm{T}}$ 是四维向量空间 $\mathbf{R}^4$ 的一组标准正交基.

关于正交向量组，有如下重要性质.

**定理 3.8** 设 $n$ 维向量组 $\boldsymbol{\alpha}_1, \boldsymbol{\alpha}_2, \cdots, \boldsymbol{\alpha}_m$ 是正交向量组，则 $\boldsymbol{\alpha}_1, \boldsymbol{\alpha}_2, \cdots, \boldsymbol{\alpha}_m$ 是线性无关的.

**证明** 设有一组数 $k_1, k_2, \cdots, k_m$，使

$$k_1\boldsymbol{\alpha}_1+k_2\boldsymbol{\alpha}_2+\cdots+k_m\boldsymbol{\alpha}_m=\mathbf{0},$$

用 $\boldsymbol{\alpha}_i(i=1, 2, \cdots, m)$ 分别和上式两端做内积，当 $i\neq j$ 时，$(\boldsymbol{\alpha}_i, \boldsymbol{\alpha}_j)=0$，所以有

$$k_i(\boldsymbol{\alpha}_i, \boldsymbol{\alpha}_i)=0(i=1, 2, \cdots, m).$$

又因为 $\boldsymbol{\alpha}_i\neq\mathbf{0}(i=1, 2, \cdots, m)$，有 $(\boldsymbol{\alpha}_i, \boldsymbol{\alpha}_i)\neq 0$，所以 $k_i=0(i=1, 2, \cdots, m)$，即 $\boldsymbol{\alpha}_1, \boldsymbol{\alpha}_2, \cdots, \boldsymbol{\alpha}_m$ 线性无关.

现在的问题是，给定线性无关的向量组，如何变成与之等价的标准正交向量组? 或者，给定向量空间的一组基，如何变成与之等价的标准正交基? 这就是下面要介绍的**施密特正交化方法**.

(1) 正交化. 设 $\boldsymbol{\alpha}_1, \boldsymbol{\alpha}_2, \cdots, \boldsymbol{\alpha}_s$ 线性无关，令

$$\boldsymbol{\beta}_1=\boldsymbol{\alpha}_1,\ \boldsymbol{\beta}_2=\boldsymbol{\alpha}_2-\frac{(\boldsymbol{\alpha}_2, \boldsymbol{\beta}_1)}{(\boldsymbol{\beta}_1, \boldsymbol{\beta}_1)}\boldsymbol{\beta}_1,\ \cdots,$$

$$\boldsymbol{\beta}_s=\boldsymbol{\alpha}_s-\frac{(\boldsymbol{\alpha}_s, \boldsymbol{\beta}_1)}{(\boldsymbol{\beta}_1, \boldsymbol{\beta}_1)}\boldsymbol{\beta}_1-\frac{(\boldsymbol{\alpha}_s, \boldsymbol{\beta}_2)}{(\boldsymbol{\beta}_2, \boldsymbol{\beta}_2)}\boldsymbol{\beta}_2-\cdots-\frac{(\boldsymbol{\alpha}_s, \boldsymbol{\beta}_{s-1})}{(\boldsymbol{\beta}_{s-1}, \boldsymbol{\beta}_{s-1})}\boldsymbol{\beta}_{s-1},$$

则 $\boldsymbol{\beta}_1, \boldsymbol{\beta}_2, \cdots, \boldsymbol{\beta}_s$ 和 $\boldsymbol{\alpha}_1, \boldsymbol{\alpha}_2, \cdots, \boldsymbol{\alpha}_s$ 是等价的正交向量组.

(2)单位化. 取

$$\boldsymbol{\gamma}_1=\frac{\boldsymbol{\beta}_1}{\|\boldsymbol{\beta}_1\|},\ \boldsymbol{\gamma}_2=\frac{\boldsymbol{\beta}_2}{\|\boldsymbol{\beta}_2\|},\ \cdots,\ \boldsymbol{\gamma}_s=\frac{\boldsymbol{\beta}_s}{\|\boldsymbol{\beta}_s\|},$$

则 $\boldsymbol{\gamma}_1, \boldsymbol{\gamma}_2, \cdots, \boldsymbol{\gamma}_s$ 是与 $\boldsymbol{\alpha}_1, \boldsymbol{\alpha}_2, \cdots, \boldsymbol{\alpha}_s$ 等价的标准正交向量组.

上述过程称为向量组 $\boldsymbol{\alpha}_1, \boldsymbol{\alpha}_2, \cdots, \boldsymbol{\alpha}_s$ 的正交规范化过程.

施密特正交化方法

**例 3.26**　设向量组 $\boldsymbol{A}$: $\boldsymbol{\alpha}_1=(1, 1, 1, 1)^{\mathrm{T}}$, $\boldsymbol{\alpha}_2=(1, 2, 2, 1)^{\mathrm{T}}$, $\boldsymbol{\alpha}_3=(2, 3, 1, 6)^{\mathrm{T}}$, 用施密特正交化方法将该向量组正交规范化.

**解**　令

$$\boldsymbol{\beta}_1=\boldsymbol{\alpha}_1=(1, 1, 1, 1)^{\mathrm{T}},$$

$$\boldsymbol{\beta}_2=\boldsymbol{\alpha}_2-\frac{(\boldsymbol{\alpha}_2, \boldsymbol{\beta}_1)}{(\boldsymbol{\beta}_1, \boldsymbol{\beta}_1)}\boldsymbol{\beta}_1=\frac{1}{2}(-1, 1, 1, -1)^{\mathrm{T}},$$

$$\boldsymbol{\beta}_3=\boldsymbol{\alpha}_3-\frac{(\boldsymbol{\alpha}_3, \boldsymbol{\beta}_1)}{(\boldsymbol{\beta}_1, \boldsymbol{\beta}_1)}\boldsymbol{\beta}_1-\frac{(\boldsymbol{\alpha}_3, \boldsymbol{\beta}_2)}{(\boldsymbol{\beta}_2, \boldsymbol{\beta}_2)}\boldsymbol{\beta}_2=(-2, 1, -1, 2)^{\mathrm{T}}.$$

再令

$$\boldsymbol{\gamma}_1=\frac{\boldsymbol{\beta}_1}{\|\boldsymbol{\beta}_1\|}=\frac{1}{2}(1, 1, 1, 1)^{\mathrm{T}},\ \boldsymbol{\gamma}_2=\frac{\boldsymbol{\beta}_2}{\|\boldsymbol{\beta}_2\|}=\frac{1}{2}(-1, 1, 1, -1)^{\mathrm{T}},\ \boldsymbol{\gamma}_3=\frac{\boldsymbol{\beta}_3}{\|\boldsymbol{\beta}_3\|}=$$

$\frac{1}{\sqrt{10}}(-2, 1, -1, 2)^{\mathrm{T}}$, 则 $\boldsymbol{\gamma}_1, \boldsymbol{\gamma}_2, \boldsymbol{\gamma}_3$ 即为所求.

### 3.5.3　正交矩阵

向量空间 $V$ 的一组基 $\boldsymbol{\alpha}_1, \boldsymbol{\alpha}_2, \cdots, \boldsymbol{\alpha}_m$ 是标准正交基的充分必要条件是

$$(\boldsymbol{\alpha}_i, \boldsymbol{\alpha}_j)=\begin{cases}1, & i=j,\\ 0, & i\neq j,\end{cases}\quad i, j=1, 2, \cdots, m.$$

故 $\boldsymbol{e}_1, \boldsymbol{e}_2, \cdots, \boldsymbol{e}_n$ 是 $n$ 维向量空间 $\mathbf{R}^n$ 的标准正交基, 记 $\boldsymbol{A}=(\boldsymbol{e}_1, \boldsymbol{e}_2, \cdots, \boldsymbol{e}_n)$, 则有

$$\boldsymbol{A}^{\mathrm{T}}\boldsymbol{A}=\begin{pmatrix}\boldsymbol{e}_1^{\mathrm{T}}\\ \boldsymbol{e}_2^{\mathrm{T}}\\ \vdots\\ \boldsymbol{e}_n^{\mathrm{T}}\end{pmatrix}(\boldsymbol{e}_1, \boldsymbol{e}_2, \cdots, \boldsymbol{e}_n)=\boldsymbol{E}.$$

**定义 3.18**　如果 $n$ 阶实方阵 $\boldsymbol{A}$ 满足 $\boldsymbol{A}^{\mathrm{T}}\boldsymbol{A}=\boldsymbol{E}$, 则称 $\boldsymbol{A}$ 为正交矩阵.

由定义容易证明 $n$ 阶正交矩阵 $\boldsymbol{A}$ 具有以下性质.

**性质 3.7**　设 $\boldsymbol{A}$ 为 $n$ 阶正交矩阵, 则

(1) $\boldsymbol{A}$ 的行列式为 1 或 $-1$;

(2) $\boldsymbol{A}$ 为可逆矩阵, 且 $\boldsymbol{A}^{-1}=\boldsymbol{A}^{\mathrm{T}}$;

(3)$\boldsymbol{A}$ 的列向量组是 $\mathbf{R}^n$ 的一个标准正交基.

## 习题 3.5

1. 求下列向量的夹角.

(1)$\boldsymbol{\alpha}=(2,1,3,2)^{\mathrm{T}}$, $\boldsymbol{\beta}=(1,2,-2,1)^{\mathrm{T}}$.

(2)$\boldsymbol{\alpha}=(1,2,2,3)^{\mathrm{T}}$, $\boldsymbol{\beta}=(3,1,5,1)^{\mathrm{T}}$.

2. 试用施密特正交化方法把下列向量组标准正交化.

(1)$\boldsymbol{\alpha}_1=(1,1,1)^{\mathrm{T}}$, $\boldsymbol{\alpha}_2=(1,2,3)^{\mathrm{T}}$, $\boldsymbol{\alpha}_3=(1,4,9)^{\mathrm{T}}$.

(2)$\boldsymbol{\alpha}_1=(1,0,-1,1)^{\mathrm{T}}$, $\boldsymbol{\alpha}_2=(1,-1,0,1)^{\mathrm{T}}$, $\boldsymbol{\alpha}_3=(-1,1,1,0)^{\mathrm{T}}$.

3. 判断下列矩阵是不是正交矩阵, 并说明理由.

$$(1)\boldsymbol{A}=\begin{pmatrix} 1 & -\frac{1}{2} & \frac{1}{3} \\ -\frac{1}{2} & 1 & \frac{1}{2} \\ \frac{1}{3} & \frac{1}{2} & -1 \end{pmatrix}. \qquad (2)\boldsymbol{B}=\begin{pmatrix} \frac{1}{9} & -\frac{8}{9} & -\frac{4}{9} \\ -\frac{8}{9} & \frac{1}{9} & -\frac{4}{9} \\ -\frac{4}{9} & -\frac{4}{9} & \frac{7}{9} \end{pmatrix}.$$

4. 设 $\boldsymbol{\alpha}_1=(1,1,1)^{\mathrm{T}}$, $\boldsymbol{\alpha}_2=(1,-1,-1)^{\mathrm{T}}$, 求与 $\boldsymbol{\alpha}_1$, $\boldsymbol{\alpha}_2$ 均正交的单位向量 $\boldsymbol{\beta}$, 并求与向量组 $\boldsymbol{\alpha}_1$, $\boldsymbol{\alpha}_2$, $\boldsymbol{\beta}$ 等价的标准正交向量组.

5. 已知向量组 $\boldsymbol{\alpha}_1$, $\boldsymbol{\alpha}_2$, …, $\boldsymbol{\alpha}_m$ 线性无关, 若非零向量 $\boldsymbol{\beta}$ 与 $\boldsymbol{\alpha}_1$, $\boldsymbol{\alpha}_2$, …, $\boldsymbol{\alpha}_m$ 都正交, 证明: $\boldsymbol{\alpha}_1$, $\boldsymbol{\alpha}_2$, …, $\boldsymbol{\alpha}_m$, $\boldsymbol{\beta}$ 线性无关.

6. 已知 $n$ 维向量组 $\boldsymbol{\alpha}_1$, $\boldsymbol{\alpha}_2$, …, $\boldsymbol{\alpha}_n$ 线性无关, 若向量 $\boldsymbol{\beta}$ 与 $\boldsymbol{\alpha}_1$, $\boldsymbol{\alpha}_2$, …, $\boldsymbol{\alpha}_n$ 都正交, 证明: $\boldsymbol{\beta}$ 为零向量.

## 3.6 运用 MATLAB 解决向量问题

MATLAB 可以识别数字及一些特殊常量, 包括本章讲解的向量. 本节内容主要是学习运用 MATLAB 解决向量问题.

由向量的定义可以看出, 向量是一种特殊形式的矩阵, 因此, 向量的生成方法仍然可以采用直接输入法. 而且, 矩阵运算对向量同样适用.

### 3.6.1 判断向量组的线性相关性

在 MATLAB 中, 利用向量组构成矩阵的秩可以判定该向量组是否线性相关, 一般步骤如下.

(1)将向量组按列排成矩阵 $\boldsymbol{A}$.

(2)利用命令"rank(A)"求出向量组的秩.

**例 3.27** 判断向量组 $\boldsymbol{A}$: $\boldsymbol{\alpha}_1=(1, 0, -1)^{\mathrm{T}}$, $\boldsymbol{\alpha}_2=(-2, 2, 0)^{\mathrm{T}}$, $\boldsymbol{\alpha}_3=(3, -5, 2)^{\mathrm{T}}$ 的线性相关性.

**解**

```
>>A=[1, 0, -1; -2, 2, 0; 3, -5, 2];
>>R=rank(A)
R=
  2
```

于是 $r=(\boldsymbol{A})=2<3$, 从而该向量组线性相关.

### 3.6.2 求极大无关组

在 MATLAB 中, 要求一向量组的极大无关组, 一般步骤如下.

(1)将向量组按列排成矩阵 $\boldsymbol{A}$.

(2)利用命令"rref(A)"将矩阵 $\boldsymbol{A}$ 化成行最简形.

**例 3.28** 求向量组 $\boldsymbol{\alpha}_1=(1, 2, 3, 0)^{\mathrm{T}}$, $\boldsymbol{\alpha}_2=(-1, -1, -3, 1)^{\mathrm{T}}$, $\boldsymbol{\alpha}_3=(5, 0, 15, -10)^{\mathrm{T}}$, $\boldsymbol{\alpha}_4=(2, 0, 5, -4)^{\mathrm{T}}$ 的一个极大无关组, 并将不属于极大无关组的向量用极大无关组线性表示.

**解**

```
>>A=[1, 2, 3, 0; -1, -1, -3, 1; 5, 0, 15, -10;2, 0, 5, -4];
>>B=rref(A)
B=
    1  0   -5   3  0
    0  1  -10   5  0
    0  0    0   0  1
    0  0    0   0  0
```

由行最简形矩阵 $\boldsymbol{B}$ 可以看出, $\boldsymbol{\alpha}_1$, $\boldsymbol{\alpha}_2$, $\boldsymbol{\alpha}_5$ 是向量组 $\boldsymbol{\alpha}_1$, $\boldsymbol{\alpha}_2$, $\boldsymbol{\alpha}_3$, $\boldsymbol{\alpha}_4$, $\boldsymbol{\alpha}_5$ 的极大无关组, 且有 $\boldsymbol{\alpha}_3=-5\boldsymbol{\alpha}_1-10\boldsymbol{\alpha}_2+0\cdot\boldsymbol{\alpha}_5$, $\boldsymbol{\alpha}_4=3\boldsymbol{\alpha}_1+5\boldsymbol{\alpha}_2+0\cdot\boldsymbol{\alpha}_5$.

### 3.6.3 施密特正交化方法

根据施密特正交化方法, 编写自定义函数"schmidt()", 用法如下:

B=schmidt()

其中矩阵 $\boldsymbol{B}$ 的列向量组是与矩阵 $\boldsymbol{A}$ 的列向量组等价的规范正交向量组.

**例 3.29** 利用施密特正交化方法将向量组 $\boldsymbol{\alpha}_1=(1, 0, 1, 1)^{\mathrm{T}}$, $\boldsymbol{\alpha}_2=(1, -1, 0, 1)^{\mathrm{T}}$,

$\boldsymbol{\alpha}_3=(-1, 1, 1, 0)^{\mathrm{T}}$ 化为规范正交化向量组.

**解**

```
>>A=[1, 0, 1, 1; 1, -1, 0, 1; -1, 1, 1, 0];
>>B=schmidt(A)
```

由运行结果可知，所求规范正交向量组为 $\boldsymbol{e}_1=\frac{1}{\sqrt{3}}(1, 0, 1, 1)^{\mathrm{T}}$，$\boldsymbol{e}_2=\frac{1}{\sqrt{15}}(1, -3, 2, 1)^{\mathrm{T}}$，$\boldsymbol{e}_3=\frac{1}{\sqrt{15}}(-3, -1, 1, 2)^{\mathrm{T}}$.

## 第 3 章总复习题

1. (2023)已知向量 $\boldsymbol{\alpha}_1=\begin{pmatrix}1\\2\\3\end{pmatrix}$，$\boldsymbol{\alpha}_2=\begin{pmatrix}2\\1\\1\end{pmatrix}$，$\boldsymbol{\beta}_1=\begin{pmatrix}2\\5\\9\end{pmatrix}$，$\boldsymbol{\beta}_2=\begin{pmatrix}1\\0\\1\end{pmatrix}$，若 $\boldsymbol{\gamma}$ 既可由 $\boldsymbol{\alpha}_1$，$\boldsymbol{\alpha}_2$ 线性表示，也可由 $\boldsymbol{\beta}_1$，$\boldsymbol{\beta}_2$ 线性表示，则 $\boldsymbol{\gamma}=$(　　).

A. $k\begin{pmatrix}3\\3\\4\end{pmatrix}, k\in\mathbf{R}$　　B. $k\begin{pmatrix}3\\5\\10\end{pmatrix}, k\in\mathbf{R}$

C. $k\begin{pmatrix}-1\\1\\3\end{pmatrix}, k\in\mathbf{R}$　　D. $k\begin{pmatrix}1\\5\\8\end{pmatrix}, k\in\mathbf{R}$

第 3 章总复习题：2

2. (2012)设 $\boldsymbol{\alpha}_1=\begin{pmatrix}0\\0\\c_1\end{pmatrix}$，$\boldsymbol{\alpha}_2=\begin{pmatrix}0\\1\\c_2\end{pmatrix}$，$\boldsymbol{\alpha}_3=\begin{pmatrix}1\\-1\\c_3\end{pmatrix}$，$\boldsymbol{\alpha}_4=\begin{pmatrix}-1\\1\\c_4\end{pmatrix}$，其中 $c_1$，$c_2$，$c_3$，$c_4$ 为任意常数，则下列向量组一定线性相关的是(　　).

A. $\boldsymbol{\alpha}_1, \boldsymbol{\alpha}_2, \boldsymbol{\alpha}_3$　　B. $\boldsymbol{\alpha}_1, \boldsymbol{\alpha}_2, \boldsymbol{\alpha}_4$　　C. $\boldsymbol{\alpha}_2, \boldsymbol{\alpha}_3, \boldsymbol{\alpha}_4$　　D. $\boldsymbol{\alpha}_1, \boldsymbol{\alpha}_3, \boldsymbol{\alpha}_4$

3. (2022)设 $\boldsymbol{\alpha}_1=\begin{pmatrix}\lambda\\1\\1\end{pmatrix}$，$\boldsymbol{\alpha}_2=\begin{pmatrix}1\\\lambda\\1\end{pmatrix}$，$\boldsymbol{\alpha}_3=\begin{pmatrix}1\\1\\\lambda\end{pmatrix}$，$\boldsymbol{\alpha}_4=\begin{pmatrix}1\\\lambda\\\lambda^2\end{pmatrix}$，若向量组 $\boldsymbol{\alpha}_1$，$\boldsymbol{\alpha}_2$，$\boldsymbol{\alpha}_3$ 与 $\boldsymbol{\alpha}_1$，$\boldsymbol{\alpha}_2$，$\boldsymbol{\alpha}_4$ 等价，则 $\lambda$ 的取值范围是(　　).

A. $\{0, 1\}$　　B. $\{\lambda \mid \lambda\in\mathbf{R}, \lambda\neq-2\}$

C. $\{\lambda \mid \lambda\in\mathbf{R}$ 且 $\lambda\neq-1, \lambda\neq-2\}$　　D. $\{\lambda \mid \lambda\in\mathbf{R}$ 且 $\lambda\neq-1\}$

4. (2014)设 $\boldsymbol{\alpha}_1$，$\boldsymbol{\alpha}_2$，$\boldsymbol{\alpha}_3$ 均为三维向量，则对任意常数 $k$，$l$，向量组 $\boldsymbol{\alpha}_1+k\boldsymbol{\alpha}_3$，$\boldsymbol{\alpha}_2+l\boldsymbol{\alpha}_3$ 线性无关是向量组 $\boldsymbol{\alpha}_1$，$\boldsymbol{\alpha}_2$，$\boldsymbol{\alpha}_3$ 线性无关的(　　).

A. 充分非必要条件　　B. 充分必要条件

C. 必要非充分条件　　　　　　D. 既非充分也非必要条件

5. (2021) 已知 $\boldsymbol{\alpha}_1=\begin{pmatrix}1\\0\\1\end{pmatrix}$, $\boldsymbol{\alpha}_2=\begin{pmatrix}1\\2\\1\end{pmatrix}$, $\boldsymbol{\alpha}_3=\begin{pmatrix}3\\1\\2\end{pmatrix}$, 记 $\boldsymbol{\beta}_1=\boldsymbol{\alpha}_1$, $\boldsymbol{\beta}_2=\boldsymbol{\alpha}_2-k\boldsymbol{\beta}_1$, $\boldsymbol{\beta}_3=\boldsymbol{\alpha}_3-l_1\boldsymbol{\beta}_1-l_2\boldsymbol{\beta}_2$, 若 $\boldsymbol{\beta}_1$, $\boldsymbol{\beta}_2$, $\boldsymbol{\beta}_3$ 两两正交, 则 $l_1$, $l_2$ 依次为(　　).

A. $\frac{5}{2}, \frac{1}{2}$　　B. $-\frac{5}{2}, \frac{1}{2}$　　C. $\frac{5}{2}, -\frac{1}{2}$　　D. $-\frac{5}{2}, -\frac{1}{2}$

6. (2020) 已知直线 $l_1$: $\frac{x-a_2}{a_1}=\frac{y-b_2}{b_1}=\frac{z-c_2}{c_1}$ 与直线 $l_2$: $\frac{x-a_3}{a_2}=\frac{y-b_3}{b_2}=\frac{z-c_3}{c_2}$ 相交于一点, 记向量 $\boldsymbol{\alpha}_i=\begin{pmatrix}a_i\\b_i\\c_i\end{pmatrix}$ $(i=1, 2, 3)$, 则(　　).

A. $\boldsymbol{\alpha}_1$ 可由 $\boldsymbol{\alpha}_2$, $\boldsymbol{\alpha}_3$ 线性表示　　B. $\boldsymbol{\alpha}_2$ 可由 $\boldsymbol{\alpha}_1$, $\boldsymbol{\alpha}_3$ 线性表示

C. $\boldsymbol{\alpha}_3$ 可由 $\boldsymbol{\alpha}_1$, $\boldsymbol{\alpha}_2$ 线性表示　　D. $\boldsymbol{\alpha}_1$, $\boldsymbol{\alpha}_2$, $\boldsymbol{\alpha}_3$ 线性无关

7. (2024) 设向量 $\boldsymbol{\alpha}_1=(a, 1, -1, 1)^{\mathrm{T}}$, $\boldsymbol{\alpha}_2=(1, 1, b, a)^{\mathrm{T}}$, $\boldsymbol{\alpha}_3=(1, a, -1, 1)^{\mathrm{T}}$, 若 $\boldsymbol{\alpha}_1$, $\boldsymbol{\alpha}_2$, $\boldsymbol{\alpha}_3$ 线性相关, 且其中任意两个向量均线性无关, 则 $ab=$________.

8. (2023) 已知向量 $\boldsymbol{\alpha}_1=\begin{pmatrix}1\\0\\1\\1\end{pmatrix}$, $\boldsymbol{\alpha}_2=\begin{pmatrix}-1\\-1\\0\\1\end{pmatrix}$, $\boldsymbol{\alpha}_3=\begin{pmatrix}0\\1\\-1\\1\end{pmatrix}$, $\boldsymbol{\beta}=\begin{pmatrix}1\\1\\1\\-1\end{pmatrix}$, $\boldsymbol{\gamma}=k_1\boldsymbol{\alpha}_1+k_2\boldsymbol{\alpha}_2+k_3\boldsymbol{\alpha}_3$, 若 $\boldsymbol{\gamma}^{\mathrm{T}}\boldsymbol{\alpha}_i=\boldsymbol{\beta}^{\mathrm{T}}\boldsymbol{\alpha}_i(i=1, 2, 3)$, 则 $k_1^2+k_2^2+k_3^2=$________.

9. (2019) 设向量组 $\boldsymbol{\alpha}_1=(1, 2, 1)^{\mathrm{T}}$, $\boldsymbol{\alpha}_2=(1, 3, 2)^{\mathrm{T}}$, $\boldsymbol{\alpha}_3=(1, a, 3)^{\mathrm{T}}$ 为 $\mathbf{R}^3$ 的一个基, $\boldsymbol{\beta}=(1, 1, 1)^{\mathrm{T}}$ 在这个基下的坐标为 $(b, c, 1)^{\mathrm{T}}$.

(1) 求 $a$, $b$, $c$;

(2) 证明: $\boldsymbol{\alpha}_2$, $\boldsymbol{\alpha}_3$, $\boldsymbol{\beta}$ 为 $\mathbf{R}^3$ 的一个基, 并求 $\boldsymbol{\alpha}_2$, $\boldsymbol{\alpha}_3$, $\boldsymbol{\beta}$ 到 $\boldsymbol{\alpha}_1$, $\boldsymbol{\alpha}_2$, $\boldsymbol{\alpha}_3$ 的过渡矩阵.

10. (2011) 设向量组 $\boldsymbol{\alpha}_1=(1, 0, 1)^{\mathrm{T}}$, $\boldsymbol{\alpha}_2=(0, 1, 1)^{\mathrm{T}}$, $\boldsymbol{\alpha}_3=(1, 3, 5)^{\mathrm{T}}$ 不能由向量组 $\boldsymbol{\beta}_1=(1, 1, 1)^{\mathrm{T}}$, $\boldsymbol{\beta}_2=(1, 2, 3)^{\mathrm{T}}$, $\boldsymbol{\beta}_3=(3, 4, a)^{\mathrm{T}}$ 线性表示.

①求 $a$ 的值.

②将向量组 $\boldsymbol{\beta}_1$, $\boldsymbol{\beta}_2$, $\boldsymbol{\beta}_3$ 用 $\boldsymbol{\alpha}_1$, $\boldsymbol{\alpha}_2$, $\boldsymbol{\alpha}_3$ 线性表示.

11. (2000) 已知向量组 $\boldsymbol{\beta}_1=\begin{pmatrix}0\\1\\-1\end{pmatrix}$, $\boldsymbol{\beta}_2=\begin{pmatrix}a\\2\\1\end{pmatrix}$, $\boldsymbol{\beta}_3=\begin{pmatrix}b\\1\\0\end{pmatrix}$ 与向量组 $\boldsymbol{\alpha}_1=\begin{pmatrix}1\\2\\-3\end{pmatrix}$, $\boldsymbol{\alpha}_2=\begin{pmatrix}3\\0\\1\end{pmatrix}$, $\boldsymbol{\alpha}_3=\begin{pmatrix}9\\6\\-7\end{pmatrix}$ 具有相同的秩, 且 $\boldsymbol{\beta}_3$ 可由 $\boldsymbol{\alpha}_1$, $\boldsymbol{\alpha}_2$, $\boldsymbol{\alpha}_3$ 线性表示, 求 $a$, $b$ 的值.

工程学中的向量空间

第 3 章思维导图

# 第 4 章 线性方程组

在处理经济管理、社会学、遗传学、工程技术等领域中的实际问题时，人们往往把这些问题都归结为线性方程组问题. 然而线性方程组中变量个数与方程个数不一定相等，对线性方程组的解的研究在理论上和实际运用中都十分重要. 1.4 节“克莱姆法则”中，已经对未知量个数与方程个数相同的线性方程组的求解问题做了讨论. 本章主要以矩阵知识为工具来研究一般线性方程组的求解问题.

## 4.1 齐次线性方程组

本节将对齐次线性方程组的性质和解的情况进行介绍.

### 4.1.1 引例

方程组

$$\begin{cases} a_{11}x_1+a_{12}x_2+\cdots+a_{1n}x_n=0, \\ a_{21}x_1+a_{22}x_2+\cdots+a_{2n}x_n=0, \\ \qquad\qquad\vdots \\ a_{m1}x_1+a_{m2}x_2+\cdots+a_{mn}x_n=0 \end{cases} \tag{4.1}$$

称为 $n$ 个未知量 $m$ 个方程的齐次线性方程组，其中 $x_1, x_2, \cdots, x_n$ 表示 $n$ 个未知量，常数 $a_{ij}(i=1, 2, \cdots, m; j=1, 2, \cdots, n)$ 称为未知量的系数. 系数 $a_{ij}$ 的第 1 个下标 $i$ 表示 $a_{ij}$ 所在的第 $i$ 个方程，第 2 个下标 $j$ 表示它是未知量 $x_j$ 的系数.

记

$$\boldsymbol{A}=\begin{pmatrix} a_{11} & a_{12} & \cdots & a_{1n} \\ a_{21} & a_{22} & \cdots & a_{2n} \\ \vdots & \vdots & & \vdots \\ a_{m1} & a_{m2} & \cdots & a_{mn} \end{pmatrix}, \ \boldsymbol{X}=\begin{pmatrix} x_1 \\ x_2 \\ \vdots \\ x_n \end{pmatrix},$$

则式(4.1)可表示为

$$\boldsymbol{AX}=\boldsymbol{0}. \tag{4.2}$$

式(4.2)称为齐次线性方程组的矩阵形式，$\boldsymbol{A}$ 称为系数矩阵.

若 $x_1=c_1$, $x_2=c_2$, …, $x_n=c_n$ 满足齐次线性方程组 $\boldsymbol{AX}=\boldsymbol{0}$，则称 $c_1$, $c_2$, …, $c_n$ 是该方程组的解. 列向量$(c_1, c_2, \cdots, c_n)^{\mathrm{T}}$ 称为齐次线性方程组 $\boldsymbol{AX}=\boldsymbol{0}$ 的解向量.

$(0, 0, \cdots, 0)^{\mathrm{T}}$ 为齐次线性方程组 $\boldsymbol{AX}=\boldsymbol{0}$ 的解，称为零解. 若非零列向量$(c_1, c_2, \cdots, c_n)^{\mathrm{T}}$ 为 $\boldsymbol{AX}=\boldsymbol{0}$ 的解，则称为非零解.

本节的重点是讨论齐次线性方程组 $\boldsymbol{AX}=\boldsymbol{0}$ 是否有非零解.

### 4.1.2 齐次线性方程组解的性质

**性质 4.1** 若 $\boldsymbol{\xi}_1$, $\boldsymbol{\xi}_2$ 是齐次线性方程组 $\boldsymbol{AX}=\boldsymbol{0}$ 的解，则 $\boldsymbol{\xi}_1+\boldsymbol{\xi}_2$ 也是 $\boldsymbol{AX}=\boldsymbol{0}$ 的解.

**证明** 因为 $\boldsymbol{A\xi}_1=\boldsymbol{0}$, $\boldsymbol{A\xi}_2=\boldsymbol{0}$，两式相加得 $\boldsymbol{A}(\boldsymbol{\xi}_1+\boldsymbol{\xi}_2)=\boldsymbol{A\xi}_1+\boldsymbol{A\xi}_2=\boldsymbol{0}$.

**性质 4.2** 若 $\boldsymbol{\xi}$ 是齐次线性方程组的 $\boldsymbol{AX}=\boldsymbol{0}$ 的解，$k$ 为实数，则 $k\boldsymbol{\xi}$ 也是 $\boldsymbol{AX}=\boldsymbol{0}$ 的解.

**证明** 由 $\boldsymbol{A\xi}=\boldsymbol{0}$ 可推出 $\boldsymbol{A}(k\boldsymbol{\xi})=k\cdot\boldsymbol{A\xi}=\boldsymbol{0}$.

以上两个性质结合向量空间的定义可以看出，若齐次线性方程组 $\boldsymbol{AX}=\boldsymbol{0}$ 有非零解，则一定有无数个非零解，且解向量的集合构成向量空间，称此非空集合为 $\boldsymbol{AX}=\boldsymbol{0}$ 的解空间或矩阵 $\boldsymbol{A}$ 的零子空间，记为 $V=\{\boldsymbol{\xi} \mid \boldsymbol{A\xi}=\boldsymbol{0}\}$.

此时，求 $\boldsymbol{AX}=\boldsymbol{0}$ 的所有非零解，只需寻求解空间 $V$ 的一组基，则 $\boldsymbol{AX}=\boldsymbol{0}$ 的所有解空间均可用这组基的线性组合来表示，为了方便讨论，引入基础解系的定义.

### 4.1.3 齐次线性方程组的基础解系

**定义 4.1** 若齐次线性方程组 $\boldsymbol{AX}=\boldsymbol{0}$ 的解 $\boldsymbol{\xi}_1$, $\boldsymbol{\xi}_2$, …, $\boldsymbol{\xi}_s$ 满足

(1)$\boldsymbol{\xi}_1$, $\boldsymbol{\xi}_2$, …, $\boldsymbol{\xi}_s$ 线性无关；

(2)方程组的任一解可以由 $\boldsymbol{\xi}_1$, $\boldsymbol{\xi}_2$, …, $\boldsymbol{\xi}_s$ 线性表示，

则称 $\boldsymbol{\xi}_1$, $\boldsymbol{\xi}_2$, …, $\boldsymbol{\xi}_s$ 是 $\boldsymbol{AX}=\boldsymbol{0}$ 的一个基础解系.

**定理 4.1** 设 $\boldsymbol{A}$ 是 $m\times n$ 矩阵，$r(\boldsymbol{A})=r<n$，则齐次线性方程组 $\boldsymbol{AX}=\boldsymbol{0}$ 的基础解系存在，且基础解系中所含解向量的个数为 $n-r$.

**证明** 由定理 2.1 知 $m\times n$ 矩阵 $\boldsymbol{A}$ 总可以经过若干次初等行变换化为行最简形矩阵，不妨设为

$$\boldsymbol{B}=\begin{pmatrix} 1 & 0 & \cdots & 0 & b_{1,r+1} & b_{1,r+2} & \cdots & b_{1n} \\ 0 & 1 & \cdots & 0 & b_{2,r+1} & b_{2,r+2} & \cdots & b_{2n} \\ \vdots & \vdots & & \vdots & \vdots & \vdots & & \vdots \\ 0 & 0 & \cdots & 1 & b_{r,r+1} & b_{r,r+1} & \cdots & b_{rn} \\ 0 & 0 & \cdots & 0 & 0 & 0 & \cdots & 0 \\ \vdots & \vdots & & \vdots & \vdots & \vdots & & \vdots \\ 0 & 0 & \cdots & 0 & 0 & 0 & \cdots & 0 \end{pmatrix}.$$

$BX=0$ 与 $AX=0$ 为同解方程组，$BX=0$ 为

$$\begin{cases}x_1+b_{1,r+1}x_{r+1}+b_{1,r+2}x_{r+2}+\cdots+b_{1n}x_n=0,\\ x_2+b_{2,r+1}x_{r+1}+b_{2,r+2}x_{r+2}+\cdots+b_{2n}x_n=0,\\ \qquad\vdots\\ x_r+b_{r,r+1}x_{r+1}+b_{r,r+2}x_{r+2}+\cdots+b_{rn}x_n=0,\end{cases}$$

即

$$\begin{cases}x_1=-b_{1,r+1}x_{r+1}-b_{1,r+2}x_{r+2}-\cdots-b_{1n}x_n,\\ x_2=-b_{2,r+1}x_{r+1}-b_{2,r+2}x_{r+2}-\cdots-b_{2n}x_n,\\ \qquad\vdots\\ x_r=-b_{r,r+1}x_{r+1}-b_{r,r+2}x_{r+2}-\cdots-b_{rn}x_n.\end{cases}$$

因为未知量 $x_1$，$x_2$，…，$x_r$ 由 $x_{r+1}$，$x_{r+2}$，…，$x_n$ 唯一确定，所以称 $x_1$，$x_2$，…，$x_r$ 为真未知量，称 $x_{r+1}$，$x_{r+2}$，…，$x_n$ 为自由未知量，对自由未知量 $x_{r+1}$，$x_{r+2}$，…，$x_n$ 分别取

$$\begin{pmatrix}x_{r+1}\\x_{r+2}\\\vdots\\x_n\end{pmatrix}=\begin{pmatrix}1\\0\\\vdots\\0\end{pmatrix},\begin{pmatrix}0\\1\\\vdots\\0\end{pmatrix},\cdots,\begin{pmatrix}0\\0\\\vdots\\1\end{pmatrix},$$

可得解

$$\begin{pmatrix}x_1\\x_2\\\vdots\\x_r\end{pmatrix}=\begin{pmatrix}-b_{1,r+1}\\-b_{2,r+1}\\\vdots\\-b_{r,r+1}\end{pmatrix},\begin{pmatrix}-b_{1,r+2}\\-b_{2,r+2}\\\vdots\\-b_{r,r+2}\end{pmatrix},\cdots,\begin{pmatrix}-b_{1n}\\-b_{2n}\\\vdots\\-b_{rn}\end{pmatrix}.$$

故得方程组的解为

$$\begin{aligned}\boldsymbol{\xi}_1&=(-b_{1,r+1},-b_{2,r+2},\cdots,-b_{r,r+1},1,0,\cdots,0)^{\mathrm{T}},\\ \boldsymbol{\xi}_2&=(-b_{1,r+2},-b_{2,r+2},\cdots,-b_{r,r+2},0,1,\cdots,0)^{\mathrm{T}},\\ &\vdots\\ \boldsymbol{\xi}_{n-r}&=(-b_{1n},-b_{2n},\cdots,-b_{rn},0,0,\cdots,1)^{\mathrm{T}}.\end{aligned}$$

下面证明这 $n-r$ 个向量构成齐次线性方程组的基础解系.

首先，上述每个向量中下方的 $n-r$ 个分量构成 $n-r$ 阶的单位矩阵，从而得这 $n-r$ 个向量线性无关.

其次，方程组 $AX=0$ 的任一解 $\boldsymbol{\xi}$ 可由 $\boldsymbol{\xi}_1$，$\boldsymbol{\xi}_2$，…，$\boldsymbol{\xi}_{n-r}$ 线性表示.

事实上，设 $\boldsymbol{\xi}=(k_1, k_2, \cdots, k_r, k_{r+1}, \cdots, k_n)^{\mathrm{T}}$ 是方程组 $AX=0$ 的任一解，令

$$\boldsymbol{\xi}_0=k_{r+1}\boldsymbol{\xi}_1+k_{r+2}\boldsymbol{\xi}_2+\cdots+k_n\boldsymbol{\xi}_{n-r},$$

由性质 4.1、性质 4.2 知，$\boldsymbol{\xi}_0$ 也是 $AX=0$ 的解向量，且 $\boldsymbol{\xi}_0$ 的后 $n-r$ 个分量与 $\boldsymbol{\xi}$ 的后 $n-r$

个分量相同，由自由未知量的一组确定值唯一确定方程组 $\boldsymbol{AX}=\boldsymbol{0}$ 的一个解向量知 $\boldsymbol{\xi}=\boldsymbol{\xi}_0$，故 $\boldsymbol{\xi}=k_{r+1}\boldsymbol{\xi}_1+k_{r+2}\boldsymbol{\xi}_2+\cdots+k_n\boldsymbol{\xi}_{n-r}$.

**推论 1** 设齐次线性方程组 $\boldsymbol{AX}=\boldsymbol{0}$，其中 $\boldsymbol{A}$ 为 $m\times n$ 矩阵.

(1) 当 $r(\boldsymbol{A})=n$ 时，方程组有唯一解.

(2) 当 $r(\boldsymbol{A})=r<n$ 时，方程组有无穷多解，其通解为 $c_1\boldsymbol{\xi}_1+c_2\boldsymbol{\xi}_2+\cdots+c_{n-r}\boldsymbol{\xi}_{n-r}$，其中 $\boldsymbol{\xi}_1$，$\boldsymbol{\xi}_2$，…，$\boldsymbol{\xi}_{n-r}$ 为基础解系，$c_1$，$c_2$，…，$c_{n-r}$ 为任意常数.

**推论 2** $n$ 个方程 $n$ 个未知量的齐次线性方程组 $\boldsymbol{AX}=\boldsymbol{0}$ 有非零解的充要条件是 $|\boldsymbol{A}|=0$.

**【问题 4.1】** 若 $r(\boldsymbol{A}_{m\times n})=m$，则齐次线性方程组 $\boldsymbol{AX}=\boldsymbol{0}$ 只有零解. 上述说法是否正确？请说明理由.

**例 4.1** 求齐次线性方程组

$$\begin{cases} x_1+2x_2-x_3=0, \\ 2x_1+3x_2+x_3=0, \\ 4x_1+7x_2-x_3=0 \end{cases}$$

的解.

**解** 对系数矩阵 $\boldsymbol{A}$ 作初等行变换化为行最简形，有

$$\boldsymbol{A}=\begin{pmatrix} 1 & 2 & -1 \\ 2 & 3 & 1 \\ 4 & 7 & -1 \end{pmatrix} \xrightarrow[r_3-4r_1]{r_2-2r_1} \begin{pmatrix} 1 & 2 & -1 \\ 0 & -1 & 3 \\ 0 & -1 & 3 \end{pmatrix} \xrightarrow{r_3-r_2} \begin{pmatrix} 1 & 2 & -1 \\ 0 & 1 & -3 \\ 0 & 0 & 0 \end{pmatrix}$$

$$\xrightarrow{r_1+2r_2} \begin{pmatrix} 1 & 0 & 5 \\ 0 & -1 & 3 \\ 0 & 0 & 0 \end{pmatrix} \xrightarrow{r_2\times(-1)} \begin{pmatrix} 1 & 0 & 5 \\ 0 & 1 & -3 \\ 0 & 0 & 0 \end{pmatrix}.$$

同解方程组为

$$\begin{cases} x_1=-5x_3, \\ x_2=3x_3, \end{cases}$$

自由未知量取 $x_3$，令 $x_3=1$，得基础解系为 $\boldsymbol{\xi}=(-5, 3, 1)^{\mathrm{T}}$.

故该方程组的通解为 $c\boldsymbol{\xi}=c(-5, 3, 1)^{\mathrm{T}}$，其中 $c$ 为任意常数.

**例 4.2** 求齐次线性方程组

$$\begin{cases} 2x_1+x_2-2x_3+3x_4=0, \\ 3x_1+2x_2-x_3+2x_4=0, \\ x_1+x_2+x_3-x_4=0. \end{cases}$$

的基础解系与通解.

**解** 对系数矩阵 $\boldsymbol{A}$ 作初等行变换，将其变为行最简形矩阵，得

$$A=\begin{pmatrix}2&1&-2&3\\3&2&-1&2\\1&1&1&-1\end{pmatrix}\xrightarrow[r_1\leftrightarrow r_3]{\substack{r_1-2r_3\\r_2-3r_3}}\begin{pmatrix}1&1&1&-1\\0&-1&-4&5\\0&-1&-4&5\end{pmatrix}$$

$$\xrightarrow{r_3-r_2}\begin{pmatrix}1&1&1&-1\\0&-1&-4&5\\0&0&0&0\end{pmatrix}\xrightarrow{r_1-r_2}\begin{pmatrix}1&0&-3&4\\0&-1&-4&5\\0&0&0&0\end{pmatrix}.$$

于是得同解方程组$\begin{cases}x_1=3x_3-4x_4,\\x_2=-4x_3+5x_4.\end{cases}$

令$\begin{pmatrix}x_3\\x_4\end{pmatrix}=\begin{pmatrix}1\\0\end{pmatrix},\begin{pmatrix}0\\1\end{pmatrix}$，可得$\begin{pmatrix}x_1\\x_2\end{pmatrix}=\begin{pmatrix}3\\-4\end{pmatrix},\begin{pmatrix}-4\\5\end{pmatrix}$，即得基础解系：$\boldsymbol{\xi}_1=(3, -4, 1, 0)^{\mathrm{T}}$，$\boldsymbol{\xi}_2=(-4, 5, 0, 1)^{\mathrm{T}}$.

并得方程组的通解为 $c_1\boldsymbol{\xi}_1+c_2\boldsymbol{\xi}_2$，其中 $c_1$，$c_2$为任意常数.

**例 4.3**　设$\boldsymbol{\xi}_1$，$\boldsymbol{\xi}_2$ 是齐次方程组的一个基础解系，证明：$\boldsymbol{\xi}_1+\boldsymbol{\xi}_2$，$k\boldsymbol{\xi}_2$ 也是这个方程组的一个基础解系，其中数 $k\neq0$.

**证明**　根据齐次方程组解的性质可知，$\boldsymbol{\xi}_1+\boldsymbol{\xi}_2$，$k\boldsymbol{\xi}_2$ 也是齐次方程组 $\boldsymbol{Ax}=\boldsymbol{0}$ 的两个解. 因为$\boldsymbol{\xi}_1$，$\boldsymbol{\xi}_2$ 是基础解系，所以向量组 $\boldsymbol{\xi}_1$，$\boldsymbol{\xi}_2$ 线性无关. 因此向量组 $\boldsymbol{\xi}_1+\boldsymbol{\xi}_2$，$k\boldsymbol{\xi}_2$ 也线性无关，于是 $\boldsymbol{\xi}_1+\boldsymbol{\xi}_2$，$k\boldsymbol{\xi}_2$ 是此齐次方程组的两个线性无关的解.

因为 $\boldsymbol{Ax}=\boldsymbol{0}$ 的基础解系含有两个解，因此它的两个线性无关的解 $\boldsymbol{\xi}_1+\boldsymbol{\xi}_2$，$k\boldsymbol{\xi}_2$ 也是基础解系.

**例 4.4**　(配方问题)在化工、医疗等行业经常涉及配方问题，在不考虑各种成分之间可能发生的某些化学反应的前提下，配方问题可使用线性方程组的理论来求解.

设配方由 4 种原料 $A$，$B$，$C$，$D$ 混合而成，现有 2 个配方. 在第 1 个配方中，4 种原料质量的比例为 2 : 3 : 1 : 1；在第 2 个配方中，4 种原料质量的比例为 1 : 2 : 1 : 2. 现在需要配置 4 种原料质量的比例为 4 : 7 : 3 : 5 的第 3 个配方. 试研究第 3 个配方能否由第 1、第 2 个配方按一定比例配制而成.

**解**　将第 1、第 2、第 3 个配方的成分比例看作向量，令

$$\boldsymbol{\alpha}_1=(2, 3, 1, 1)^{\mathrm{T}}, \boldsymbol{\alpha}_2=(1, 2, 1, 2)^{\mathrm{T}}, \boldsymbol{\beta}=(4, 7, 3, 5)^{\mathrm{T}}.$$

假设需要第 1 个配方 $x_1$ 份和第 2 个配方 $x_2$ 份以便配制成第 3 个配方 $x_3$ 份，则有线性方程组 $x_1\boldsymbol{\alpha}_1+x_2\boldsymbol{\alpha}_2=x_3\boldsymbol{\beta}$，即

$$\begin{cases}2x_1+x_2-4x_3=0,\\3x_1+2x_2-7x_3=0,\\x_1+x_2-3x_3=0,\\x_1+2x_2-5x_3=0.\end{cases}$$

对此齐次线性方程组的系数矩阵 $\boldsymbol{A}$ 作初等行变换化为行最简形，有

$$A=\begin{pmatrix}2&1&-4\\3&2&-7\\1&1&-3\\1&2&-5\end{pmatrix}\xrightarrow[r_2\leftrightarrow r_4]{r_1\leftrightarrow r_3}\begin{pmatrix}1&1&-3\\1&2&-5\\2&1&-4\\3&2&-7\end{pmatrix}\xrightarrow[r_4-3r_1]{\substack{r_2-r_1\\r_3-2r_1}}\begin{pmatrix}1&1&-3\\0&1&-2\\0&-1&2\\0&-1&2\end{pmatrix}$$

$$\xrightarrow[r_4+r_2]{r_3+r_2}\begin{pmatrix}1&1&-3\\0&1&-2\\0&0&0\\0&0&0\end{pmatrix}\xrightarrow{r_1-r_2}\begin{pmatrix}1&0&-1\\0&1&-2\\0&0&0\\0&0&0\end{pmatrix}.$$

同解方程组为

$$\begin{cases}x_1=x_3,\\x_2=2x_3.\end{cases}$$

自由未知量取 $x_3$，令 $x_3=1$，得基础解系 $\boldsymbol{\xi}=(1,\ 2,\ 1)^{\mathrm{T}}$，取最小正整数解 $x_1=1$，$x_2=2$，$x_3=1$ 即可完成配方的配制.

## 习题 4.1

1. 设齐次线性方程组 $\boldsymbol{AX}=\boldsymbol{0}$ 有非零解，其中 $\boldsymbol{A}=\begin{pmatrix}1&2&3\\2&t&1\\-1&3&2\\-2&1&-1\end{pmatrix}$，则 $t$ 为(　　).

A. $-1$　　B. 1　　C. 0　　D. $-2$

2. 齐次线性方程组 $\boldsymbol{AX}=\boldsymbol{0}$ 仅有零解的充要条件为(　　).

A. 系数矩阵 $\boldsymbol{A}$ 的行向量组线性无关

B. 系数矩阵 $\boldsymbol{A}$ 的列向量组线性无关

C. 系数矩阵 $\boldsymbol{A}$ 的行向量组线性相关

D. 系数矩阵 $\boldsymbol{A}$ 的列向量组线性相关

习题 4.1：2

3. 设 $\boldsymbol{A}$ 是 $n$ 阶方阵，$r(\boldsymbol{A})=n-3$，且 $\boldsymbol{\alpha}_1$，$\boldsymbol{\alpha}_2$，$\boldsymbol{\alpha}_3$ 是线性方程组 $\boldsymbol{AX}=\boldsymbol{0}$ 的 3 个线性无关的解向量，则 $\boldsymbol{AX}=\boldsymbol{0}$ 的基础解系为(　　).

A. $2\boldsymbol{\alpha}_2-\boldsymbol{\alpha}_1$，$\frac{1}{2}\boldsymbol{\alpha}_3-\boldsymbol{\alpha}_2$，$\boldsymbol{\alpha}_1-\boldsymbol{\alpha}_3$

B. $\boldsymbol{\alpha}_2-\boldsymbol{\alpha}_1$，$\boldsymbol{\alpha}_3-\boldsymbol{\alpha}_2$，$\boldsymbol{\alpha}_1-\boldsymbol{\alpha}_3$

C. $\boldsymbol{\alpha}_1+\boldsymbol{\alpha}_2$，$\boldsymbol{\alpha}_2+\boldsymbol{\alpha}_3$，$\boldsymbol{\alpha}_3+\boldsymbol{\alpha}_1$

D. $\boldsymbol{\alpha}_1+\boldsymbol{\alpha}_2+\boldsymbol{\alpha}_3$，$\boldsymbol{\alpha}_3-\boldsymbol{\alpha}_2$，$-\boldsymbol{\alpha}_1-2\boldsymbol{\alpha}_3$

习题 4.1：4

4. 五元线性方程组 $\boldsymbol{AX}=\boldsymbol{0}$ 的同解方程组为 $\begin{cases}x_1=-3x_3,\\x_2=0,\end{cases}$ 则 $r(\boldsymbol{A})$

= ________；$\boldsymbol{AX}=\mathbf{0}$ 的基础解系有________个解向量；自由未知量的个数为________个.

5. 求解下列齐次线性方程组.

(1) $\begin{cases} x_1+2x_2+x_3-x_4=0, \\ 3x_1+6x_2-x_3-3x_4=0, \\ 5x_1+10x_2+x_3-5x_4=0. \end{cases}$　(2) $\begin{cases} 2x_1+3x_2-x_3+5x_4=0, \\ 3x_1+x_2+2x_3-7x_4=0, \\ 4x_1+x_2-3x_3+6x_4=0 \\ x_1-2x_2+4x_3-7x_4=0. \end{cases}$

6. 讨论当 $a$, $b$ 满足什么关系时，方程组 $\begin{cases} x_1+x_2+x_3=0, \\ ax_1+ax_2+bx_3=0, \\ a^2x_1+a^2x_2+b^2x_3=0 \end{cases}$ 有非零解，并求其通解.

7. 写出一个以 $\boldsymbol{x}=t_1\begin{pmatrix} 2 \\ -3 \\ 1 \\ 0 \end{pmatrix}+t_2\begin{pmatrix} -2 \\ 4 \\ 0 \\ 1 \end{pmatrix}$ $(t_1,\ t_2\in\mathbf{R})$ 为通解的齐次线性方程组.

## 4.2　非齐次线性方程组

由 1.4 节的内容可知，克莱姆法则仅适用于方程的个数与未知量的个数相同的情况. 一般情况下，方程的个数与未知量的个数不相同，此时克莱姆法则就失效了，本节讨论此类非齐次线性方程组的求解问题.

### 4.2.1　非齐次线性方程组的基本概念

$m$ 个方程 $n$ 个未知量的方程组

$$\begin{cases} a_{11}x_1+a_{12}x_2+\cdots+a_{1n}x_n=b_1, \\ a_{21}x_1+a_{22}x_2+\cdots+a_{2n}x_n=b_2, \\ \qquad\cdots\cdots \\ a_{m1}x_1+a_{m2}x_2+\cdots+a_{mn}x_n=b_m, \end{cases} \tag{4.3}$$

其中 $b_1, b_2, \cdots, b_m$ 不全为 0，称为**非齐次线性方程组**，其中 $x_1, x_2, \cdots, x_n$ 表示 $n$ 个未知量，常数 $a_{ij}(i=1, 2, \cdots, m;\ j=1, 2, \cdots, n)$ 称为系数，$b_i(i=1, 2, \cdots, m)$ 称为方程组的常数项. 记

$$\boldsymbol{A}=\begin{pmatrix} a_{11} & a_{12} & \cdots & a_{1n} \\ a_{21} & a_{22} & \cdots & a_{2n} \\ \vdots & \vdots & & \vdots \\ a_{m1} & a_{m2} & \cdots & a_{mn} \end{pmatrix},\ \boldsymbol{X}=\begin{pmatrix} x_1 \\ x_2 \\ \vdots \\ x_n \end{pmatrix},\ \boldsymbol{b}=\begin{pmatrix} b_1 \\ b_2 \\ \vdots \\ b_m \end{pmatrix},$$

则式(4.3)可表示为

$$\boldsymbol{AX}=\boldsymbol{b}. \tag{4.4}$$

式(4.4)称为非齐次线性方程组的矩阵形式，$\boldsymbol{A}$ 称为**系数矩阵**.

非齐次线性方程组 $\boldsymbol{AX}=\boldsymbol{b}$ 对应的齐次线性方程组 $\boldsymbol{AX}=\boldsymbol{0}$ 称为 $\boldsymbol{AX}=\boldsymbol{b}$ 的导出组.

$m\times(n+1)$矩阵

$$\overline{\boldsymbol{A}}=\begin{pmatrix} a_{11} & a_{12} & \cdots & a_{1n} & b_1 \\ a_{21} & a_{22} & \cdots & a_{2n} & b_2 \\ \vdots & \vdots & & \vdots & \vdots \\ a_{m1} & a_{m2} & \cdots & a_{mn} & b_m \end{pmatrix}=(\boldsymbol{\alpha}_1, \boldsymbol{\alpha}_2\cdots, \boldsymbol{\alpha}_n, \boldsymbol{b})$$

称为非齐次线性方程组 $\boldsymbol{AX}=\boldsymbol{b}$ 的增广矩阵.

非齐次线性方程组 $\boldsymbol{AX}=\boldsymbol{b}$ 不同于齐次线性方程组 $\boldsymbol{AX}=\boldsymbol{0}$，$\boldsymbol{AX}=\boldsymbol{0}$ 至少有一个零解，而非齐次线性方程组 $\boldsymbol{AX}=\boldsymbol{b}$ 并不能保证有解.

当方程组 $\boldsymbol{AX}=\boldsymbol{b}$ 有解时，就称方程组是相容的，否则就称方程组不相容.

### 4.2.2 非齐次线性方程组解的性质

**性质 4.3** 若 $\boldsymbol{\eta}_1$，$\boldsymbol{\eta}_2$ 是非齐次线性方程组 $\boldsymbol{AX}=\boldsymbol{b}$ 的解，则 $\boldsymbol{\eta}_1-\boldsymbol{\eta}_2$ 为导出组 $\boldsymbol{AX}=\boldsymbol{0}$ 的解.

**证明** 因为 $\boldsymbol{A\eta}_1=\boldsymbol{b}$，$\boldsymbol{A\eta}_2=\boldsymbol{b}$，则 $\boldsymbol{A}(\boldsymbol{\eta}_1-\boldsymbol{\eta}_2)=\boldsymbol{A\eta}_1-\boldsymbol{A\eta}_2=\boldsymbol{b}-\boldsymbol{b}=\boldsymbol{0}$.

**性质 4.4** 若 $\boldsymbol{\eta}$ 是非齐次线性方程组 $\boldsymbol{AX}=\boldsymbol{b}$ 的解，$\boldsymbol{\xi}$ 是对应导出组 $\boldsymbol{AX}=\boldsymbol{0}$ 的解，则 $\boldsymbol{\eta}+\boldsymbol{\xi}$ 是 $\boldsymbol{AX}=\boldsymbol{b}$ 的解.

**证明** 由 $\boldsymbol{AX}=\boldsymbol{b}$ 及 $\boldsymbol{A\xi}=\boldsymbol{0}$ 可推出 $\boldsymbol{A}(\boldsymbol{\eta}+\boldsymbol{\xi})=\boldsymbol{A\eta}+\boldsymbol{A\xi}=\boldsymbol{b}$.

非齐次线性方程组 $\boldsymbol{AX}=\boldsymbol{b}$ 的全部解称为**通解**，根据以上两个性质可以得到非齐次线性方程组解的结构定理.

**定理 4.2** 设 $\boldsymbol{\eta}^*$ 是非齐次线性方程组 $\boldsymbol{AX}=\boldsymbol{b}$ 的一个特解，$\boldsymbol{\xi}_1$，$\boldsymbol{\xi}_2$，…，$\boldsymbol{\xi}_{n-r}$是对应导出组 $\boldsymbol{AX}=\boldsymbol{0}$ 的一个基础解系，$r=r(\boldsymbol{A})$，则非齐次线性方程组 $\boldsymbol{AX}=\boldsymbol{b}$ 的通解为

$$\boldsymbol{\eta}=\boldsymbol{\eta}^*+c_1\boldsymbol{\xi}_1+c_2\boldsymbol{\xi}_2+\cdots+c_{n-r}\boldsymbol{\xi}_{n-r},$$

其中 $c_1$，$c_2$，…，$c_{n-r}$为任意常数.

**证明** 设 $\boldsymbol{\eta}$ 是非齐次线性方程组 $\boldsymbol{AX}=\boldsymbol{b}$ 的任一解，根据性质 4.3 得 $\boldsymbol{\eta}-\boldsymbol{\eta}^*$ 为导出组 $\boldsymbol{AX}=\boldsymbol{0}$ 的解，从而存在常数 $c_1$，$c_2$，…，$c_{n-r}$，使 $\boldsymbol{\eta}-\boldsymbol{\eta}^*=c_1\boldsymbol{\xi}_1+c_2\boldsymbol{\xi}_2+\cdots+c_{n-r}\boldsymbol{\xi}_{n-r}$，即 $\boldsymbol{\eta}=\boldsymbol{\eta}^*+c_1\boldsymbol{\xi}_1+c_2\boldsymbol{\xi}_2+\cdots+c_{n-r}\boldsymbol{\xi}_{n-r}$.

### 4.2.3 非齐次线性方程组的解法

**定理 4.3** 非齐次线性方程组 $\boldsymbol{AX}=\boldsymbol{b}$，当系数矩阵 $\boldsymbol{A}$ 的秩与增广矩阵 $\overline{\boldsymbol{A}}$ 的秩满足以下条件时，

（1）若 $r(\boldsymbol{A})<r(\overline{\boldsymbol{A}})$，则线性方程组 $\boldsymbol{AX}=\boldsymbol{b}$ 无解；

（2）若 $r(\boldsymbol{A})=r(\overline{\boldsymbol{A}})=n$，则线性方程组 $\boldsymbol{AX}=\boldsymbol{b}$ 有唯一解；

（3）若 $r(\boldsymbol{A})=r(\overline{\boldsymbol{A}})=r<n$，则线性方程组 $\boldsymbol{AX}=\boldsymbol{b}$ 有无穷多解.

若 $\boldsymbol{\eta}^*$ 是非齐次线性方程组 $\boldsymbol{AX}=\boldsymbol{b}$ 的一个特解. $\boldsymbol{\xi}_1$，$\boldsymbol{\xi}_2$，…，$\boldsymbol{\xi}_{n-r}$ 为导出组 $\boldsymbol{AX}=\boldsymbol{0}$ 的基础解系，则通解可表示为

$$\boldsymbol{\eta}=\boldsymbol{\eta}^*+c_1\boldsymbol{\xi}_1+c_2\boldsymbol{\xi}_2+\cdots+c_{n-r}\boldsymbol{\xi}_{n-r},$$

其中 $c_1$，$c_2$，…，$c_{n-r}$ 为任意常数.

**证明**　为方便叙述，不妨假设增广矩阵 $\overline{\boldsymbol{A}}=(\boldsymbol{\alpha}_1, \boldsymbol{\alpha}_2, \cdots, \boldsymbol{\alpha}_n, \boldsymbol{b})$ 的行最简形为

$$\begin{pmatrix} 1 & 0 & \cdots & 0 & b_{1,r+1} & \cdots & b_{1n} & d_1 \\ 0 & 1 & \cdots & 0 & b_{2,r+1} & \cdots & b_{2n} & d_2 \\ \vdots & \vdots & & \vdots & \vdots & & \vdots & \vdots \\ 0 & 0 & \cdots & 1 & b_{r,r+1} & \cdots & b_{rn} & d_r \\ 0 & 0 & \cdots & 0 & 0 & \cdots & 0 & d_{r+1} \\ \vdots & \vdots & & \vdots & \vdots & & \vdots & \vdots \\ 0 & 0 & \cdots & 0 & 0 & \cdots & 0 & 0 \end{pmatrix}.$$

（1）若 $r(\boldsymbol{A})\neq r(\overline{\boldsymbol{A}})$，即 $d_{r+1}\neq 0$，此时第 $r+1$ 行对应矛盾的方程 $0=d_{r+1}$，故线性方程组无解.

（2）若 $r(\boldsymbol{A})=r(\overline{\boldsymbol{A}})=n$，$\overline{\boldsymbol{A}}=(\boldsymbol{\alpha}_1, \boldsymbol{\alpha}_2, \cdots, \boldsymbol{\alpha}_n, \boldsymbol{b})$ 的行最简形为

$$\begin{pmatrix} 1 & 0 & \cdots & 0 & d_1 \\ 0 & 1 & \cdots & 0 & d_2 \\ \vdots & \vdots & & \vdots & \vdots \\ 0 & 0 & \cdots & 1 & d_n \end{pmatrix}.$$

此时线性方程组有唯一解

$$\begin{cases} x_1=d_1, \\ x_2=d_2, \\ \quad\vdots \\ x_n=d_n. \end{cases}$$

（3）若 $r(\boldsymbol{A})=r(\overline{\boldsymbol{A}})=r<n$，增广矩阵 $\overline{\boldsymbol{A}}=(\boldsymbol{\alpha}_1, \boldsymbol{\alpha}_2, \cdots, \boldsymbol{\alpha}_n, \boldsymbol{b})$ 的行最简形为

$$\begin{pmatrix} 1 & 0 & \cdots & 0 & b_{1,r+1} & \cdots & b_{1n} & d_1 \\ 0 & 1 & \cdots & 0 & b_{2,r+1} & \cdots & b_{2n} & d_2 \\ \vdots & \vdots & & \vdots & \vdots & & \vdots & \vdots \\ 0 & 0 & \cdots & 1 & b_{r,r+1} & \cdots & b_{rn} & d_r \\ 0 & 0 & \cdots & 0 & 0 & \cdots & 0 & 0 \\ \vdots & \vdots & & \vdots & \vdots & & \vdots & \vdots \\ 0 & 0 & \cdots & 0 & 0 & \cdots & 0 & 0 \end{pmatrix},$$

与 $\boldsymbol{AX}=\boldsymbol{b}$ 同解的线性方程组为

$$\begin{cases} x_1+b_{1,r+1}x_{r+1}+b_{1,r+2}x_{r+2}+\cdots+b_{1n}x_n=d_1, \\ x_2+b_{2,r+1}x_{r+1}+b_{2,r+2}x_{r+2}+\cdots+b_{2n}x_n=d_2, \\ \qquad\vdots \\ x_r+b_{r,r+1}x_{r+1}+b_{r,r+2}x_{r+2}+\cdots+b_{rn}x_n=d_r, \end{cases}$$

即

$$\begin{cases} x_1=-b_{1,r+1}x_{r+1}-b_{1,r+2}x_{r+2}-\cdots-b_{1n}x_n+d_1, \\ x_2=-b_{2,r+1}x_{r+1}-b_{2,r+2}x_{r+2}-\cdots-b_{2n}x_n+d_2, \\ \qquad\vdots \\ x_r=-b_{r,r+1}x_{r+1}-b_{r,r+2}x_{r+2}-\cdots-b_{rn}x_n+d_r. \end{cases}$$

令自由未知量 $x_{r+1}=c_1$，$x_{r+2}=c_2$，$\cdots$，$x_n=c_{n-r}$，得到 $\boldsymbol{AX}=\boldsymbol{b}$ 的一组解，即

$$\begin{cases} x_1=-b_{1,r+1}c_1-b_{1,r+2}c_2-\cdots-b_{1n}c_{n-r}+d_1, \\ x_2=-b_{2,r+1}c_1-b_{2,r+2}c_2-\cdots-b_{2n}c_{n-r}+d_2, \\ \qquad\vdots \\ x_r=-b_{r,r+1}c_1-b_{r,r+2}c_2-\cdots-b_{rn}c_{n-r}+d_r, \\ x_{r+1}=c_1, \\ x_{r+2}=c_2, \\ \qquad\vdots \\ x_n=c_{n-r}, \end{cases}$$

其中 $c_1$，$c_2$，$\cdots$，$c_{n-r}$ 为任意常数. 因此，$\boldsymbol{AX}=\boldsymbol{b}$ 不仅有解，且有无穷多解.

**【问题 4.2】** 若线性方程组 $\boldsymbol{AX}=\boldsymbol{b}(\boldsymbol{b}\neq\boldsymbol{0})$ 有无穷多解，则齐次线性方程组 $\boldsymbol{AX}=\boldsymbol{0}$ 也有无穷多解. 上述说法是否正确？请说明理由.

**例 4.5**　求解方程组$\begin{cases} x_1+2x_2-x_3+3x_4=2, \\ 2x_1+4x_2-2x_3+5x_4=1, \\ -x_1-2x_2+x_3-x_4=4. \end{cases}$

**解**　用初等行变换把增广矩阵 $\overline{\boldsymbol{A}}$ 变为行最简形

$$\overline{\boldsymbol{A}}=\begin{pmatrix} 1 & 2 & -1 & 3 & 2 \\ 2 & 4 & -2 & 5 & 1 \\ -1 & -2 & 1 & -1 & 4 \end{pmatrix} \to \begin{pmatrix} 1 & 2 & -1 & 3 & 2 \\ 0 & 0 & 1 & -1 & -3 \\ 0 & 0 & 0 & 2 & 6 \end{pmatrix} \to \begin{pmatrix} 1 & 2 & -1 & 0 & -7 \\ 0 & 0 & 0 & 1 & 3 \\ 0 & 0 & 0 & 0 & 0 \end{pmatrix}.$$

知 $r(\boldsymbol{A})=r(\overline{\boldsymbol{A}})=2$，所以方程组有解，并得同解方程组

$$\begin{cases} x_1=-7-2x_2+x_3, \\ x_4=3. \end{cases}$$

取 $x_2=0$，$x_3=0$，即得方程组的一个解 $\boldsymbol{\eta}^*=\begin{pmatrix} -7 \\ 0 \\ 0 \\ 3 \end{pmatrix}$.

对应的齐次方程组为$\begin{cases} x_1=-2x_2+x_3, \\ x_4=0. \end{cases}$，可得基础解系 $\boldsymbol{\xi}_1=\begin{pmatrix} -2 \\ 1 \\ 0 \\ 0 \end{pmatrix}$，$\boldsymbol{\xi}_2=\begin{pmatrix} 1 \\ 0 \\ 1 \\ 0 \end{pmatrix}$.

方程组的通解为 $\boldsymbol{\eta}^*+c_1\boldsymbol{\xi}_1+c_2\boldsymbol{\xi}$，$c_1$，$c_2$ 为任意常数.

也就是$\begin{pmatrix} x_1 \\ x_2 \\ x_3 \\ x_4 \end{pmatrix}=\begin{pmatrix} -7 \\ 0 \\ 0 \\ 3 \end{pmatrix}+c_1\begin{pmatrix} -2 \\ 1 \\ 0 \\ 0 \end{pmatrix}+c_2\begin{pmatrix} 1 \\ 0 \\ 1 \\ 0 \end{pmatrix}$，$c_1$，$c_2$ 为任意常数.

也可以把方程组$\begin{cases} x_1=-7-2x_2+x_3, \\ x_4=3 \end{cases}$写成$\begin{cases} x_1=-7-2x_2+x_3, \\ x_2-x_2, \\ x_3=x_3, \\ x_4=3. \end{cases}$

也就是$\begin{pmatrix} x_1 \\ x_2 \\ x_3 \\ x_4 \end{pmatrix}=\begin{pmatrix} -7 \\ 0 \\ 0 \\ 3 \end{pmatrix}+x_2\begin{pmatrix} -2 \\ 1 \\ 0 \\ 0 \end{pmatrix}+x_3\begin{pmatrix} 1 \\ 0 \\ 1 \\ 0 \end{pmatrix}$，$\begin{cases} x_1=-7-2x_2+x_3, \\ x_2=x_2, \\ x_3=x_3, \\ x_4=3. \end{cases}$

得通解为$\begin{pmatrix}x_1\\x_2\\x_3\\x_4\end{pmatrix}=\begin{pmatrix}-7\\0\\0\\3\end{pmatrix}+c_1\begin{pmatrix}-2\\1\\0\\0\end{pmatrix}+c_2\begin{pmatrix}1\\0\\1\\0\end{pmatrix}$，$c_1$，$c_2$ 为任意常数.

**例 4.6** 设有非齐次线性方程组$\begin{cases}\lambda x_1+x_2+x_3=1,\\x_1+\lambda x_2+x_3=\lambda,\\\lambda x_1+x_2+\lambda x_3=\lambda^2,\end{cases}$ 当 $\lambda$ 取何值时，方程组

(1)有唯一解；(2)无解；(3)有无穷多解. 并求其通解.

**解** 由于方程个数与未知量个数相等，有

$$|\boldsymbol{A}|=\begin{vmatrix}\lambda&1&1\\1&\lambda&1\\1&1&\lambda\end{vmatrix}=(\lambda+2)(\lambda-1)^2.$$

(1)当 $\lambda\neq1$ 且 $\lambda\neq-2$ 时，$|\boldsymbol{A}|\neq0$，原方程组有唯一解.

(2)当 $\lambda=-2$ 时，$|\boldsymbol{A}|=0$，对增广矩阵 $\boldsymbol{B}$ 做初等行变换，将其化为行阶梯形矩阵：

$$\boldsymbol{B}=\begin{pmatrix}-2&1&1&1\\1&-2&1&-2\\1&1&-2&4\end{pmatrix}\to\begin{pmatrix}1&1&-2&4\\0&1&-1&2\\0&0&0&1\end{pmatrix}$$

可知 $r(\boldsymbol{A})=2<r(\boldsymbol{B})=3$，原方程组无解.

(3)当 $\lambda=1$ 时，$|\boldsymbol{A}|=0$，把增广矩阵 $\boldsymbol{B}$ 化为行最简形：

$$\boldsymbol{B}\to\begin{pmatrix}1&1&1&1\\0&0&0&0\\0&0&0&0\end{pmatrix}$$

可知 $r(\boldsymbol{A})=r(\boldsymbol{B})=1<3$，原方程有无穷多解. 其通解为$\begin{cases}x_1=1-t_1-t_2,\\x_2=t_1,\\x_3=t_2\end{cases}$ $(t_1,\ t_2\in c)$.

**例 4.7** 试证：方程组$\begin{cases}x_1-x_2=a_1,\\x_2-x_3=a_2,\\x_3-x_4=a_3,\\x_4-x_5=a_4,\\x_5-x_1=a_5.\end{cases}$有解的充要条件是 $\sum\limits_{i=1}^{5}a_i=0$.

**例 4.7**

**证明**

$$\overline{A}=\begin{pmatrix}1&-1&0&0&0&a_1\\0&1&-1&0&0&a_2\\0&0&1&-1&0&a_3\\0&0&0&1&-1&a_4\\-1&0&0&0&1&a_5\end{pmatrix}\to\begin{pmatrix}1&-1&0&0&0&a_1\\0&1&-1&0&0&a_2\\0&0&1&-1&0&a_3\\0&0&0&1&-1&a_4\\0&-1&0&0&1&a_1+a_5\end{pmatrix}$$

$$\to\begin{pmatrix}1&-1&0&0&0&a_1\\0&1&-1&0&0&a_2\\0&0&1&-1&0&a_3\\0&0&0&1&-1&a_4\\0&0&-1&0&1&a_1+a_2+a_5\end{pmatrix}.$$

继续对上述矩阵作初等行变换，将第 3、第 4 行加至第 5 行，得

$$\overline{A}=\begin{pmatrix}1&-1&0&0&0&a_1\\0&1&-1&0&0&a_2\\0&0&1&-1&0&a_3\\0&0&0&1&-1&a_4\\0&0&0&0&0&\sum\limits_{i=1}^{5}a_i\end{pmatrix},$$

所以方程组有解的充要条件为 $r(A)=r(\overline{A})$，即 $\sum\limits_{i-1}^{5}a_i=0$.

**例 4.8**　(实际生产问题)一制造商生产 3 种不同的产品 A，B，C，每种产品都需要经过两种机器 M，N 的制作，每种产品每生产 1t，所需使用两部机器的时间如表 4.1 所示(单位：h)，机器 M 每星期最多使用 80h，机器 N 每星期最多使用 60h. 假设制造商可以卖出每周制造的所有产品，经营者希望机器持续运转. 问：在一周内每一产品需要制造多少吨才能使机器被充分使用？

**表 4.1**

| 机器 | 产品 A | 产品 B | 产品 C |
|---|---|---|---|
| M | 2 | 3 | 4 |
| N | 2 | 2 | 3 |

**解**　设产品 A，B，C 一周生产的吨数分别为 $x_1$，$x_2$，$x_3$，依题意可得方程组

$$\begin{cases}2x_1+3x_2+4x_3=80,\\2x_1+2x_2+3x_3=60.\end{cases}$$

对上述方程组的增广矩阵进行初等行变换，得

$$\overline{A}=\begin{pmatrix}2&3&4&80\\2&2&3&60\end{pmatrix}\rightarrow\begin{pmatrix}1&0&\frac{1}{2}&10\\0&1&1&20\end{pmatrix}.$$

解得方程组的全部解为

$$\begin{cases}x_1=-\frac{1}{2}c+10,\\x_2=-c+20,\\x_3=c.\end{cases}$$

由题意知 $x_1$, $x_2$, $x_3 \geqslant 0$ 且为整数，得 $0 \leqslant c<20$，且 $c$ 为偶数.

## 习题 4.2

1. 设 $\boldsymbol{A}$ 是 $m\times n$ 矩阵，非齐次线性方程组 $\boldsymbol{AX}=\boldsymbol{b}$ 有解的充分条件是(　　).

A. $r(\boldsymbol{A})=m$　　B. $r(\boldsymbol{A})=n$

C. $\boldsymbol{A}$ 的行向量组线性相关　　D. $\boldsymbol{A}$ 的列向量组线性相关

2. 非齐次线性方程组 $\boldsymbol{AX}=\boldsymbol{b}$ 中未知量个数为 $n$，方程个数为 $m$，系数矩阵 $\boldsymbol{A}$ 的秩为 $r$，则(　　).

A. $r=n$ 时，方程组 $\boldsymbol{AX}=\boldsymbol{b}$ 有唯一解　　B. $r=m$ 时，方程组 $\boldsymbol{AX}=\boldsymbol{b}$ 有解

C. $m=n$ 时，方程组 $\boldsymbol{AX}=\boldsymbol{b}$ 有唯一解　　D. $r<n$ 时，方程组 $\boldsymbol{AX}=\boldsymbol{b}$ 有无穷多解

3. 设方程组 $\begin{pmatrix}a&1&1\\1&a&1\\1&1&a\end{pmatrix}\begin{pmatrix}x_1\\x_2\\x_3\end{pmatrix}=\begin{pmatrix}1\\1\\-2\end{pmatrix}$ 有无穷多解，则 $a=$________.

4. 若线性方程组 $\begin{cases}x_1+x_2=-a_1,\\x_2+x_3=a_2,\\x_3+x_4=-a_3,\\x_4+x_1=a_4\end{cases}$ 有解，则常数 $a_1$，$a_2$，$a_3$，$a_4$ 应满足的条件为________.

5. 已知非齐次线性方程组 $\begin{cases}x_1+x_2+x_3+x_4+x_5=a,\\3x_1+2x_2+x_3+x_4-3x_5=0,\\x_2+2x_3+2x_4+6x_5=b,\\5x_1+4x_2+3x_3+3x_4-x_5=2,\end{cases}$ 问当 $a$，$b$ 为何值时方程组有解？并求其通解.

6. 设 $\boldsymbol{A}$ 是 $m\times n$ 矩阵，证明：方程组 $\boldsymbol{AX}=\boldsymbol{E}_m$ 有解的充要条件是 $r(\boldsymbol{A})=m$.

7. 若线性方程组 $\begin{cases} a_{11}x_1+a_{12}x_2+\cdots+a_{1n}x_n=b_1, \\ a_{21}x_1+a_{22}x_2+\cdots+a_{2n}x_n=b_2, \\ \quad\vdots \\ a_{n1}x_1+a_{n2}x_2+\cdots+a_{nn}x_n=b_n \end{cases}$ 的系数矩阵 $\boldsymbol{A}$ 的秩等于矩阵

$\begin{pmatrix} a_{11} & a_{12} & \cdots & a_{1n} & b_1 \\ a_{21} & a_{22} & \cdots & a_{2n} & b_2 \\ \vdots & \vdots & & \vdots & \vdots \\ a_{n1} & a_{n2} & \cdots & a_{nn} & b_n \\ b_1 & b_2 & \cdots & b_n & 0 \end{pmatrix}$ 的秩，证明：该方程组有解.

8. 已知 $n$ 行列式 $D_n=|a_{ij}|\neq 0$，证明：方程组 $\begin{cases} a_{11}x_1+a_{12}x_2+\cdots+a_{1,\,n-1}x_{n-1}=a_{1n}, \\ a_{21}x_1+a_{22}x_2+\cdots+a_{2,\,n-1}x_{n-1}=a_{2n}, \\ \quad\vdots \\ a_{n1}x_1+a_{n2}x_2+\cdots+a_{n,\,n-1}x_{n-1}=a_{nn} \end{cases}$ 无解.

## 4.3　线性方程组的实际应用

线性方程组是线性代数的重要内容，与向量组、矩阵方程有密切的关系. 线性方程组及其求解方法在大多数理工科专业课程及金融领域中均被广泛应用. 其相关问题可以通过建立数学模型转化为线性方程组或一阶常系数线性微分方程组进行求解.

**【实际问题 4.1】** 已知平面 $\Pi_1$：$a_1x+b_1y+c_1z=d_1$ 与平面 $\Pi_2$：$a_2x+b_2y+c_2z=d_2$，记线性方程组

$$\begin{cases} a_1x+b_1y+c_1z=d_1, \\ a_2x+b_2y+c_2z=d_2 \end{cases}$$

的系数矩阵为 $\boldsymbol{A}=\begin{pmatrix} a_1 & b_1 & c_1 \\ a_2 & b_2 & c_2 \end{pmatrix}$，增广矩阵为 $\overline{\boldsymbol{A}}=\begin{pmatrix} a_1 & b_1 & c_1 & d_1 \\ a_2 & b_2 & c_2 & d_2 \end{pmatrix}$.

(1) 若 $r(\boldsymbol{A})=r(\overline{\boldsymbol{A}})=2$，则平面 $\Pi_1$ 与 $\Pi_2$ 相交于一条直线.

(2) 若 $r(\boldsymbol{A})=r(\overline{\boldsymbol{A}})=1$，则平面 $\Pi_1$ 与 $\Pi_2$ 重合.

(3) 若 $r(\boldsymbol{A})=1$，$r(\overline{\boldsymbol{A}})=2$，则平面 $\Pi_1$ 与 $\Pi_2$ 平行.

**【实际问题 4.2】** 已知空间直线 $L$：$\begin{cases} a_1x+b_1y+c_1z=d_1, \\ a_2x+b_2y+c_2z=d_2, \end{cases}$ 与平面 $\Pi$：$ax+by+cz=d$，记线性方程组

$$\begin{cases}a_1x+b_1y+c_1z=d_1,\\a_2x+b_2y+c_2z=d_2,\\ax+by+cz=d.\end{cases}$$

的系数矩阵为 $\boldsymbol{A}=\begin{pmatrix}a_1&b_1&c_1\\a_2&b_2&c_2\\a&b&c\end{pmatrix}$，增广矩阵为 $\overline{\boldsymbol{A}}=\begin{pmatrix}a_1&b_1&c_1&d_1\\a_2&b_2&c_2&d_2\\a&b&c&d\end{pmatrix}$.

(1)若 $r(\boldsymbol{A})=r(\overline{\boldsymbol{A}})=3$，则直线 $L$ 与平面 $\Pi$ 相交.

(2)若 $r(\boldsymbol{A})=2$，$r(\overline{\boldsymbol{A}})=3$，则直线 $L$ 与平面 $\Pi$ 平行.

(3)若 $r(\boldsymbol{A})=r(\overline{\boldsymbol{A}})=2$，则直线 $L$ 在平面 $\Pi$ 上.

**【实际问题 4.3】** 今有百钱买百鸡. 鸡翁一值钱五，鸡母一值钱三，鸡雏三值钱一，问：鸡翁、鸡母、鸡雏各几何？

**解** 设鸡翁、鸡母、鸡雏各买 $x$，$y$，$z$ 只，依题意得方程组

$$\begin{cases}x+y+z=100,\\5x+3y+\dfrac{1}{3}z=100,\end{cases}\rightarrow\begin{cases}x+y+z=100,\\15x+9y+z=300.\end{cases}$$

其增广矩阵为

$$\overline{\boldsymbol{A}}=\begin{pmatrix}1&1&1&100\\15&9&1&300\end{pmatrix}\rightarrow\begin{pmatrix}1&1&1&100\\0&-6&-14&-1200\end{pmatrix}$$

$$\rightarrow\begin{pmatrix}1&1&1&100\\0&1&\dfrac{7}{3}&200\end{pmatrix}\rightarrow\begin{pmatrix}1&0&-\dfrac{4}{3}&-100\\0&1&\dfrac{7}{3}&200\end{pmatrix}.$$

实际问题 4.3

同解方程组为

$$\begin{cases}x=\dfrac{4}{3}z-100,\\y=200-\dfrac{7}{3}z.\end{cases}$$

考虑 $x$，$y$，$z\geqslant 0$，且 $x$，$y$，$z$ 必须为非负整数，所以 $z$ 为 3 的倍数，且 $75\leqslant z\leqslant\dfrac{600}{7}$，所以可能的解为

$$\begin{cases}x=0,\\y=25,\\z=75,\end{cases}\quad\begin{cases}x=4,\\y=18,\\z=78,\end{cases}\quad\begin{cases}x=8,\\y=11,\\z=81,\end{cases}\quad\begin{cases}x=12,\\y=4,\\z=84.\end{cases}$$

## 习题 4.3

1.(计算机层析 X 射线照相技术)计算机层析扫描仪根据仅从病人头的外部测得的 X 射线，来计算人大脑的图像. 考虑如图所示的简单情形：

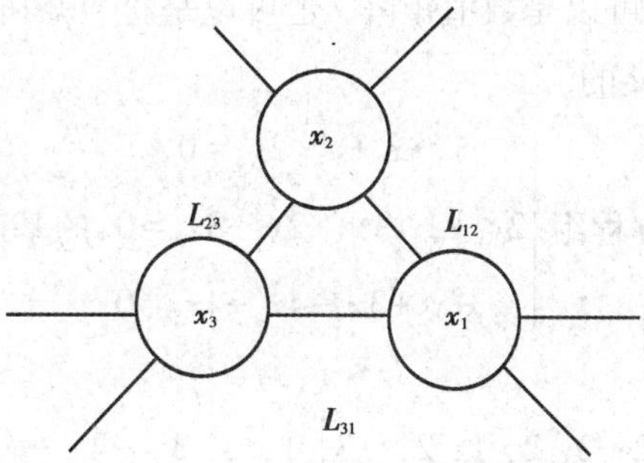


这里的三个小圆圈代表了人体的三个小器官，它们的质量是未知的，分别用 $x_1$，$x_2$，$x_3$ 来表示，而这些直线代表了射线. 这些小器官的位置未知，这就使得每条射线不能对准一个器官.

如图所示，沿 $L_{12}$通过的射线经过 1，2 两个器官，它们的质量分别为 $x_1$，$x_2$. 这两个器官要吸收一定强度的 X 射线. 通过测量吸收的强度，可以求出射线通过的总量，计算出被吸收的 X 射线总量.

2.(营养食谱问题)一个饮食专家设计一份膳食，需要提供一定量的维生素 C、钙和镁. 其中用到了 3 种食物，它们的质量用适当的单位计量. 这些食品提供的营养以及食谱需要的营养如下表所示：

| 营养 | 单位食谱所含的营养 | | | 需要的营养总量(毫克) |
|---|---|---|---|---|
| | 食物 1 | 食物 2 | 食物 3 | |
| 维生素 C | 10 | 20 | 20 | 100 |
| 钙 | 50 | 40 | 10 | 300 |
| 镁 | 30 | 10 | 40 | 200 |

请找出食物 1、食物 2、食物 3 的某种组合，使该食谱每天能供给表中规定的维生素 C、钙和镁的含量.

## 4.4　运用 MATLAB 求解线性方程组

求解线性方程组不但在自然科学和工程技术中常被涉及，而且计算方法的其他分支(如函数逼近、求解偏微分方程的差分方法、有限元方法等)的研究也往往归结为此类问题. 本节主要从齐次线性方程组和非齐次线性方程组两个方面来学习运用 MATLAB 求解线性方程组.

### 4.4.1 求解齐次线性方程组

在 MATLAB 中, 可以利用函数命令“null(A)”来求出 $\boldsymbol{AX}=\boldsymbol{0}$ 的一个基础解系, 从而求出方程组的解. 其中, $\boldsymbol{A}$ 可以是数值矩阵, 也可以是符号矩阵. 如果 $\boldsymbol{A}$ 是数值矩阵, 则返回的基础解系是规范正交的.

**例 4.9** 求齐次线性方程组 $\begin{cases} x_1+x_2+x_3-2x_5=0, \\ 2x_1+2x_2+x_3+2x_4-3x_5=0, \\ x_1+x_2+3x_3-4x_4-4x_5=0 \end{cases}$ 的基础解系与通解.

**解**

```
>>A=[1, 1, 1, 0, -2; 2, 2, 1, 2, -3; 1, 1, 3, -4, -4]
>>A1=sym(A)
A1=
[1, 1, 1, 0, -2]
[2, 2, 1, 2, -3]
[1, 1, 3, -4, -4]
>>null(A1)
ans=
[-1, -2, 1]
[1, 0, 0]
[0, 2, 1]
[0, 1, 0]
[0, 0, 1]
```

于是, 基础解系为 $\boldsymbol{\xi}_1=(-1, 1, 0, 0, 0)^{\mathrm{T}}$, $\boldsymbol{\xi}_2=(-2, 0, 2, 1, 0)^{\mathrm{T}}$, $\boldsymbol{\xi}_3=(1, 0, 1, 0, 1)^{\mathrm{T}}$, 方程组通解为 $\boldsymbol{X}=k_1\boldsymbol{\xi}_1+k_2\boldsymbol{\xi}_2+k_3\boldsymbol{\xi}_3$.

说明:“symA”的作用是将非符号对象转化为符号对象.

### 4.4.2 求解非齐次线性方程组

非齐次线性方程组的矩阵形式为 $\boldsymbol{AX}=\boldsymbol{b}$. 其中, $\boldsymbol{A}$ 为 $m\times n$ 矩阵 $\boldsymbol{X}$, $\boldsymbol{b}$ 为向量, $\overline{\boldsymbol{A}}=(\boldsymbol{A}, \boldsymbol{b})$. 若 $r(\boldsymbol{A})=r(\overline{\boldsymbol{A}})=n$, 则 $\boldsymbol{AX}=\boldsymbol{b}$ 有唯一解.

**例 4.10** 求解非齐次线性方程组 $\begin{cases} x_1-2x_2+4x_3=-5, \\ 2x_1+3x_2+x_3=4, \\ 3x_1+8x_2-2x_3=13. \end{cases}$

**解**

```
>>A=[1, -2, 4; 2, 3, 1; 3, 8, -2];
>>b=[-5; 4; 13];
>>B=[A b];
>>r=[rank(A), rank(B)]
R=
  2  2
```

即 $r(\boldsymbol{A})=r(\boldsymbol{B})=2<n$，从而有无穷多解.

下面对增广矩阵进行初等行变换求通解.

```
>>rref(B)
ans=
1  0   2   -1
0  1  -1    2
0  0   0    0
```

由此得方程组$\begin{cases} x_1=-1-2x_3, \\ x_2=2+x_3, \end{cases}$于是，通解为

$$\boldsymbol{X}=(-1,\ 2,\ 0)^{\mathrm{T}}+k\ (-2,\ 1,\ 1)^{\mathrm{T}}$$

其中 $k$ 为任意常数.

注　在 MATLAB 中，当方程组有无穷多解时，可以对其增广矩阵利用函数“rref(B)”进行初等行变换求通解.

## 第 4 章总复习题

1. (2019) 如图所示，有 3 张平面两两相交，交线相互平行，它们的方程 $a_{i1}x+a_{i2}y+a_{i3}z=d_i\ (i=1,\ 2,\ 3)$ 组成的线性方程组的系数矩阵和增广矩阵分别记为 $\boldsymbol{A}$，$\overline{\boldsymbol{A}}$，则(　　).

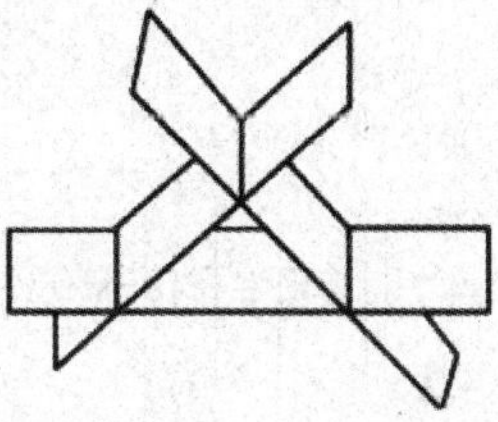

A. $r(\boldsymbol{A})=2$，$r(\overline{\boldsymbol{A}})=3$　　　　B. $r(\boldsymbol{A})=2$，$r(\overline{\boldsymbol{A}})=2$

C. $r(\boldsymbol{A})=1$，$r(\overline{\boldsymbol{A}})=2$　　　　D. $r(\boldsymbol{A})=1$，$r(\overline{\boldsymbol{A}})=1$

2. (2022) 设 $\boldsymbol{A}$，$\boldsymbol{B}$ 均为 $n$ 阶矩阵，$\boldsymbol{E}$ 为单位矩阵，如果方程组 $\boldsymbol{Ax}=\boldsymbol{0}$ 和 $\boldsymbol{Bx}=\boldsymbol{0}$ 同解，

则(　　).

A. 方程组$\begin{pmatrix} \boldsymbol{A} & \boldsymbol{0} \\ \boldsymbol{E} & \boldsymbol{B} \end{pmatrix}\boldsymbol{y}=\boldsymbol{0}$只有零解.

B. 方程组$\begin{pmatrix} \boldsymbol{E} & \boldsymbol{A} \\ \boldsymbol{O} & \boldsymbol{AB} \end{pmatrix}\boldsymbol{y}=\boldsymbol{0}$只有零解.

C. 方程组$\begin{pmatrix} \boldsymbol{A} & \boldsymbol{B} \\ \boldsymbol{O} & \boldsymbol{B} \end{pmatrix}\boldsymbol{y}=\boldsymbol{0}$与$\begin{pmatrix} \boldsymbol{B} & \boldsymbol{A} \\ \boldsymbol{O} & \boldsymbol{A} \end{pmatrix}\boldsymbol{y}=\boldsymbol{0}$同解.

D. 方程组$\begin{pmatrix} \boldsymbol{AB} & \boldsymbol{B} \\ \boldsymbol{O} & \boldsymbol{A} \end{pmatrix}\boldsymbol{y}=\boldsymbol{0}$与$\begin{pmatrix} \boldsymbol{BA} & \boldsymbol{A} \\ \boldsymbol{O} & \boldsymbol{B} \end{pmatrix}\boldsymbol{y}=\boldsymbol{0}$同解.

3. (2022)设矩阵$\boldsymbol{A}=\begin{pmatrix} 1 & 1 & 1 \\ 1 & a & a^2 \\ 1 & b & b^2 \end{pmatrix}$，$\boldsymbol{b}=\begin{pmatrix} 1 \\ 2 \\ 4 \end{pmatrix}$，则线性方程组$\boldsymbol{Ax}=\boldsymbol{b}$解的情况(　　).

A. 无解　　　　B. 有解

C. 有无穷多解或无解　　　　D. 有唯一解或无解

4. (2011)设$\boldsymbol{A}=(\boldsymbol{\alpha}_1, \boldsymbol{\alpha}_2, \boldsymbol{\alpha}_3, \boldsymbol{\alpha}_4)$是四阶矩阵，$\boldsymbol{A}^*$为$\boldsymbol{A}$的伴随矩阵，若$(1, 0, 1, 0)$是方程组$\boldsymbol{AX}=\boldsymbol{0}$的一个基础解系，则$\boldsymbol{A}^*\boldsymbol{X}=\boldsymbol{0}$的一个基础解系为(　　).

A. $\boldsymbol{\alpha}_1, \boldsymbol{\alpha}_3$　　B. $\boldsymbol{\alpha}_1, \boldsymbol{\alpha}_2$　　C. $\boldsymbol{\alpha}_1, \boldsymbol{\alpha}_2, \boldsymbol{\alpha}_3$　　D. $\boldsymbol{\alpha}_2, \boldsymbol{\alpha}_3, \boldsymbol{\alpha}_4$

5. (2019)设$\boldsymbol{A}=(\boldsymbol{\alpha}_1, \boldsymbol{\alpha}_2, \boldsymbol{\alpha}_3)$为三阶矩阵. 若$\boldsymbol{\alpha}_1, \boldsymbol{\alpha}_2$线性无关，且$\boldsymbol{\alpha}_3=-\boldsymbol{\alpha}_1+2\boldsymbol{\alpha}_3$，则线性方程组$\boldsymbol{Ax}=\boldsymbol{0}$的通解为________.

6. (2023)$\begin{cases} ax_1+x_3=1, \\ x_1+ax_2+x_3=0, \\ x_1+2x_2+ax_3=0, \\ ax_1+bx_2=2 \end{cases}$有解，其中$a$，$b$为常数，若$\begin{vmatrix} a & 0 & 1 \\ 1 & a & 1 \\ 1 & 2 & a \end{vmatrix}=4$，则$\begin{vmatrix} 1 & a & 1 \\ 1 & 2 & a \\ a & b & 0 \end{vmatrix}=$________.

7. (2000)已知方程组$\begin{pmatrix} 1 & 2 & 1 \\ 2 & 3 & a+2 \\ 1 & a & -2 \end{pmatrix}\begin{pmatrix} x_1 \\ x_2 \\ x_3 \end{pmatrix}=\begin{pmatrix} 1 \\ 3 \\ 0 \end{pmatrix}$无解，则$a=$________.

8. (2018)已知$a$是常数，且矩阵$\boldsymbol{A}=\begin{pmatrix} 1 & 2 & a \\ 1 & 3 & 0 \\ 2 & 7 & -a \end{pmatrix}$可经初等变换化为$\boldsymbol{B}=\begin{pmatrix} 1 & a & 2 \\ 0 & 1 & 1 \\ -1 & 1 & 1 \end{pmatrix}$.

(1)求$a$. (2)满足$\boldsymbol{AP}=\boldsymbol{B}$的可逆矩阵$\boldsymbol{P}$.

9. (2016) 设矩阵 $\boldsymbol{A}=\begin{pmatrix} 1 & 1 & 1-a \\ 1 & 0 & a \\ a+1 & 1 & a+1 \end{pmatrix}$，$\boldsymbol{\beta}=\begin{pmatrix} 0 \\ 1 \\ 2a-2 \end{pmatrix}$，且方程组 $\boldsymbol{AX}=\boldsymbol{\beta}$ 无解. (1) 求 $a$. (2) 求方程组 $\boldsymbol{A}^{\mathrm{T}}\boldsymbol{AX}=\boldsymbol{A}^{\mathrm{T}}\boldsymbol{\beta}$ 的通解.

10. (2004) 设有齐次线性方程组 $\begin{cases} (1+a)x_1+x_2+\cdots+x_n=0, \\ 2x_1+(2+a)x_2+\cdots+2x_n=0, \\ \vdots \\ nx_1+nx_2+\cdots+(n+a)x_n=0, \end{cases}$ $(n\geqslant 2)$，方程组 $a$ 取何值时，该方程组有非零解，求出其通解.

经济学中的线性模型

第四章思维导图

# 第 5 章　特征值与特征向量

矩阵的特征值与特征向量是矩阵理论的重要组成部分，这些内容在工程技术、数量经济分析等领域都有非常重要而广泛的应用. 本章先介绍矩阵的特征值与特征向量的定义及求法，再引入相似矩阵的定义，并讨论方阵的相似对角化，最后讨论实对称矩阵的正交相似对角化.

## 5.1　特征值与特征向量

在实际问题中，经常会遇到这样的问题：对于一个给定的 $n$ 阶方阵 $\boldsymbol{A}$，是否存在非零向量 $\boldsymbol{X}$，使 $\boldsymbol{AX}$ 与 $\boldsymbol{X}$ 平行，即存在常数 $\lambda$，使 $\boldsymbol{AX}=\lambda\boldsymbol{X}$ 成立. 在数学上，这就是矩阵的特征值与特征向量问题. 它们不仅在专业数学和应用数学中有重要应用，而且在工程设计和数量经济分析等多个领域也有广泛的应用.

### 5.1.1　特征值与特征向量的定义

**定义 5.1**　设 $\boldsymbol{A}$ 是 $n$ 阶方阵，如果存在数 $\lambda$ 和 $n$ 维非零列向量 $\boldsymbol{X}$，使关系式

$$\boldsymbol{AX}=\lambda\boldsymbol{X} \tag{5.1}$$

成立，那么，称 $\lambda$ 为方阵 $\boldsymbol{A}$ 的特征值，非零列向量 $\boldsymbol{X}$ 称为 $\boldsymbol{A}$ 的对应于特征值 $\lambda$ 的特征向量.

例如，对任意 $n$ 维向量非零列向量 $\boldsymbol{X}$，由于 $\boldsymbol{EX}=1\boldsymbol{X}$，所以 1 是 $n$ 阶单位阵 $\boldsymbol{E}$ 的特征值，任意 $n$ 维非零列向量 $\boldsymbol{X}$ 都是 $\boldsymbol{E}$ 的对应于特征值 1 的特征向量.

式(5.1)可以写成

$$(\boldsymbol{A}-\lambda\boldsymbol{E})\boldsymbol{X}=0. \tag{5.2}$$

这是一个 $n$ 元齐次线性方程组，它有非零解的充分必要条件是系数行列式

$$D=|\boldsymbol{A}-\lambda\boldsymbol{E}|=0,$$

即

$$\begin{vmatrix} a_{11}-\lambda & a_{12} & \cdots & a_{1n} \\ a_{21} & a_{22}-\lambda & \cdots & a_{2n} \\ \vdots & \vdots & & \vdots \\ a_{n1} & a_{n2} & \cdots & a_{nn}-\lambda \end{vmatrix}=0. \tag{5.3}$$

式(5.3)是以$\lambda$为未知量的一元$n$次方程，称为方阵$\boldsymbol{A}$的特征方程，其左端$|\boldsymbol{A}-\lambda\boldsymbol{E}|$是关于$\lambda$的$n$次多项式，称为方阵$\boldsymbol{A}$的特征多项式，记作$f_A(\lambda)$. $\boldsymbol{A}-\lambda\boldsymbol{E}$称为$A$的特征矩阵.

显然，$\boldsymbol{A}$的特征值就是特征方程的解，$\boldsymbol{A}$的特征向量就是齐次线性方程组(5.2)的非零解向量. 在复数范围内特征方程恒有解，其解的个数等于特征方程的次数(重根按重数计算)，因此，$n$阶方阵$\boldsymbol{A}$在复数域内有$n$个特征值.

**例5.1** 求$\boldsymbol{A}=\begin{pmatrix}1 & -1\\ 2 & 4\end{pmatrix}$的特征值和特征向量.

**解** $\boldsymbol{A}$的特征多项式为$|\boldsymbol{A}-\lambda\boldsymbol{E}|=\begin{vmatrix}1-\lambda & -1\\ 2 & 4-\lambda\end{vmatrix}=(1-\lambda)(4-\lambda)+2=\lambda^2-5\lambda+6$,

所以$\boldsymbol{A}$的特征值为$\lambda_1=2$, $\lambda_2=3$.

当$\lambda_1=2$时，解方程组$(\boldsymbol{A}-2\boldsymbol{E})\boldsymbol{X}=\boldsymbol{0}$，由

$$\boldsymbol{A}-2\boldsymbol{E}=\begin{pmatrix}-1 & -1\\ 2 & 2\end{pmatrix}\xrightarrow{r}\begin{pmatrix}-1 & -1\\ 0 & 0\end{pmatrix},$$

得基础解系$\boldsymbol{p}_1=\begin{pmatrix}1\\ -1\end{pmatrix}$，所以对应于$\lambda_1=2$的全部特征向量为$k_1\boldsymbol{p}_1(k_1\neq 0)$.

当$\lambda_2=3$时，解方程组$(\boldsymbol{A}-3\boldsymbol{E})\boldsymbol{X}=\boldsymbol{0}$，由

$$\boldsymbol{A}-3\boldsymbol{E}=\begin{pmatrix}-2 & -1\\ 2 & 1\end{pmatrix}\xrightarrow{r}\begin{pmatrix}-2 & -1\\ 0 & 0\end{pmatrix},$$

得基础解系$\boldsymbol{p}_2=\begin{pmatrix}1\\ -2\end{pmatrix}$，所以对应于$\lambda_2=3$的全部特征向量为$k_2\boldsymbol{p}_2(k_2\neq 0)$.

**例5.2** 求矩阵$\boldsymbol{A}=\begin{pmatrix}-1 & 1 & 0\\ -4 & 3 & 0\\ 1 & 0 & 2\end{pmatrix}$的特征值和特征向量.

**解** $\boldsymbol{A}$的特征多项式为

$$|\boldsymbol{A}-\lambda\boldsymbol{E}|=\begin{vmatrix}-1-\lambda & 1 & 0\\ -4 & 3-\lambda & 0\\ 1 & 0 & 2-\lambda\end{vmatrix}=(2-\lambda)(1-\lambda)^2,$$

所以$\boldsymbol{A}$的特征值为$\lambda_1=2$, $\lambda_2=\lambda_3=1$.

当$\lambda_1=2$时，解方程组$(\boldsymbol{A}-2\boldsymbol{E})\boldsymbol{X}=\boldsymbol{0}$，由

$$A-2E=\begin{pmatrix}-3&1&0\\-4&1&0\\1&0&0\end{pmatrix}\xrightarrow{r}\begin{pmatrix}1&0&0\\0&1&0\\0&0&0\end{pmatrix},$$

得基础解系$p_1=\begin{pmatrix}0\\0\\1\end{pmatrix}$，所以特征值 $\lambda_1=2$ 的全部特征向量为 $k_1p_1(k_1\neq0)$

当 $\lambda_2=\lambda_3=1$ 时，解方程组$(A-E)X=\mathbf{0}$. 由

$$A-E=\begin{pmatrix}-2&1&0\\-4&2&0\\1&0&1\end{pmatrix}\xrightarrow{r}\begin{pmatrix}1&0&1\\0&1&2\\0&0&0\end{pmatrix},$$

得基础解系$p_2=\begin{pmatrix}-1\\-2\\1\end{pmatrix}$，所以特征值 $\lambda_2=\lambda_3=1$ 的全部特征向量为 $k_2p_2(k_2\neq0)$.

**例 5.3** 求矩阵$A=\begin{pmatrix}-2&1&1\\0&2&0\\-4&1&3\end{pmatrix}$的特征值和特征向量.

**解** $A$ 的特征多项式为

$$|A-\lambda E|=\begin{vmatrix}-2-\lambda&1&1\\0&2-\lambda&0\\-4&1&3-\lambda\end{vmatrix}=(2-\lambda)\begin{vmatrix}-2-\lambda&1\\-4&3-\lambda\end{vmatrix}=-(\lambda+1)(\lambda-2)^2,$$

所以 $A$ 的特征值为 $\lambda_1=-1$，$\lambda_2=\lambda_3=2$.

当 $\lambda_1=-1$ 时，解方程组$(A+E)X=\mathbf{0}$，由

$$A+E=\begin{pmatrix}-1&1&1\\0&3&0\\-4&1&4\end{pmatrix}\xrightarrow{r}\begin{pmatrix}1&0&-1\\0&1&0\\0&0&0\end{pmatrix},$$

得基础解系$p_1=\begin{pmatrix}1\\0\\1\end{pmatrix}$，所以对应于 $\lambda_1=-1$ 的全部特征向量为 $k_1p_1(k_1\neq0)$.

当 $\lambda_2=\lambda_3=2$ 时，解方程组$(A-2E)X=\mathbf{0}$，由

$$A-2E=\begin{pmatrix}-4&1&1\\0&0&0\\-4&1&1\end{pmatrix}\xrightarrow{r}\begin{pmatrix}-4&1&1\\0&0&0\\0&0&0\end{pmatrix},$$

得基础解系$p_2=\begin{pmatrix}0\\1\\-1\end{pmatrix}$，$p_3=\begin{pmatrix}1\\0\\4\end{pmatrix}$，所以对应于 $\lambda_2=\lambda_3=2$ 的全部特征向量为 $k_2p_2+k_3p_3(k_2,$

$k_3$ 不同时为 0).

由例 5.2、例 5.3 两个例子看到, 例 5.2 中的特征值 2 与例 5.3 中的特征值 2 都是相应特征方程的二重根, 但例 5.2 中的特征值 2 只有一个线性无关的特征向量, 而例 5.3 中的特征值 2 有两个线性无关的特征向量. 一般地, $n$ 阶矩阵 $\boldsymbol{A}$ 必有 $n$ 个特征值(重根按重数计算), 单根的特征值必有一个线性无关的特征向量; 但对于 $r$ 重根的特征值, 其对应的线性无关的特征向量的个数, 有可能为 $r$ 个, 也有可能少于 $r$ 个, 需由矩阵 $\boldsymbol{A}$ 的结构确定.

### 5.1.2　特征值与特征向量的性质

**性质 5.1**　设矩阵 $\boldsymbol{A}=(a_{ij})_{n\times n}$ 的特征值为 $\lambda_1, \lambda_2, \cdots, \lambda_n$, 则

(1) $\lambda_1+\lambda_2+\cdots+\lambda_n=a_{11}+a_{22}+\cdots+a_{nn}$;

(2) $\lambda_1\lambda_2\cdots\lambda_n=|\boldsymbol{A}|$.

**【问题 5.1】**　已知 $\boldsymbol{A}$ 是 $n$ 阶方阵, 且 $\boldsymbol{AX}=\boldsymbol{0}$ 有非零解, 则 $\boldsymbol{A}$ 必有一个特征值是 0. 这种说法是否正确? 请说明理由.

**定义 5.2**　设矩阵 $\boldsymbol{A}=(a_{ij})_{n\times n}$, 称 $a_{11}+a_{22}+\cdots+a_{nn}$ 为 $\boldsymbol{A}$ 的迹, 记为 $tr\boldsymbol{A}$.

**性质 5.2**　矩阵 $\boldsymbol{A}$ 和 $\boldsymbol{A}^{\mathrm{T}}$ 有相同的特征值.

**证明**　因为

$$|\boldsymbol{A}^{\mathrm{T}}-\lambda\boldsymbol{E}|=|(\boldsymbol{A}-\lambda\boldsymbol{E})^{\mathrm{T}}|=|\boldsymbol{A}-\lambda\boldsymbol{E}|,$$

所以 $\boldsymbol{A}$ 和 $\boldsymbol{A}^{\mathrm{T}}$ 有相同的特征多项式, 故它们有相同的特征值.

**性质 5.3**　设 $\boldsymbol{A}$ 是 $n$ 阶可逆矩阵, 则

(1) $\boldsymbol{A}$ 的特征值都不为零;

(2) 若 $\lambda$ 是 $\boldsymbol{A}$ 的特征值, 则 $\lambda^{-1}$ 是 $\boldsymbol{A}^{-1}$ 的特征值.

**证明**　(1) 设 $\boldsymbol{A}$ 的全部特征值为 $\lambda_1, \lambda_2, \cdots, \lambda_n$. 由性质 5.1, $\lambda_1\lambda_2\cdots\lambda_n=|\boldsymbol{A}|$, 因 $\boldsymbol{A}$ 可逆, 所以 $|\boldsymbol{A}|\neq 0$, 故 $\lambda_1, \lambda_2, \cdots, \lambda_n$ 都不为零.

(2) 设 $\boldsymbol{\xi}$ 是 $\boldsymbol{A}$ 的属于 $\lambda$ 的特征向量, 则 $\boldsymbol{A\xi}=\lambda\boldsymbol{\xi}$. 根据(1), $\lambda\neq 0$, 于是

$$\frac{1}{\lambda}\boldsymbol{A\xi}=\boldsymbol{\xi}.$$

用 $\boldsymbol{A}^{-1}$ 同时左乘上式的两边得

$$\boldsymbol{A}^{-1}\boldsymbol{\xi}=\frac{1}{\lambda}\boldsymbol{\xi},$$

由 $\boldsymbol{\xi}\neq\boldsymbol{0}$ 知, $\lambda^{-1}$ 是 $\boldsymbol{A}^{-1}$ 的特征值.

**例 5.4**　如果矩阵 $\boldsymbol{A}$ 满足 $\boldsymbol{A}^2=\boldsymbol{A}$, 则称其为幂等矩阵. 说明: 幂等矩阵的特征值只能是 0 或 1.

**证明**　设 $\boldsymbol{A\alpha}=\lambda\boldsymbol{\alpha}(\boldsymbol{\alpha}\neq 0)$ 两边左乘矩阵 $\boldsymbol{A}$, 得

$$\boldsymbol{A}^2\boldsymbol{\alpha}=\boldsymbol{A}\lambda\boldsymbol{\alpha}=\lambda\boldsymbol{A\alpha}=\lambda\cdot\lambda\boldsymbol{\alpha}=\lambda^2\boldsymbol{\alpha},$$

由此可得$(\lambda-\lambda^2)\boldsymbol{\alpha}=0$.

因为$\alpha\neq0$，所以有$\lambda-\lambda^2=0$，得$\lambda=0$或$\lambda=1$.

**性质 5.4** 设$f(x)=a_mx^m+\cdots+a_1x+a_0$是关于$x$的多项式，$\boldsymbol{A}$是$n$阶方阵，此时

$$f(\boldsymbol{A})=a_m\boldsymbol{A}_m+\cdots+a_1\boldsymbol{A}+a_0\boldsymbol{E}.$$

若$\lambda$是$\boldsymbol{A}$的特征值，则$f(\lambda)$是$f(\boldsymbol{A})$的特征值.

**例 5.5** 已知三阶方阵$\boldsymbol{A}$的特征值为 1，2，-1，求$|\boldsymbol{A}^3-2\boldsymbol{A}+3\boldsymbol{E}|$.

**解** 设$f(x)=x^3-2x+3$，则$f(\boldsymbol{A})=\boldsymbol{A}^3-2\boldsymbol{A}+3\boldsymbol{E}$，由性质 5.4 知，$f(\boldsymbol{A})$的全部特征值为$f(1)=2$，$f(2)=7$，$f(-1)=4$. 因此

$$|\boldsymbol{A}^3-2\boldsymbol{A}+3\boldsymbol{E}|=2\times7\times4=56.$$

**定理 5.1** 设$\lambda_1$，$\lambda_2$，…，$\lambda_m$是$n$阶方阵$\boldsymbol{A}$的$m$个特征值，$\boldsymbol{x}_1$，$\boldsymbol{x}_2$，…，$\boldsymbol{x}_m$依次是与之对应的特征向量. 如果$\lambda_1$，$\lambda_2$，…，$\lambda_m$互不相等，则$\boldsymbol{x}_1$，$\boldsymbol{x}_2$，…，$\boldsymbol{x}_m$线性无关.

**证明** 用数学归纳法. 当$m=1$时，显然成立.

假设当$m=k$时结论成立，即向量组$\boldsymbol{x}_1$，$\boldsymbol{x}_2$，…，$\boldsymbol{x}_k$线性无关. 下面证明向量组$\boldsymbol{x}_1$，$\boldsymbol{x}_2$，…，$\boldsymbol{x}_k$，$\boldsymbol{x}_{k+1}$线性无关. 令

$$p_1\boldsymbol{x}_1+p_2\boldsymbol{x}_2+\cdots+p_k\boldsymbol{x}_k+p_{k+1}\boldsymbol{x}_{k+1}=\boldsymbol{0}, \tag{5.4}$$

用$\boldsymbol{A}$左乘式(5.4)，得

$$p_1\boldsymbol{A}\boldsymbol{x}_1+p_2\boldsymbol{A}\boldsymbol{x}_2+\cdots+p_k\boldsymbol{A}\boldsymbol{x}_k+p_{k+1}\boldsymbol{A}\boldsymbol{x}_{k+1}=\boldsymbol{0},$$

即

$$p_1\lambda_1\boldsymbol{x}_1+p_2\lambda_2\boldsymbol{x}_2+\cdots+p_k\lambda_k\boldsymbol{x}_k+p_{k+1}\lambda_{k+1}\boldsymbol{x}_{k+1}=\boldsymbol{0}. \tag{5.5}$$

式(5.5)减去式(5.4)的$\lambda_{k+1}$倍，得

$$p_1(\lambda_1-\lambda_{k+1})\boldsymbol{x}_1+p_2(\lambda_2-\lambda_{k+1})\boldsymbol{x}_2+\cdots+p_k(\lambda_k-\lambda_{k+1})\boldsymbol{x}_k=\boldsymbol{0}.$$

由于$\boldsymbol{x}_1$，$\boldsymbol{x}_2$，…，$\boldsymbol{x}_k$线性无关，故$p_i(\lambda_i-\lambda_{k+1})=0(i=1, 2, \cdots, k)$. 而$\lambda_i-\lambda_{k+1}\neq0$，所以$p_i=0(i=1, 2, \cdots, k)$. 代入式(5.4)得$p_{k+1}\boldsymbol{x}_{k+1}=\boldsymbol{0}$. 又由于$\boldsymbol{x}_{k+1}\neq\boldsymbol{0}$，所以$p_{k+1}=0$. 因此，向量组$\boldsymbol{x}_1$，$\boldsymbol{x}_2$，…，$\boldsymbol{x}_k$，$\boldsymbol{x}_{k+1}$线性无关.

**例 5.6** 已知$\boldsymbol{A}$为$n$阶方阵，$\lambda_1$，$\lambda_2$是$\boldsymbol{A}$的两个不同的特征值，$\boldsymbol{x}_1$，$\boldsymbol{x}_2$是$\boldsymbol{A}$的分别对应于$\lambda_1$，$\lambda_2$的特征向量，证明：$\boldsymbol{x}_1+\boldsymbol{x}_2$不是$\boldsymbol{A}$的特征向量.

**证明** 用反证法.

假设$\boldsymbol{x}_1+\boldsymbol{x}_2$是$\boldsymbol{A}$对应的特征值为$\lambda$的特征向量，则有

$$\boldsymbol{A}(\boldsymbol{x}_1+\boldsymbol{x}_2)=\lambda(\boldsymbol{x}_1+\boldsymbol{x}_2). \tag{5.6}$$

因为$\boldsymbol{A}(\boldsymbol{x}_1+\boldsymbol{x}_2)=\boldsymbol{A}\boldsymbol{x}_1+\boldsymbol{A}\boldsymbol{x}_2=\lambda_1\boldsymbol{x}_1+\lambda_2\boldsymbol{x}_2$，上两式相减得

$$(\lambda-\lambda_1)\boldsymbol{x}_1+(\lambda-\lambda_2)\boldsymbol{x}_2=0.$$

因为$\boldsymbol{x}_1$，$\boldsymbol{x}_2$线性无关，所以$\lambda-\lambda_1=0$，$\lambda-\lambda_2=0$，从而$\lambda_1=\lambda_2$，与条件$\lambda_1\neq\lambda_2$矛盾，故$\boldsymbol{x}_1+\boldsymbol{x}_2$不是$\boldsymbol{A}$的特征向量.

例 5.6

**例 5.7** 设$x_0$，$y_0$分别为某地区目前的环境污染水平与经济发展水平. $x_t$，$y_t$分别为该地区$t$年后的环境污染水平和经济发展水平，有关系式如下：

$$\begin{cases} x_t = 3x_{t-1} + y_{t-1}, \\ y_t = 2x_{t-1} + 2y_{t-1}, \end{cases} (t = 1, 2, \cdots, k) \tag{5.7}$$

试预测该地区 $t$ 年后的环境污染水平和经济发展水平之间的关系.

**解**　令 $\boldsymbol{\alpha}_0 = \begin{pmatrix} x_0 \\ y_0 \end{pmatrix}$, $\boldsymbol{\alpha}_t = \begin{pmatrix} x_t \\ y_t \end{pmatrix}$, $\boldsymbol{A} = \begin{pmatrix} 3 & 1 \\ 2 & 2 \end{pmatrix}$, 由式(5.7)知, $\boldsymbol{\alpha}_t = \boldsymbol{A}\boldsymbol{\alpha}_{t-1} = \cdots = \boldsymbol{A}^t\boldsymbol{\alpha}_0$, 由于 $\boldsymbol{A}$ 的特征值为 $\lambda_1 = 4$, $\lambda_2 = 1$.

当 $\lambda_1 = 4$ 时, 得到特征向量 $\boldsymbol{p}_1 = \begin{pmatrix} 1 \\ 1 \end{pmatrix}$.

当 $\lambda_2 = 1$ 时, 得到特征向量 $\boldsymbol{p}_2 = \begin{pmatrix} 1 \\ -2 \end{pmatrix}$, 显然, $\boldsymbol{p}_1$, $\boldsymbol{p}_2$ 线性无关.

下面分 3 种情况进行分析.

(1) 取 $\boldsymbol{\alpha}_0 = \boldsymbol{p}_1 = \begin{pmatrix} 1 \\ 1 \end{pmatrix}$, 由特征值与特征向量的性质知

$$\boldsymbol{\alpha}_t = \boldsymbol{A}^t\boldsymbol{\alpha}_0 = \boldsymbol{A}^t\boldsymbol{p}_1 = \lambda_1^t\boldsymbol{p}_1 = 4^t\begin{pmatrix} 1 \\ 1 \end{pmatrix},$$

即

$$\begin{pmatrix} x_t \\ y_t \end{pmatrix} = 4^t\begin{pmatrix} 1 \\ 1 \end{pmatrix} \text{或 } x_t = y_t = 4^t.$$

这表明: 在当前的环境污染水平和经济发展水平的前提下, $t$ 年后水平达到较高程度时, 环境污染也保持同步恶化趋势.

(2) 取 $\boldsymbol{\alpha}_0 = \boldsymbol{p}_2$, 因为 $y_0 = -2 < 0$, 所以不必讨论此情况.

(3) 取 $\boldsymbol{\alpha}_0 = \begin{pmatrix} 1 \\ 7 \end{pmatrix}$, 因为 $\boldsymbol{\alpha}_0$ 不是特征向量, 所以不能做类似分析. 但是 $\boldsymbol{\alpha}_0$ 可以由 $\boldsymbol{p}_1$, $\boldsymbol{p}_2$ 唯一线性表示为 $\boldsymbol{\alpha}_0 = 3\boldsymbol{p}_1 - 2\boldsymbol{p}_2$. 因为

$$\boldsymbol{\alpha}_t = \boldsymbol{A}^t\boldsymbol{\alpha}_0 = \boldsymbol{A}^t(3\boldsymbol{p}_1 - 2\boldsymbol{p}_2) = 3\boldsymbol{A}^t\boldsymbol{p}_1 - 2\boldsymbol{A}^t\boldsymbol{p}_2 = 3\lambda_1^t\boldsymbol{p}_1 - 2\lambda_2^t\boldsymbol{p}_2 = \begin{pmatrix} 3\times4^t - 2 \\ 3\times4^t + 4 \end{pmatrix},$$

即

$$\begin{pmatrix} x_t \\ y_t \end{pmatrix} = \begin{pmatrix} 3\times4^t - 2 \\ 3\times4^t + 4 \end{pmatrix}.$$

由此可预测该地区 $t$ 年后的环境污染水平和经济发展水平. 因 $\boldsymbol{p}_2$ 无实际意义而在(2)中未进行讨论, 但在(3)的讨论中起到了重要的作用. 由经济发展和环境污染的增长模型可以看出, 特征值和特征向量理论在建模的分析和讨论中可发挥重要的应用价值.

## 习题 5.1

1. 填空题.

(1)已知矩阵 $A=\begin{pmatrix}1&1&1\\1&-1&-1\\1&-1&1\end{pmatrix}$，则 $A$ 的特征值为________.

(2)已知三阶方阵 $A$ 的特征值 1, 2, 3，则 $trA$ = ________；$(2A^2)^{-1}$ 的特征值________.

(3)已知三阶方阵 $A$ 的特征值为−1, 1, 3，则 $|A^3-2A+2E|$ = ________.

(4)已知矩阵 $A=\begin{pmatrix}7&4&-1\\4&7&-1\\-4&-4&x\end{pmatrix}$ 的特征值为 3，3，12，则 $x$ = ________.

(5)已知三阶矩阵 $A+E$，$A-2E$，$2A+E$ 均为奇异矩阵，则 $|A|$ = ________.

2. 求下列矩阵的特征值与特征向量.

(1) $\begin{pmatrix}1&0&0\\0&2&0\\0&0&3\end{pmatrix}$.　(2) $\begin{pmatrix}-2&8&6\\-4&10&6\\4&-8&-4\end{pmatrix}$.　(3) $\begin{pmatrix}2&0&0\\0&2&3\\0&0&2\end{pmatrix}$.

3. 设 $\lambda_1=12$ 是矩阵 $A=\begin{pmatrix}7&4&-1\\4&7&-1\\-4&a&4\end{pmatrix}$ 的一个特征值，求常数 $a$ 及 $A$ 的其余特征值.

4. 设矩阵 $A$ 满足 $A^2=E$. 证明：$A$ 的特征值只能是 1 或−1.

5. 设 $\lambda$ 是 $n$ 阶可逆方阵 $A$ 的特征值. 证明：$\frac{|A|}{\lambda}$ 是 $A^*$ 的特征值.

6. 设 $A$ 是 $n$ 阶正交矩阵，证明：$A$ 的伴随矩阵 $A^*$ 也是正交矩阵.

7. 设 $\alpha$ 是 $n$ 维列向量，$A$ 是 $n$ 阶正交矩阵，证明：$\|A\alpha\|=\|\alpha\|$.

## 5.2 相似矩阵

矩阵的相似是同阶方阵之间的一种重要关系，矩阵的相似关系实质上是矩阵的一种分解. 本节首先介绍相似矩阵的定义和性质，然后讨论 $n$ 阶方阵与对角矩阵相似的条件和方法，最后给出 $n$ 阶方阵对角化在求解微分方程组等方面的应用.

### 5.2.1　相似矩阵的定义及性质

**定义 5.3**　设 $A$, $B$ 都是 $n$ 阶方阵，若存在可逆矩阵 $P$，使 $P^{-1}AP=B$，则称 $B$ 是 $A$ 的相似矩阵，或称矩阵 $A$ 与 $B$ 相似，记作 $A \sim B$. 对 $A$ 进行运算 $P^{-1}AP$ 称为对 $A$ 进行相似变换，可逆矩阵 $P$ 称为把 $A$ 变成 $B$ 的相似变换矩阵. 易知相似矩阵行列式相等.

矩阵的相似有以下性质.

(1) 自反性：对任意 $n$ 阶方阵 $A$，$A$ 与 $A$ 相似.

(2) 对称性：若 $A$ 与 $B$ 相似，则 $B$ 与 $A$ 相似.

(3) 传递性：若 $A$ 与 $B$ 相似，$B$ 与 $C$ 相似，则 $A$ 与 $C$ 相似.

(1)(2) 显然成立，现证(3).

**证明**　若 $A$ 与 $B$ 相似，$B$ 与 $C$ 相似，则存在可逆矩阵 $P$ 和 $Q$，使

$$P^{-1}AP=B,\ Q^{-1}BQ=C,$$

从而有

$$C=Q^{-1}BQ=Q^{-1}(P^{-1}AP)Q=(Q^{-1}P^{-1})A(PQ)=(PQ)^{-1}A(PQ),$$

所以 $A$ 与 $C$ 相似.

**性质 5.5**　(1) 若 $A \sim B$，则 $A^{T} \sim B^{T}$.

(2) 若 $A \sim B$，设 $f(x)$ 是一个多项式，则 $f(A) \sim f(B)$.

(3) 若 $A \sim B$，且 $A$ 可逆，则 $B$ 也可逆，且 $A^{-1} \sim B^{-1}$.

**定理 5.2**　若 $n$ 阶方阵 $A$ 与 $B$ 相似，则 $A$ 与 $B$ 的特征多项式相同.

**证明**　因 $A$ 与 $B$ 相似，即有可逆矩阵 $P$，使 $P^{-1}AP=B$，于是

$$\begin{aligned}|B-\lambda E| &= |P^{-1}AP-P^{-1}(\lambda E)P| = |P^{-1}(A-\lambda E)P| \\ &= |P^{-1}|\ |A-\lambda E|\ |P| = |A-\lambda E|.\end{aligned}$$

**推论 1**　若 $A$ 与 $B$ 相似，则 $A$ 与 $B$ 特征值同，进而 $A$ 与 $B$ 的行列式相等.

**例 5.8**　已知四阶方阵 $A$ 相似于 $B$，$A$ 的特征值为 2, 3, 4, 5. $E$ 为四阶单位矩阵，求 $|B-E|$.

**解**　因为 $A$ 与 $B$ 相似，则 $B$ 的特征值为 2, 3, 4, 5. 则 $B-E$ 的特征值为 1, 2, 3, 4，因此 $|B-E|=1\times2\times3\times4=24$.

但是，推论的逆命题未必成立. 例如，矩阵 $E=\begin{pmatrix}1&0\\0&1\end{pmatrix}$，$A=\begin{pmatrix}1&1\\0&1\end{pmatrix}$ 都以 1 为二重特征值，但对于任何可逆矩阵 $P$，都有 $P^{-1}EP=E\neq A$，故 $A$ 和 $E$ 不相似.

**推论 2**　若 $n$ 阶矩阵 $A$ 与对角矩阵 $\Lambda=\begin{pmatrix}\lambda_1&&&\\&\lambda_2&&\\&&\ddots&\\&&&\lambda_n\end{pmatrix}$ 相似，则 $\lambda_1, \lambda_2, \cdots, \lambda_n$

是 $\boldsymbol{A}$ 的全部 $n$ 个特征值.

### 5.2.2 方阵的相似对角化

**定义 5.4** 若方阵 $\boldsymbol{A}$ 能与一个对角阵 $\boldsymbol{\Lambda}$ 相似，则称 $\boldsymbol{A}$ 可以相似对角化，简称 $\boldsymbol{A}$ 可对角化.

**定理 5.3** $n$ 阶方阵 $\boldsymbol{A}$ 可以相似对角化的充要条件是 $\boldsymbol{A}$ 有 $n$ 个线性无关的特征向量.

**证明** 先证必要性. 设与 $\boldsymbol{A}$ 相似的对角阵为 $\boldsymbol{\Lambda}=\begin{pmatrix}\lambda_1 & & & \\ & \lambda_2 & & \\ & & \ddots & \\ & & & \lambda_n\end{pmatrix}$，则存在一个可逆矩阵 $\boldsymbol{P}$，使 $\boldsymbol{P}^{-1}\boldsymbol{A}\boldsymbol{P}=\boldsymbol{\Lambda}$. 两边左乘 $\boldsymbol{P}$，于是有 $\boldsymbol{A}\boldsymbol{P}=\boldsymbol{P}\boldsymbol{\Lambda}$. 将矩阵 $\boldsymbol{P}$ 按列分块，记作 $\boldsymbol{P}=(\boldsymbol{x}_1, \boldsymbol{x}_2, \cdots, \boldsymbol{x}_n)$，那么

$$\boldsymbol{A}(\boldsymbol{x}_1, \boldsymbol{x}_2, \cdots, \boldsymbol{x}_n)=(\boldsymbol{x}_1, \boldsymbol{x}_2, \cdots, \boldsymbol{x}_n)\begin{pmatrix}\lambda_1 & & & \\ & \lambda_2 & & \\ & & \ddots & \\ & & & \lambda_n\end{pmatrix},$$

或 $(\boldsymbol{A}\boldsymbol{x}_1, \boldsymbol{A}\boldsymbol{x}_2, \cdots, \boldsymbol{A}\boldsymbol{x}_n)=(\lambda_1\boldsymbol{x}_1, \lambda_2\boldsymbol{x}_2, \cdots, \lambda_n\boldsymbol{x}_n)$，从而有 $\boldsymbol{A}\boldsymbol{x}_i=\lambda_i\boldsymbol{x}_i(i=1, 2, \cdots, n)$，即 $\lambda_i$ 是 $\boldsymbol{A}$ 的特征值，$\boldsymbol{P}$ 的列向量 $x_i$ 就是 $\boldsymbol{A}$ 的对应于特征值 $\lambda_i$ 的特征向量. 又因为 $\boldsymbol{P}$ 是可逆矩阵，所以 $\boldsymbol{x}_1, \boldsymbol{x}_2, \cdots, \boldsymbol{x}_n$ 线性无关.

再证充分性(略).

**推论 1** 如果 $n$ 阶方阵 $\boldsymbol{A}$ 的 $n$ 个特征值互不相等，则 $\boldsymbol{A}$ 与对角阵相似.

当矩阵 $\boldsymbol{A}$ 的特征方程有重根时，就不一定有 $n$ 个线性无关的特征向量，从而不一定能对角化. 例如，在例 5.2 中矩阵 $\boldsymbol{A}$ 的特征方程有二重特征值 $\lambda_2=\lambda_3=1$，但却只能找到一个线性无关的特征向量，因此，例 5.2 中的矩阵 $\boldsymbol{A}$ 不能对角化；而在例 5.3 中矩阵 $\boldsymbol{A}$ 的特征方程也有二重特征值 $\lambda_2=\lambda_3=2$，但因能找到两个线性无关的特征向量，所以例 5.3 中的矩阵 $\boldsymbol{A}$ 可对角化.

**推论 2** $n$ 阶方阵 $\boldsymbol{A}$ 可对角化的充分必要条件是对应于 $\boldsymbol{A}$ 的每个特征值的线性无关的特征向量的个数恰好等于该特征值的重数，即设 $\lambda_i$ 是方阵 $\boldsymbol{A}$ 的 $k_i$ 重根，则 $\boldsymbol{A}$ 与对角阵 $\Lambda$ 相似，当且仅当

$$r(\boldsymbol{A}-\lambda_i\boldsymbol{E})=n-k_i(i=1, 2, \cdots, n).$$

此外，由定理 5.3 的证明可见，$\boldsymbol{A}$ 的 $n$ 个线性无关的特征向量 $\boldsymbol{x}_1, \boldsymbol{x}_2, \cdots, \boldsymbol{x}_n$ 所构成的矩阵 $\boldsymbol{P}=(\boldsymbol{x}_1, \boldsymbol{x}_2, \cdots, \boldsymbol{x}_n)$，恰好是 $\boldsymbol{A}$ 到 $\boldsymbol{\Lambda}=\begin{pmatrix}\lambda_1 & & & \\ & \lambda_2 & & \\ & & \ddots & \\ & & & \lambda_n\end{pmatrix}$ 的相似变换矩阵.

**【问题 5.2】**　$n$ 阶方阵 $\boldsymbol{A}$ 具有 $n$ 个不同的特征值是 $\boldsymbol{A}$ 与对角阵相似的充分必要条件. 这种说法是否正确？请说明理由.

**例 5.9**　已知 $\boldsymbol{A}=\begin{pmatrix}4&6&0\\-3&-5&0\\-3&-6&1\end{pmatrix}$.

(1) 求可逆矩阵 $\boldsymbol{P}$, 使 $\boldsymbol{P}^{-1}\boldsymbol{A}\boldsymbol{P}=\boldsymbol{\Lambda}$ 为对角阵.

(2) 计算 $\boldsymbol{A}^{10}$.

**解**　(1) $\boldsymbol{A}$ 的特征多项式为

$$|\boldsymbol{A}-\lambda\boldsymbol{E}|=\begin{vmatrix}4-\lambda&6&0\\-3&-5-\lambda&0\\-3&-6&1-\lambda\end{vmatrix}=-(\lambda-1)^2(\lambda+2),$$

所以 $\boldsymbol{A}$ 的特征值为 $\lambda_1=-2$, $\lambda_2=\lambda_3=1$.

当 $\lambda_1=-2$ 时, 解方程组 $(\boldsymbol{A}+2\boldsymbol{E})\boldsymbol{X}=\boldsymbol{0}$, 由

$$\boldsymbol{A}+2\boldsymbol{E}=\begin{pmatrix}6&6&0\\-3&-3&0\\-3&-6&3\end{pmatrix}\xrightarrow{r}\begin{pmatrix}1&0&1\\0&1&-1\\0&0&0\end{pmatrix},$$

得基础解系

$$\boldsymbol{p}_1=\begin{pmatrix}-1\\1\\1\end{pmatrix}.$$

当 $\lambda_2=\lambda_3=1$ 时, 解方程组 $(\boldsymbol{A}-\boldsymbol{E})\boldsymbol{X}=\boldsymbol{0}$, 由

$$\boldsymbol{A}-\boldsymbol{E}=\begin{pmatrix}3&6&0\\-3&-6&0\\-3&-6&0\end{pmatrix}\xrightarrow{r}\begin{pmatrix}1&2&0\\0&0&0\\0&0&0\end{pmatrix},$$

得基础解系

$$\boldsymbol{p}_2=\begin{pmatrix}-2\\1\\0\end{pmatrix},\ \boldsymbol{p}_3=\begin{pmatrix}0\\0\\1\end{pmatrix}.$$

$$\boldsymbol{P}=(\boldsymbol{p}_1,\boldsymbol{p}_2,\boldsymbol{p}_3)=\begin{pmatrix}-1&-2&0\\1&1&0\\1&0&1\end{pmatrix},$$

则

$$\boldsymbol{P}^{-1}\boldsymbol{A}\boldsymbol{P}=\begin{pmatrix}-2&&\\&1&\\&&1\end{pmatrix}=\boldsymbol{\Lambda}.$$

(2) 由(1)中的讨论可得 $\boldsymbol{A}=\boldsymbol{P}\boldsymbol{\Lambda}\boldsymbol{P}^{-1}$，故

$$\boldsymbol{A}^{10}=(\boldsymbol{P}\boldsymbol{\Lambda}\boldsymbol{P}^{-1})^{10}=(\boldsymbol{P}\boldsymbol{\Lambda}\boldsymbol{P}^{-1})(\boldsymbol{P}\boldsymbol{\Lambda}\boldsymbol{P}^{-1})\cdots(\boldsymbol{P}\boldsymbol{\Lambda}\boldsymbol{P}^{-1})=\boldsymbol{P}\boldsymbol{\Lambda}^{10}\boldsymbol{P}^{-1}$$

$$=\begin{pmatrix}-1&-2&0\\1&1&0\\1&0&1\end{pmatrix}\begin{pmatrix}-2&&\\&1&\\&&1\end{pmatrix}^{10}\begin{pmatrix}-1&-2&0\\1&1&0\\1&0&1\end{pmatrix}^{-1}$$

$$=\begin{pmatrix}-1&-2&0\\1&1&0\\1&0&1\end{pmatrix}\begin{pmatrix}2^{10}&&\\&1&\\&&1\end{pmatrix}\begin{pmatrix}1&2&0\\-1&-1&0\\-1&-2&1\end{pmatrix}$$

$$=\begin{pmatrix}-2^{10}+2&-2^{11}+2&0\\2^{10}-1&2^{11}-1&0\\2^{10}-1&2^{11}-2&0\end{pmatrix}.$$

**例 5.10** 设矩阵 $\boldsymbol{A}=\begin{pmatrix}2&0&0\\1&1&a\\0&0&1\end{pmatrix}$，问 $a$ 为何值时，$\boldsymbol{A}$ 能对角化?

例 5.10

**解** $\boldsymbol{A}$ 的特征值为 $\lambda_1=2$，$\lambda_2=\lambda_3=1$.

对于特征值 $\lambda_1=2$，矩阵 $\boldsymbol{A}$ 恰有一个线性无关的特征向量，因此可对角化的充要条件是对于特征值 $\lambda_2=\lambda_3=1$，应有两个线性无关的特征向量，即线性方程组 $(\boldsymbol{A}-\boldsymbol{E})x=\boldsymbol{0}$ 的基础解系应包含两个向量，即 $r(\boldsymbol{A}-\boldsymbol{E})=1$.

故当 $a=0$，矩阵 $\boldsymbol{A}$ 可以对角化.

## 习题 5.2

1. 填空题.

(1) 若矩阵 $\boldsymbol{A}=\begin{pmatrix}4&2\\x&5\end{pmatrix}$ 与 $\boldsymbol{B}=\begin{pmatrix}6&2\\-1&3\end{pmatrix}$ 相似，则 $x$ 的值为________.

(2) 设 $\boldsymbol{A}\sim\begin{pmatrix}-1&0\\0&2\end{pmatrix}$，则 $|\boldsymbol{A}-\boldsymbol{E}|=$________.

(3) 已知 $\boldsymbol{A}=\begin{pmatrix}1&-1&1\\2&4&-2\\-3&-3&a\end{pmatrix}$ 与 $\boldsymbol{B}=\begin{pmatrix}2&0&0\\0&2&0\\0&0&b\end{pmatrix}$ 相似，则 $a=$________，$b=$________.

2. 已知 $\boldsymbol{A}=\begin{pmatrix}-2&0&0\\2&x&2\\3&1&1\end{pmatrix}$ 与 $\boldsymbol{B}=\begin{pmatrix}-1&0&0\\0&2&0\\0&0&y\end{pmatrix}$ 相似.

(1)求 $x$ 和 $y$.

(2)求可逆阵 $\boldsymbol{P}$, 使 $\boldsymbol{P}\boldsymbol{A}^{-1}\boldsymbol{P}=\boldsymbol{B}$.

3. 设 $\boldsymbol{A}=\begin{pmatrix}0&0&1\\x&1&y\\1&0&0\end{pmatrix}$有 3 个线性无关的特征向量, 求 $x$ 与 $y$ 应满足的条件.

4. 设$-\dfrac{1}{2}$是矩阵 $\boldsymbol{A}$ 的一个特征值, 且 $|\boldsymbol{A}|=2$, 求$\boldsymbol{A}^*-\boldsymbol{E}$ 的一个特征值.

5. 设 $\boldsymbol{A}=\begin{pmatrix}3&1\\5&-1\end{pmatrix}$.

(1)$\boldsymbol{A}$ 是否与对角矩阵相似? 若相似, 将 $\boldsymbol{A}$ 对角化.

(2)求$\boldsymbol{A}^{50}\begin{pmatrix}1\\-5\end{pmatrix}$.

6. 设$\boldsymbol{\xi}=\begin{pmatrix}1\\1\\-1\end{pmatrix}$是矩阵 $\boldsymbol{A}=\begin{pmatrix}2&-1&2\\5&a&3\\-1&b&-2\end{pmatrix}$的一个特征向量.

(1)确定参数 $a$, $b$.

(2)判断 $\boldsymbol{A}$ 能否与对角阵相似.

7. 设矩阵 $\boldsymbol{A}=\begin{pmatrix}1&-2&4\\-2&x&-2\\4&-2&1\end{pmatrix}$与 $\boldsymbol{B}=\begin{pmatrix}5&0&0\\0&y&0\\0&0&-4\end{pmatrix}$相似, 求 $x$, $y$ 的值.

8. 设 $\boldsymbol{A}$ 是 $n$ 阶方阵, 证明: $\boldsymbol{A}^{\mathrm{T}}$ 与 $\boldsymbol{A}$ 的特征值相同.

9. 设 $\boldsymbol{A}$ 与 $\boldsymbol{B}$ 都是 $n$ 阶方阵, 且 $\boldsymbol{A}$ 可逆, 证明: $\boldsymbol{AB}$ 与 $\boldsymbol{BA}$ 相似.

10. 设 $\boldsymbol{A}$ 为正交矩阵, 且 $|\boldsymbol{A}|=-1$, 证明: $\lambda=-1$ 是 $\boldsymbol{A}$ 的特征值.

## 5.3　实对称矩阵及其对角化

根据 5.2 节的内容可知, 要判断一般 $n$ 阶方阵 $\boldsymbol{A}$ 是否可对角化, 关键在于判断该矩阵是否具有 $n$ 个线性无关的特征向量. 但该问题比较复杂, 对此不进行一般性的讨论, 本节仅讨论实对称矩阵的对角化问题, 这是因为实对称矩阵具有一般矩阵所没有的特殊性质.

### 5.3.1　实对称矩阵的特征值与特征向量

实对称矩阵的特征值、特征向量除具有 5.1 节给出的性质外, 还具有以下性质.

**性质 5.6**　(1)实对称矩阵的特征值一定为实数.

(2)实对称矩阵对应于不同特征值的特征向量必相互正交.

(3)设 $\boldsymbol{A}$ 为 $n$ 阶实对称矩阵, $\lambda$ 是 $\boldsymbol{A}$ 的特征方程的 $r$ 重根, 则 $r(\boldsymbol{A}-\lambda\boldsymbol{E})=n-r$, 从而对应特征值 $\lambda$ 恰有 $r$ 个线性无关的特征向量.

### 5.3.2 实对称矩阵的正交相似对角化

由性质 5.6(3)和定理 5.3 的推论 2 可知, 实对称矩阵 $\boldsymbol{A}$ 一定可以相似对角化, 并且还可以要求相似变换矩阵是正交矩阵.

**定理 5.4** 设 $\boldsymbol{A}$ 为 $n$ 阶实对称矩阵, 则必存在 $n$ 阶正交矩阵 $\boldsymbol{P}$, 使

$$\boldsymbol{P}^{-1}\boldsymbol{A}\boldsymbol{P}=\boldsymbol{\Lambda}=\begin{pmatrix}\lambda_1 & & & \\ & \lambda_2 & & \\ & & \ddots & \\ & & & \lambda_n\end{pmatrix},$$ 其中 $\lambda_1, \lambda_2, \cdots, \lambda_n$ 是 $\boldsymbol{A}$ 的 $n$ 个特征值.

**证明** 设 $\boldsymbol{A}$ 的所有互不相等的特征值为 $\lambda_1, \lambda_2, \cdots, \lambda_s$, 它们的重数依次是 $r_1, r_2, \cdots r_s(r_1+r_2+\cdots r_s=n)$. 由实对称矩阵的特征值的性质 5.6(1)和性质 5.6(3)知, 对应于特征值 $\lambda_i(i=1, 2, \cdots s)$恰有 $r_i$ 个线性无关的实特征向量, 把它们标准正交化, 即得 $r_i$ 个标准正交的特征向量, 由 $r_1+r_2+\cdots+r_s=n$ 知, 这样的特征向量共可得 $n$ 个:

$$\boldsymbol{p}_{11}, \boldsymbol{p}_{12}, \cdots, \boldsymbol{p}_{1r_1}, \cdots \boldsymbol{p}_{s1}, \boldsymbol{p}_{s2}, \cdots, \boldsymbol{p}_{sr_s} \tag{5.8}$$

由性质 5.6(2)知, 向量组(5.8)是标准正交向量组, 故可得到 $n$ 个两两正交的单位特征向量, 于是以它们为列向量构成正交矩阵 $P$, 并且由定理 5.3, 得

$$\boldsymbol{P}^{-1}\boldsymbol{A}\boldsymbol{P}=\boldsymbol{\Lambda}=\begin{pmatrix}\lambda_1 & & & \\ & \lambda_2 & & \\ & & \ddots & \\ & & & \lambda_n\end{pmatrix}.$$

**【问题 5.3】** 设三阶实对称矩阵 $\boldsymbol{A}$ 满足$\boldsymbol{A}^2+\boldsymbol{A}=0$, 且 $r(\boldsymbol{A})=2$, 试求矩阵 $\boldsymbol{A}$ 的特征值.

两个 $n$ 阶矩阵间还存在一种重要的等价关系, 即矩阵的合同关系. 矩阵的合同在后面二次型的研究中起着非常重要的作用.

**定义 5.5** 给定两个 $n$ 阶方阵 $\boldsymbol{A}$ 和 $\boldsymbol{B}$, 若存在可逆矩阵 $P$, 使$\boldsymbol{P}^{\mathrm{T}}\boldsymbol{A}\boldsymbol{P}=\boldsymbol{B}$, 则称矩阵 $\boldsymbol{A}$ 与矩阵 $\boldsymbol{B}$ 合同, 或 $\boldsymbol{A}$, $\boldsymbol{B}$ 是合同的. 矩阵的合同有以下性质:

(1)自反性: 对任意 $n$ 阶方阵 $\boldsymbol{A}$, $\boldsymbol{A}$ 与 $\boldsymbol{A}$ 合同.

(2)对称性: 若 $\boldsymbol{A}$ 与 $\boldsymbol{B}$ 合同, 则 $\boldsymbol{B}$ 与 $\boldsymbol{A}$ 合同.

(3)传递性: 若 $\boldsymbol{A}$ 与 $\boldsymbol{B}$ 合同, $\boldsymbol{B}$ 与 $\boldsymbol{C}$ 合同, 则 $\boldsymbol{A}$ 与 $\boldsymbol{C}$ 合同.

由定理 5.4, 易得如下的推论.

**推论** 设 $\boldsymbol{A}$ 为 $n$ 阶实对称矩阵, 则必存在 $n$ 阶正交矩阵 $\boldsymbol{P}$, 使

$\boldsymbol{P}^{-1}\boldsymbol{AP}=\boldsymbol{\Lambda}=\begin{pmatrix}\lambda_1 & & & \\ & \lambda_2 & & \\ & & \ddots & \\ & & & \lambda_n\end{pmatrix}$，其中 $\lambda_1$，$\lambda_2$，…，$\lambda_n$ 是 $\boldsymbol{A}$ 的 $n$ 个特征值.

**例 5.11**　设 $\boldsymbol{A}=\begin{pmatrix}5 & 0 & 0\\ 0 & 2 & 1\\ 0 & 1 & 2\end{pmatrix}$，求一个正交矩阵 $\boldsymbol{P}$，使 $\boldsymbol{P}^{-1}\boldsymbol{AP}=\boldsymbol{\Lambda}$ 为对角矩阵.

**解**　$\boldsymbol{A}$ 的特征多项式为 $|\boldsymbol{A}-\lambda\boldsymbol{E}|=\begin{vmatrix}5-\lambda & 0 & 0\\ 0 & 2-\lambda & 1\\ 0 & 1 & 2-\lambda\end{vmatrix}=(1-\lambda)(3-\lambda)(5-\lambda)$，

故特征值为 $\lambda_1=1$，$\lambda_2=3$，$\lambda_3=5$.

当 $\lambda_1=1$ 时，由 $\begin{pmatrix}4 & 0 & 0\\ 0 & 1 & 1\\ 0 & 1 & 1\end{pmatrix}\begin{pmatrix}x_1\\ x_2\\ x_3\end{pmatrix}=\begin{pmatrix}0\\ 0\\ 0\end{pmatrix}$，解得基础解系为 $\begin{pmatrix}x_1\\ x_2\\ x_3\end{pmatrix}=\begin{pmatrix}0\\ -1\\ 1\end{pmatrix}$，单位化得 $\boldsymbol{p}_1=\left(0,-\frac{1}{\sqrt{2}},\frac{1}{\sqrt{2}}\right)^{\mathrm{T}}$.

当 $\lambda_2=3$ 时，由 $\begin{pmatrix}2 & 0 & 0\\ 0 & -1 & 1\\ 0 & 1 & -1\end{pmatrix}\begin{pmatrix}x_1\\ x_2\\ x_3\end{pmatrix}=\begin{pmatrix}0\\ 0\\ 0\end{pmatrix}$，解得基础解系为 $\begin{pmatrix}x_1\\ x_2\\ x_3\end{pmatrix}=\begin{pmatrix}0\\ 1\\ 1\end{pmatrix}$，单位化得 $\boldsymbol{p}_2=\left(0,\frac{1}{\sqrt{2}},\frac{1}{\sqrt{2}}\right)^{\mathrm{T}}$.

当 $\lambda_3=5$ 时，由 $\begin{pmatrix}0 & 0 & 0\\ 0 & -3 & 1\\ 0 & 1 & -3\end{pmatrix}\begin{pmatrix}x_1\\ x_2\\ x_3\end{pmatrix}=\begin{pmatrix}0\\ 0\\ 0\end{pmatrix}$，解得基础解系为 $\begin{pmatrix}x_1\\ x_2\\ x_3\end{pmatrix}=\begin{pmatrix}1\\ 0\\ 0\end{pmatrix}$，单位化得 $\boldsymbol{p}_3=(1,0,0)^{\mathrm{T}}$.

令 $P=(P_1,P_2,P_3)$ 易证 $P$ 为正交矩阵

$$\boldsymbol{P}=(\boldsymbol{p}_1,\boldsymbol{p}_2,\boldsymbol{p}_3)=\begin{pmatrix}0 & 0 & 1\\ -\frac{1}{\sqrt{2}} & \frac{1}{\sqrt{2}} & 0\\ \frac{1}{\sqrt{2}} & \frac{1}{\sqrt{2}} & 0\end{pmatrix}，使得 \boldsymbol{P}^{-1}\boldsymbol{AP}=\boldsymbol{P}^{\mathrm{T}}\boldsymbol{AP}=\begin{pmatrix}1 & & \\ & 3 & \\ & & 5\end{pmatrix}.$$

**例 5.12**　设矩阵 $\boldsymbol{A}$ 是三阶实对称阵，$\boldsymbol{A}$ 的特征值为 6，3，3，对应于特征值 6 的特征向量为 $\boldsymbol{p}_1=(1,1,1)^{\mathrm{T}}$，求矩阵 $\boldsymbol{A}$.

**解** 设与$\boldsymbol{p}_1=(1,1,1)^{\mathrm{T}}$正交的特征向量为$(x_1,x_2,x_3)^{\mathrm{T}}$，故有$x_1+x_2+x_3=0$. 于是取$\boldsymbol{p}_2=(-1,0,1)^{\mathrm{T}}$，$\boldsymbol{p}_3=(1,-2,1)^{\mathrm{T}}$，令矩阵

$$\boldsymbol{P}=(\boldsymbol{p}_1,\boldsymbol{p}_2,\boldsymbol{p}_3)=\begin{pmatrix}1&-1&1\\1&0&-2\\1&1&1\end{pmatrix},$$

例 5.12

则

$$\boldsymbol{P}^{-1}=\begin{pmatrix}\frac{1}{3}&\frac{1}{3}&\frac{1}{3}\\-\frac{1}{2}&0&\frac{1}{2}\\\frac{1}{6}&-\frac{1}{3}&\frac{1}{6}\end{pmatrix},$$

从而

$$\boldsymbol{A}=\boldsymbol{P\Lambda P}^{-1}=\begin{pmatrix}4&1&1\\1&4&1\\1&1&4\end{pmatrix}.$$

**例 5.13** 设某城市共有 30 万人从事工、商、农业的工作，假定这个总人数在若干年内保持不变，而社会调查表明：

(1)在这 30 万就业的人员中，目前约有 15 万人从事农业，9 万人从事工业，6 万人从事商业；

(2)在从事农业的人员中，每年约有 20%改为从事工业，10%改为从事商业；

(3)在从事工业的人员中，每年约有 20%改为从事农业，10%改为从事商业；

(4)在从事商业的人员中，每年约有 10%改为从事农业，10%改为从事工业.

先预测 1, 2 年后从事各行业的人数，以及经过若干年以后，从事各行业人员总数的发展趋势.

**解** 若用三维向量$\boldsymbol{x}_i$表示第 $i$ 年后从事 3 种职业的人员总数，则已知

$$\boldsymbol{x}_0=\begin{pmatrix}15\\9\\6\end{pmatrix}.$$

而要求的是$\boldsymbol{x}_1$, $\boldsymbol{x}_2$，并考察 $n\to\infty$时，$\boldsymbol{x}_n$ 的发展趋势.

$$\boldsymbol{x}_1=\boldsymbol{A}\,\boldsymbol{x}_0=\begin{pmatrix}12.9\\9.9\\7.2\end{pmatrix},\ \boldsymbol{x}_2=\boldsymbol{A}\,\boldsymbol{x}_1=\boldsymbol{A}^2\,\boldsymbol{x}_0=\begin{pmatrix}11.73\\10.23\\8.04\end{pmatrix},\ \boldsymbol{x}_n=\boldsymbol{A}\boldsymbol{x}_{n-1}=\boldsymbol{A}^n\boldsymbol{x}_0.$$

要分析$\boldsymbol{x}_n$，就需要计算 $\boldsymbol{A}$ 的 $n$ 次幂，为此需先将 $\boldsymbol{A}$ 对角化.(过程略)

多年后，从事这 3 种职业的人数将趋于相等，均为 10 万人.

## 习题 5.3

1. 试求一个正交矩阵的相似变换矩阵，将下列对称矩阵化为对角矩阵.

(1) $\begin{pmatrix} 4 & 0 & 0 \\ 0 & 3 & 1 \\ 0 & 1 & 3 \end{pmatrix}$.　　(2) $\begin{pmatrix} 2 & -2 & 0 \\ -2 & 1 & -2 \\ 0 & -2 & 0 \end{pmatrix}$.

2. 设矩阵 $\boldsymbol{A}=\begin{pmatrix} 3 & -2 \\ -2 & 3 \end{pmatrix}$，求 $f(\boldsymbol{A})=\boldsymbol{A}^{10}-5\boldsymbol{A}^{9}$.

3. 设三阶实对称矩阵 $\boldsymbol{A}$ 的特征值为 1，2，3，矩阵 $\boldsymbol{A}$ 的属于特征值 1，2 的特征向量分别是 $\boldsymbol{\alpha}_1=(-1, -1, 1)^{\mathrm{T}}$，$\boldsymbol{\alpha}_2=(1, -2, -1)^{\mathrm{T}}$.

(1) 求 $\boldsymbol{A}$ 的属于特征值 3 的特征向量.

(2) 求矩阵 $\boldsymbol{A}$.

4. 已知矩阵 $\boldsymbol{A}=\begin{pmatrix} 1 & 2 & 0 \\ 2 & 1 & 0 \\ -2 & a & 3 \end{pmatrix}$，证明 $a=2$ 时，矩阵 $\boldsymbol{A}$ 与对角矩阵 $\boldsymbol{\Lambda}$ 相似，并写出与 $\boldsymbol{A}$ 相似的对角矩阵 $\boldsymbol{\Lambda}$.

5. 设三阶方阵 $\boldsymbol{A}$ 的特征值为 $\lambda_1=1$，$\lambda_2=0$，$\lambda_3=-1$，对应于 $\lambda_1$，$\lambda_2$，$\lambda_3$ 的特征向量依次为 $\boldsymbol{p}_1=(1, 2, 2)^{\mathrm{T}}$，$\boldsymbol{p}_2=(2, -2, 1)^{\mathrm{T}}$，$\boldsymbol{p}_3=(-2, -1, 2)^{\mathrm{T}}$，求矩阵 $\boldsymbol{A}$.

6. 设 $n$ 阶方阵 $\boldsymbol{A}$，$\boldsymbol{B}$ 满足 $r(\boldsymbol{A})+r(\boldsymbol{B})<n$，证明：$\boldsymbol{A}$ 与 $\boldsymbol{B}$ 有公共的特征值与特征向量.

## 5.4　运用 MATLAB 求解矩阵问题

### 5.4.1　求特征值与特征向量

矩阵的特征值与特征向量在科学研究和工程计算中都有非常广泛的运用，在 MATLAB 中，求解矩阵特征值与特征向量的函数命令是“eig(A)”，它的基本用法如下.

(1)“d=eig(A)”返回由矩阵 $\boldsymbol{A}$ 的特征值组成的列向量.

(2)“[V, D]=eig(A)”返回特征值矩阵 $\boldsymbol{D}$ 和特征向量矩阵 $\boldsymbol{V}$.

其中，矩阵 $\boldsymbol{D}$ 是以矩阵 $\boldsymbol{A}$ 的特征值为对角线元素生成的对角矩阵；矩阵 $\boldsymbol{A}$ 的第 $i$ 个特征值所对应的特征向量是矩阵 $\boldsymbol{V}$ 的第 $i$ 个列向量.

**例 5.14**　求矩阵 $\boldsymbol{A}=\begin{pmatrix} 1 & -1 & 1 \\ 1 & 3 & -1 \\ 1 & 1 & 1 \end{pmatrix}$ 的特征值和特征向量.

**解** >>A=[1, -1, 1; 1, 3, -1; 1, 1, 1];

```
>>A1=sym(A)
A1=
[1, -1, 1]
[1, 3, -1]
[1, 1, 1]
>>[V, D]=eig(A1)
V=
[-1, -1, 1]
[1, 1, 0]
[1, 0, 1]
D=
[1, 0, 0]
[0, 2, 0]
[0, 0, 2]
```

所以，特征值 $\lambda_1=1$，$\lambda_2=\lambda_3=2$，对应于 $\lambda_1=1$ 的全部特征向量为 $k_1\boldsymbol{\alpha}_1=k_1\begin{pmatrix}-1\\1\\1\end{pmatrix}$，对应于 $\lambda_2=\lambda_3=2$ 的全部特征向量为 $k_2\boldsymbol{\alpha}_2+k_3\boldsymbol{\alpha}_3=k_2\begin{pmatrix}-1\\1\\0\end{pmatrix}+k_3\begin{pmatrix}1\\0\\1\end{pmatrix}$.

说明："sym(A)"的作用是将非符号对象转化为符号对象.

### 5.4.2 矩阵对角化的判断

$n$ 阶方阵 $\boldsymbol{A}$ 可对角化的条件：$\boldsymbol{A}$ 具有 $n$ 个线性无关的特征向量. 因此，在 MATLAB 中判断矩阵是否可对角化，可利用"[V, D]=eig(A)"返回特征值矩阵 $\boldsymbol{D}$ 和特征向量矩阵 $\boldsymbol{V}$，且满足 $\boldsymbol{AV}=\boldsymbol{VD}$. 若 $\boldsymbol{V}$ 中列向量的个数等于矩阵 $\boldsymbol{A}$ 特征值的个数，则矩阵 $\boldsymbol{A}$ 可对角化.

**例 5.15** 判断下列矩阵是否可对角化，若可对角化，求矩阵 $\boldsymbol{P}$.

(1) $\boldsymbol{A}=\begin{pmatrix}1&0&2\\0&-1&0\\3&0&2\end{pmatrix}$.  (2) $\boldsymbol{B}=\begin{pmatrix}-1&1&0\\-4&3&0\\1&0&2\end{pmatrix}$.

**解** (1)

```
>>A=[1, 0, 2; 0, -1, 0; 3, 0, 2];
>>A1=sym(A)
```

```
>>A1=
[1, 0, 2]
[0, -1, 0]
[3, 0, 2]
>>[V, D]=eig(A1)
V=
[2/3, 0, -1]
[0, 1, 0]
[1, 0, 1]
D=
[4, 0, 0]
[0, -1, 0]
[0, 0, -1]
```

因为 **V** 中列向量的个数等于矩阵 **A** 特征值的个数，所以矩阵 **A** 可对角化，且

```
>>inv(V) * A * V
ans=
[4, 0, 0]
[0, -1, 0]
[0, 0, -1]
```

(2)提示：由于 **V** 中列向量的个数小于矩阵 **A** 特征值的个数，故矩阵 **A** 不能对角化.

## 第 5 章总复习题

1. (2022)下列四个条件中，三阶矩阵 **A** 可相似对角化的一个充分但不必要条件为(　　).

A. **A** 有三个不相等的特征值

B. **A** 有三个线性无关的特征向量

C. **A** 有三个两两线性无关的特征向量

D. **A** 的属于不同特征值的特征向量相互正交

2. (2023)下列矩阵中不能相似于对角矩阵的是(　　).

A. $\begin{pmatrix}1&1&a\\0&2&2\\0&0&3\end{pmatrix}$　　B. $\begin{pmatrix}1&1&a\\1&2&0\\a&0&3\end{pmatrix}$　　C. $\begin{pmatrix}1&1&a\\0&2&0\\0&0&2\end{pmatrix}$　　D. $\begin{pmatrix}1&1&a\\0&2&2\\0&0&2\end{pmatrix}$

3. (2022) 设 $\boldsymbol{A}$ 为三阶矩阵 $\boldsymbol{\Lambda}=\begin{pmatrix}1&0&0\\0&-1&0\\0&0&0\end{pmatrix}$，则 $\boldsymbol{A}$ 的特征值为 1，-1，0 的充分必要条件(　　).

A. 存在可逆矩阵 $\boldsymbol{P}$，$\boldsymbol{Q}$，使得 $\boldsymbol{A}=\boldsymbol{P\Lambda Q}$

B. 存在可逆矩阵 $\boldsymbol{P}$，使得 $\boldsymbol{A}=\boldsymbol{P\Lambda P}^{-1}$

C. 存在可逆矩阵 $\boldsymbol{Q}$，使得 $\boldsymbol{A}=\boldsymbol{Q\Lambda Q}^{-1}$

D. 存在可逆矩阵 $\boldsymbol{P}$，使得 $\boldsymbol{A}=\boldsymbol{P\Lambda P}^{\mathrm{T}}$

4. (2018) 下列矩阵与矩阵 $\begin{pmatrix}1&1&0\\0&1&1\\0&0&1\end{pmatrix}$ 相似的为(　　).

A. $\begin{pmatrix}1&1&-1\\0&1&1\\0&0&1\end{pmatrix}$　B. $\begin{pmatrix}1&0&-1\\0&1&1\\0&0&1\end{pmatrix}$　C. $\begin{pmatrix}1&1&-1\\0&1&0\\0&0&1\end{pmatrix}$　D. $\begin{pmatrix}1&0&-1\\0&1&0\\0&0&1\end{pmatrix}$

5. (2022) 设 $\boldsymbol{A}$ 为三阶矩阵，交换 $\boldsymbol{A}$ 的第一行和第三行，再将第二列的-1 倍加到第一列，得到矩阵 $\begin{pmatrix}-2&1&-1\\1&-1&0\\-1&0&0\end{pmatrix}$，则 $\boldsymbol{A}^{-1}$ 的迹 $\operatorname{tr}(\boldsymbol{A}^{-1})=$ ________.

6. (2018) 设 $\boldsymbol{A}$ 为三阶矩阵，$\boldsymbol{\alpha}_1$，$\boldsymbol{\alpha}_2$，$\boldsymbol{\alpha}_3$ 为线性无关的向量组，$\boldsymbol{A\alpha}_1=2\boldsymbol{\alpha}_1+\boldsymbol{\alpha}_2+V\alpha_3$，$\boldsymbol{A\alpha}_2=\boldsymbol{\alpha}_2+2\boldsymbol{\alpha}_3$，$\boldsymbol{A\alpha}_3=-\boldsymbol{\alpha}_2+\boldsymbol{\alpha}_3$，则 $\boldsymbol{A}$ 的实特征值为________.

7. (2018) 设二阶矩阵 $\boldsymbol{A}$ 有两个不同的特征值 $\lambda_1$，$\lambda_2$，$\boldsymbol{\alpha}_1$，$\boldsymbol{\alpha}_2$ 是 $\boldsymbol{A}$ 的线性无关的特征向量，且满足 $\boldsymbol{A}^2(\boldsymbol{\alpha}_1+\boldsymbol{\alpha}_2)=\boldsymbol{\alpha}_1+\boldsymbol{\alpha}_2$，则 $|\boldsymbol{A}|=$ ________.

8. (2019) 已知矩阵 $\boldsymbol{A}=\begin{pmatrix}-2&-2&1\\2&x&-2\\0&0&-2\end{pmatrix}$ 与 $\boldsymbol{B}=\begin{pmatrix}2&1&0\\0&-1&0\\0&0&y\end{pmatrix}$ 相似.

(1) 求 $x$，$y$；

(2) 求可逆矩阵 $\boldsymbol{P}$，使得 $\boldsymbol{P}^{-1}\boldsymbol{AP}=\boldsymbol{B}$.

9. (2020) 设 $\boldsymbol{A}$ 为二阶矩阵，$\boldsymbol{P}=(\boldsymbol{\alpha},\boldsymbol{A\alpha})$，其中 $\boldsymbol{\alpha}$ 是非零向量且不是 $\boldsymbol{A}$ 的特征向量.

(1) 证明 $\boldsymbol{P}$ 为可逆矩阵.

(2) 若 $\boldsymbol{A}^2\boldsymbol{\alpha}+\boldsymbol{A\alpha}-6\boldsymbol{\alpha}=\boldsymbol{0}$，求 $\boldsymbol{P}^{-1}\boldsymbol{AP}$，并判断 $\boldsymbol{A}$ 是否相似于对角矩阵.

10. (2021) 设矩阵 $\boldsymbol{A}=\begin{pmatrix}a&1&-1\\1&a&-1\\-1&-1&a\end{pmatrix}$.

(1) 求正交矩阵 $\boldsymbol{P}$，使 $\boldsymbol{P}^{\mathrm{T}}\boldsymbol{AP}$ 为对角矩阵.

(2) 求正交矩阵 $\boldsymbol{C}$，使 $\boldsymbol{C}^2=(a+3)\boldsymbol{E}-\boldsymbol{A}$，$\boldsymbol{E}$ 为三阶单位矩阵.

11. (2023) 设矩阵 $\boldsymbol{A}$ 满足任意的 $x_1$, $x_2$, $x_3$ 均有 $\boldsymbol{A}\begin{pmatrix} x_1 \\ x_2 \\ x_3 \end{pmatrix} = \begin{pmatrix} x_1+x_2+x_3 \\ 2x_1-x_2+x_3 \\ x_2-x_3 \end{pmatrix}$.

(1) 求 $\boldsymbol{A}$.

(2) 求可逆矩阵 $\boldsymbol{P}$ 与对角阵 $\boldsymbol{\Lambda}$，使得 $\boldsymbol{P}^{-1}\boldsymbol{A}\boldsymbol{P}=\boldsymbol{\Lambda}$.

第 5 章思维导图

# 第 6 章　二次型

在解析几何中，用 $ax^2+by^2+cz^2=1$（$a$，$b$，$c$ 不同时小于等于 0）可以表示多种常见的二次曲面，但 $ax^2+by^2+cy^2+dxy+exz+fyz=1$ 表示何种曲面就不得而知了. 第 2 个方程的左端叫作二次齐次多项式，若能通过适当的坐标变换将其化为第 1 个方程的形式，则问题将得以简化. 像这样讨论含有 $n$ 个变量的二次齐次函数的问题在许多实际问题（如复杂成本的最大利润）和理论问题（如多元函数极值）中常会遇到. 本章要讲解的就是通过适当的变量替换，将其转化为只含有平方项的多项式，并讨论其正定性.

## 6.1　二次型及其矩阵表示

在平面解析几何中，对于二次曲线 $3x^2+4xy+3y^2=1$，为了求曲线上到原点距离最长或最短的点的坐标，将曲线化为标准形式的点的坐标，可以通过适当的坐标旋转变换 $\begin{cases} x=m\cos\theta-n\sin\theta, \\ y=m\sin\theta+n\cos\theta, \end{cases}$ $\theta=\dfrac{\pi}{4}$，将曲线化为标准形式 $5m^2+n^2=1$. 由于坐标旋转变换不改变图形的形状，于是从变换后的方程很容易判断曲线是椭圆，于是到原点距离最长或最短的点的坐标为 $(\pm1, 0)$，$\left(0, \pm\dfrac{1}{\sqrt{5}}\right)$. 将上面的做法加以推广，便是对二次型的研究.

### 6.1.1　二次型的定义

**定义 6.1**　含有 $n$ 个变量 $x_1$，$x_2$，…，$x_n$ 的二次齐次多项式型

$$f(x_1, x_2, \cdots, x_n)=a_{11}x_1^2+a_{22}x_2^2+\cdots+a_{nn}x_n^2+2a_{12}x_1x_2+2a_{13}x_1x_3+\cdots+2a_{n-1,n}x_{n-1}x_n \tag{6.1}$$

称为二次型.

如果所有的系数 $a_{ij}(1\leqslant i, j\leqslant n)$ 均为实数，则式(6.1)表示的二次型为实二次型；如果所有的系数 $a_{ij}(1\leqslant i, j\leqslant n)$ 均为复数，则式(6.1)表示的二次型为复二次型. 在本书中，仅讨论实二次型. 特别地，如果 $n$ 元二次型 $f(x_1, x_2, \cdots, x_n)$ 只含有平方项，即

$$f(x_1, x_2, \cdots, x_n)=k_1x_1^2+k_2x_2^2+\cdots+k_nx_n^2, \tag{6.2}$$

则称式(6.2)为二次型的标准形. 如果标准形的系数 $k_1$，$k_2$，…，$k_n$ 只在 1，-1，0 这 3 个

数中取值，使

$$f(x_1, x_2, \cdots, x_n)=x_1^2+x_2^2+\cdots+x_p^2-x_{p+1}-\cdots-x_r^2, \tag{6.3}$$

则称式(6.3)为二次型的规范型.

## 6.1.2　二次型及矩阵

如果规定 $a_{ij}=a_{ji}$则当 $i\neq j$ 时有 $2a_{ij}x_ix_j=a_{ij}x_ix_j+a_{ji}x_jx_i$ 从而式(6.1)可表示为

$$\begin{aligned}f(x_1, x_2, \cdots, x_n)&=a_{11}x_1^2+a_{12}x_1x_2+a_{13}x_1x_3+\cdots+a_{1n}x_1x_n+\\&\quad a_{21}x_2x_1+a_{22}x_2^2+\cdots+a_{2n}x_2x_n+\cdots+\\&\quad a_{n1}x_nx_1+a_{n2}x_nx_2+\cdots+a_{nn}x_n^2\\&=\sum_{i=1}^{n}\sum_{j=1}^{n}a_{ij}x_ix_j.\end{aligned}$$

利用矩阵的运算，上式还可表示为

$$f(x_1, x_2, \cdots, x_n)=(x_1, x_2, \cdots, x_n)\begin{pmatrix}a_{11} & a_{12} & \cdots & a_{1n}\\ a_{21} & a_{22} & \cdots & a_{2n}\\ \vdots & \vdots & & \vdots\\ a_{n1} & a_{n2} & \cdots & a_{nn}\end{pmatrix}\begin{pmatrix}x_1\\ x_2\\ \vdots\\ x_n\end{pmatrix} \tag{6.4}$$

称式(6.4)为二次型的矩阵表示，记 $\boldsymbol{A}=\begin{pmatrix}a_{11} & a_{12} & \cdots & a_{1n}\\ a_{21} & a_{22} & \cdots & a_{2n}\\ \vdots & \vdots & & \vdots\\ a_{n1} & a_{n2} & \cdots & a_{nn}\end{pmatrix}$，$\boldsymbol{X}=\begin{pmatrix}x_1\\ x_2\\ \vdots\\ x_n\end{pmatrix}$，则式(6.4)可表示为矩阵形式 $f=\boldsymbol{X}^{\mathrm{T}}\boldsymbol{A}\boldsymbol{X}$，其中 $\boldsymbol{A}$ 为实对称矩阵.

在二次型的矩阵表示中，任给一个二次型，就唯一确定了一个对称矩阵；反之，任给一个对称矩阵，也可唯一确定一个二次型. 这样，二次型和对称矩阵之间存在一一对应的关系，因此，把对称矩阵 $\boldsymbol{A}$ 叫作二次型 $f$ 的矩阵，二次型 $f$ 叫作对称矩阵 $\boldsymbol{A}$ 的二次型. 矩阵 $\boldsymbol{A}$ 的秩称为二次型 $f$ 的秩.

**例 6.1**　将二次型

$$f(x_1, x_2, x_3, x_4)=3x_1^2-5x_2^2+x_3^2-10x_1x_2+6x_1x_3+3x_1x_4-5x_2x_3+x_3x_4$$

表示成矩阵形式，写出其对称矩阵，并求出二次型的秩.

**解**　设 $f=\boldsymbol{X}^{\mathrm{T}}\boldsymbol{A}\boldsymbol{X}$，则二次型的矩阵为

$$A=\begin{pmatrix}3 & -5 & 3 & \frac{3}{2}\\ -5 & -5 & -\frac{5}{2} & 0\\ 3 & -\frac{5}{2} & 1 & \frac{1}{2}\\ \frac{3}{2} & 0 & \frac{1}{2} & 0\end{pmatrix}.$$

对 $A$ 作初等变换，不难求出 $r(A)=4$，即二次型的秩为 4.

**例 6.2** 已知对称矩阵 $A=\begin{pmatrix}1 & -2 & \frac{7}{2}\\ -2 & -6 & 3\\ \frac{7}{2} & 3 & 9\end{pmatrix}$，确定其二次型.

**解** $f=(x_1, x_2, x_3)\begin{pmatrix}1 & -2 & \frac{7}{2}\\ -2 & -6 & 3\\ \frac{7}{2} & 3 & 9\end{pmatrix}\begin{pmatrix}x_1\\ x_2\\ x_3\end{pmatrix}=x_1^2-6x_2^2+9x_3^2-4x_1x_2+7x_1x_3+6x_2x_3.$

**【问题 6.1】** 已知二次型 $f=5x_1^2+5x_2^2+cx_3^2-2x_1x_2+6x_1x_3-6x_2x_3$ 的秩为 2，则参数 $c$ 的值为多少?

二次型的主要内容之一就是希望通过变量的可逆线性变换

$$\begin{cases}x_1=c_{11}y_1+c_{12}y_2+\cdots+c_{1n}y_n,\\ x_2=c_{21}y_1+c_{22}y_2+\cdots+c_{2n}y_n,\\ \qquad\vdots\\ x_n=c_{n1}y_1+c_{n2}y_2+\cdots+c_{nn}y_n,\end{cases}\tag{6.5}$$

即 $X=CY$，$|C|\neq0$ 其中

$$X=\begin{pmatrix}x_1\\ x_2\\ \vdots\\ x_n\end{pmatrix},\ C=\begin{pmatrix}c_{11} & c_{12} & \cdots & c_{1n}\\ c_{21} & c_{22} & \cdots & c_{2n}\\ \vdots & \vdots & & \vdots\\ c_{n1} & c_{n2} & \cdots & c_{nn}\end{pmatrix},\ Y=\begin{pmatrix}y_1\\ y_2\\ \vdots\\ y_n\end{pmatrix},$$

来简化二次型.

二次型 $f=X^TAX$ 在可逆线性变换 $X=CY$ 下有

$$f=X^TAX=(CY)^TA(CY)=Y^TC^TACY=Y^T(C^TAC)Y=Y^TBY,$$

其中 $B=C^TAC$. 显然 $B$ 为对称矩阵. 由定义 5.5 知，矩阵 $A$ 与矩阵 $B$ 是合同的.

# 习题 6.1

1. 用矩阵形式表示下列二次型.

(1) $f(x_1, x_2, x_3, x_4)=2x_1^2-2x_2^2+4x_3^2+x_4^2-x_1x_2+2x_1x_3+9x_1x_4+8x_2x_3+x_3x_4$.

(2) $f(x, y)=2x^2+6xy-y^2$.

(3) $f(x, y, z)=3x^2+y^2+7z^2-6xy-4xz-5yz$.

2. 写出下列矩阵对应的二次型.

(1) $\boldsymbol{A}=\begin{pmatrix}0 & -1\\ -1 & 0\end{pmatrix}$.

(2) $\boldsymbol{A}=\begin{pmatrix}-1 & 2 & 0\\ 2 & 1 & -3\\ 0 & -3 & 0\end{pmatrix}$.

(3) $\boldsymbol{A}=\begin{pmatrix}a_1 & b\\ b & a_2\end{pmatrix}$.

3. 证明：矩阵 $\begin{pmatrix}x & 0 & 0\\ 0 & y & 0\\ 0 & 0 & z\end{pmatrix}$ 与 $\begin{pmatrix}y & 0 & 0\\ 0 & z & 0\\ 0 & 0 & x\end{pmatrix}$ 合同.

## 6.2　二次型的标准形

本节讨论的主要问题：寻求一个可逆的线性变换 $\boldsymbol{X}=\boldsymbol{CY}$，代入二次型 $f=\boldsymbol{X}^{\mathrm{T}}\boldsymbol{AX}$，使 $f=\boldsymbol{X}^{\mathrm{T}}\boldsymbol{AX}$ 只含有平方项.

本节首先介绍用正交变化法化二次型为标准形，然后再介绍用配方法化二次型为标准形.

### 6.2.1　利用正交变换法化二次型为标准形

**定义 6.2**　若 $\boldsymbol{P}$ 为正交矩阵，则线性变换 $\boldsymbol{Y}=\boldsymbol{PX}$ 称为正交变换.

设 $\boldsymbol{Y}=\boldsymbol{PX}$ 为正交变换，则有

$$\|\boldsymbol{Y}\|=\sqrt{\boldsymbol{Y}^{\mathrm{T}}\boldsymbol{Y}}=\sqrt{\boldsymbol{X}^{\mathrm{T}}\boldsymbol{P}^{\mathrm{T}}\boldsymbol{PX}}=\sqrt{\boldsymbol{X}^{\mathrm{T}}\boldsymbol{X}}=\|\boldsymbol{X}\|.$$

这说明，正交变换不改变向量的长度.

由定理 5.4 及其推论知，实对称矩阵 $\boldsymbol{A}$ 存在正交矩阵 $\boldsymbol{P}$，使

$$P^{-1}AP=\begin{pmatrix}\lambda_1 & & & \\ & \lambda_2 & & \\ & & \ddots & \\ & & & \lambda_n\end{pmatrix}，即\ P^{T}AP=\begin{pmatrix}\lambda_1 & & & \\ & \lambda_2 & & \\ & & \ddots & \\ & & & \lambda_n\end{pmatrix}.$$

把这个结论应用于实二次型，则有如下定理.

**定理 6.1** 任给 $n$ 元实二次型 $f=X^{T}AX$，总存在正交变换 $X=PY$，使二次型 $f$ 化为标准形 $f=(PY)^{T}A(PY)=Y^{T}(P^{T}AP)Y=\lambda_1y_1^2+\lambda_2y_2^2+\cdots+\lambda_ny_n^2$，其中 $\lambda_1$，$\lambda_2$，$\lambda_3$，$\cdots\lambda_n$ 是矩阵 $A$ 的特征值.

用正交变换将二次型化为标准形，其特点是保持几何图形不变. 因此，它在理论和实际应用中都有非常重要的意义. 下面来介绍利用正交变换法将二次型化为标准形的具体步骤：

(1)求出矩阵 $A$ 的所有特征值 $\lambda_1$，$\lambda_2$，$\cdots$，$\lambda_n$(可能有重根)；

(2)求出矩阵 $A$ 的每个特征值 $\lambda_i$ 对应的一组线性无关的特征向量，即求出线性方程组 $(A-\lambda_iE)x=0$ 的一个基础解系，并将此组基础解系进行施密特正交化(正交化、单位化)；

(3)将所有特征值 $\lambda_1$，$\lambda_2$，$\cdots$，$\lambda_n$ 对应的 $n$ 个标准、正交的特征向量作为列向量所得的 $n$ 阶方阵即为正交矩阵 $P$(不唯一)；

(4)作正交变换 $X=PY$，即可将二次型化为标准形

$$f=\lambda_1y_1^2+\lambda_2y_2^2+\cdots+\lambda_ny_n^2.$$

**例 6.3** 已知二次型 $f(x_1,x_2,x_3)=x_1^2+4x_2^2+4x_3^2-4x_1x_2+4x_1x_3-8x_2x_3$，求一个正交变换 $X=PY$，把二次型 $f$ 化为标准形.

**解** 二次型 $f$ 的对应矩阵为 $A=\begin{pmatrix}1 & -2 & 2\\ -2 & 4 & -4\\ 2 & -4 & 4\end{pmatrix}$，其特征多项式为

$$|A-\lambda E|=\begin{vmatrix}1-\lambda & -2 & 2\\ -2 & 4-\lambda & -4\\ 2 & -4 & 4-\lambda\end{vmatrix}=\lambda^2(9-\lambda),$$

求得特征值为 $\lambda_1=\lambda_2=0$，$\lambda_3=9$.

当 $\lambda_1=\lambda_2=0$ 时，由 $(A-0E)X=0$，解得特征向量 $\xi_1=(2,1,0)^{T}$，$\xi_2=(-2,0,1)^{T}$.

将 $\xi_1=(2,1,0)^{T}$，$\xi_2=(-2,0,1)^{T}$ 规范正交化，得 $p_1=\frac{1}{\sqrt{5}}(2,1,0)^{T}$，$p_2=\frac{1}{3\sqrt{5}}(-2,4,5)^{T}$.

同理当 $\lambda_2=9$ 时，解得特征向量 $\xi_3=(1,-2,2)^{T}$，将其单位化可得 $p_3=$

$\frac{1}{3}(1,\ -2,\ 2)^{\mathrm{T}}$.

取正交变换矩阵 $\boldsymbol{P}=(\boldsymbol{p}_1,\ \boldsymbol{p}_2,\ \boldsymbol{p}_3)=\begin{pmatrix}\frac{2}{\sqrt{5}} & -\frac{2}{3\sqrt{5}} & \frac{1}{3}\\ \frac{1}{\sqrt{5}} & \frac{4}{3\sqrt{5}} & -\frac{2}{3}\\ 0 & \frac{5}{3\sqrt{5}} & \frac{2}{3}\end{pmatrix}$，则有

例 6.4

$$\boldsymbol{P}^{\mathrm{T}}\boldsymbol{A}\boldsymbol{P}=\boldsymbol{P}^{-1}\boldsymbol{A}\boldsymbol{P}=\boldsymbol{\Lambda}=\begin{pmatrix}0 & & \\ & 0 & \\ & & 9\end{pmatrix},$$

即利用正交变换 $\boldsymbol{X}=\boldsymbol{P}\boldsymbol{Y}$，把二次型 $f$ 化为标准形 $f=9y_3^2$.

**例 6.4**　已知二次型 $f(x_1,\ x_2,\ x_3)=2x_1^2+3x_2^2+3x_3^2+2ax_2x_3(a>0)$，通过正交变换可转化为标准形 $f=y_1^2+2y_2^2+5y_3^2$. 求：

(1)参数 $a$ 的值；

(2)所用正交变换矩阵.

**解**　(1)二次型 $f$ 的对应矩阵 $\boldsymbol{A}=\begin{pmatrix}2 & 0 & 0\\ 0 & 3 & a\\ 0 & a & 3\end{pmatrix}$，其特征多项式为

$$|\boldsymbol{A}-2\boldsymbol{E}|=2\begin{vmatrix}2-\lambda & 0 & 0\\ 0 & 3-\lambda & a\\ 0 & a & 3-\lambda\end{vmatrix}=(2-\lambda)(\lambda^2-6\lambda-a^2+9),$$

因为二次型可以转化为标准形 $f=y_1^2+2y_2^2+5y_3^2$，故特征值为 1，2，5.

又 1，5 是方程 $(\lambda^2-6\lambda-a^2+9)=0$ 的根，代入可得 $a=\pm2$. 由题意 $a>0$，故 $a=2$.

(2)因为 $a=2$，所以二次型 $f$ 的矩阵为 $\boldsymbol{A}=\begin{pmatrix}2 & 0 & 0\\ 0 & 3 & 2\\ 0 & 2 & 3\end{pmatrix}$，下面求其正交变换矩阵.

$\lambda_1=1$ 时，解得特征向量 $\boldsymbol{\xi}_1=(0,\ 1,\ -1)^{\mathrm{T}}$，将其单位化可得 $\boldsymbol{p}_1=\frac{1}{\sqrt{2}}(0,\ 1,\ -1)^{\mathrm{T}}$.

$\lambda_1=2$ 时，解得特征向量 $\boldsymbol{\xi}_2=(1,\ 0,\ 0)^{\mathrm{T}}$，将其单位化可得 $\boldsymbol{p}_2=(1,\ 0,\ 0)^{\mathrm{T}}$.

$\lambda_1=5$ 时，解得特征向量 $\boldsymbol{\xi}_3=(0,\ 1,\ 1)^{\mathrm{T}}$，将其单位化可得 $\boldsymbol{p}_3=\frac{1}{\sqrt{2}}(0,\ 1,\ 1)^{\mathrm{T}}$.

取正交变换矩阵 $\boldsymbol{P}=(\boldsymbol{p}_1, \boldsymbol{p}_2, \boldsymbol{p}_3)=\begin{pmatrix} 0 & 1 & 0 \\ \frac{1}{\sqrt{2}} & 0 & \frac{1}{\sqrt{2}} \\ -\frac{1}{\sqrt{2}} & 0 & \frac{1}{\sqrt{2}} \end{pmatrix}$.

**例 6.5** 方程 $3x^2+5y^2+5z^2+4xy-4xz-10yz=1$ 表示何种二次曲面.

**解** 因为 $f(x, y, z)=3x^2+5y^2+5z^2+4xy-4xz-10$ 是一个二次型，其矩阵

$$A=\begin{pmatrix} 3 & 2 & -2 \\ 2 & 5 & -5 \\ -2 & -5 & 5 \end{pmatrix}$$

由 $|\boldsymbol{A}-\lambda\boldsymbol{E}|=0$ 得 $\lambda_1=0$，$\lambda_2=2$，$\lambda_3=11$.

原方程可化为 $2\tilde{y}^2+11\tilde{z}^2=1$，它表示椭圆柱面.

### 6.2.2 利用配方法化二次型为标准形

如果只要求变换是一个可逆的线性变换，而不限于正交变换，那么还可以利用配方法化二次型为标准形.

**例 6.6** 设二次型 $f=x_1^2+2x_2^2+x_3^2+2x_2x_3-2x_2x_3$，利用配方法将其化为标准形.

**解**

$$\begin{aligned} f &= x_1^2+2x_2^2+x_3^2+2x_1x_2-2x_2x_3 \\ &= (x_1^2+2x_1x_2+x_2^2)+(x_2^2-2x_2x_3+x_3^2) \\ &= (x_1+x_2)^2+(x_2-x_3)^2. \end{aligned}$$

令 $\begin{cases} y_1=x_1+x_2, \\ y_2=x_2-x_3, \\ y_3=x_3, \end{cases}$

就把 $f$ 化为标准形 $f=y_1^2+y_2^2$.

**例 6.7** 用配方法将二次型 $f=2x_1x_2-4x_1x_3$ 化为标准形，并求所用的变换矩阵.

**解** 令

$$\begin{cases} x_1=y_1+y_2, \\ x_2=y_1-y_2, \\ x_3=y_3, \end{cases} \tag{6.6}$$

则

$$\begin{aligned} f(x_1, x_2, x_3) &= 2x_1x_2-4x_1x_3 \\ &= 2(y_1-y_2)(y_1+y_2)-4(y_1+y_2)y_3 \\ &= 2y_1^2-2y_2^2-4y_1y_3-4y_2y_3 \end{aligned}$$

$$=2(y_1-y_2)^2-2(y_2+y_3)^2.$$

令

$$\begin{cases} z_1=y_1-y_3, \\ z_2=y_2+y_3, \\ z_3=y_3, \end{cases} \tag{6.7}$$

于是有 $f=2z_1^2-2z_2^2$.

将二次型化为标准形，作式(6.6)和式(6.7)两步的线性变换，现将这两步分别记作 $\boldsymbol{X}=\boldsymbol{C}_1\boldsymbol{Y}$ 和 $\boldsymbol{Y}=\boldsymbol{C}_2\boldsymbol{Z}$，其中

$$\boldsymbol{X}=\begin{pmatrix} x_1 \\ x_2 \\ x_3 \end{pmatrix}, \boldsymbol{Y}=\begin{pmatrix} y_1 \\ y_2 \\ y_3 \end{pmatrix}, \boldsymbol{Z}=\begin{pmatrix} z_1 \\ z_2 \\ z_3 \end{pmatrix}, \boldsymbol{C}_1=\begin{pmatrix} 1 & 1 & 0 \\ 1 & -1 & 0 \\ 0 & 0 & 1 \end{pmatrix}, \boldsymbol{C}_2=\begin{pmatrix} 1 & 0 & 1 \\ 0 & 1 & -1 \\ 0 & 0 & 1 \end{pmatrix},$$

于是 $\boldsymbol{X}=\boldsymbol{C}_1\boldsymbol{C}_2\boldsymbol{Z}$ 就是将二次型化为标准形所作的坐标变换，故变换矩阵为

$$\boldsymbol{C}=\boldsymbol{C}_1\boldsymbol{C}_2=\begin{pmatrix} 1 & 1 & 0 \\ 1 & -1 & 0 \\ 0 & 0 & 1 \end{pmatrix}\begin{pmatrix} 1 & 0 & 1 \\ 0 & 1 & -1 \\ 0 & 0 & 1 \end{pmatrix}=\begin{pmatrix} 1 & 1 & 0 \\ 1 & -1 & 2 \\ 0 & 0 & 1 \end{pmatrix}.$$

## 习题 6.2

1. 利用正交变换法将下列二次型化为标准形.

(1) $f(x_1, x_2, x_3)=2x_3^2-2x_1x_2+2x_1x_3-2x_2x_3$.

(2) $f(x_1, x_2, x_3, x_4)=2x_1x_2+2x_1x_3-2x_1x_4-2x_2x_3+2x_2x_4+2x_3x_4$.

2. 利用配方法化下列二次型为标准形.

(1) $f(x_1, x_2, x_3)=x_1x_2+x_1x_3+x_2x_3$.

(2) $f(x_1, x_2, x_3)=2x_1^2+3x_2^2+x_3^2+4x_1x_2-4x_1x_3-8x_2x_3$.

3. 已知二次型 $f=2x_1^2+3x_2^2+3x_3^2+2ax_2x_3(a>0)$，通过正交变换化为标准形 $f=y_1^2+2y_2^2+5y_3^2$，求参数 $a$ 及所用的正交变换矩阵.

4. 已知二次型 $f(x_1, x_2, x_3)=(1-a)x_1^2+(1-a)x_2^2+2x_3^2+2(1+a)x_1x_2$ 的秩为 2.

(1) 求 $a$ 的值.

(2) 求正交变换 $\boldsymbol{X}=\boldsymbol{PY}$，把 $f(x_1, x_2, x_3)$ 化为标准形.

(3) 求 $f(x_1, x_2, x_3)=0$ 的解.

# 6.3 正定二次型

本节讨论一种特殊的实二次型，即正定二次型.

## 6.3.1 正定二次型的定义

一个 $n$ 元实二次型既可以通过正交变换法化为标准形，也可以通过配方法化为标准形，显然标准形不唯一，但其所含的项数是确定的，因为标准形的项数等于二次型的秩.

**定理 6.2** 设有二次型 $f=\sum_{i=1}^{n}\sum_{j=1}^{n}a_{ij}x_ix_j=X^{\mathrm{T}}\boldsymbol{AX}(\boldsymbol{A}^{\mathrm{T}}=\boldsymbol{A})$，且它的秩为 $r$，若有两个实的可逆线性变换 $\boldsymbol{X}=\boldsymbol{PY}$，$\boldsymbol{X}=\boldsymbol{QZ}$，使二次型化为 $f=\lambda_1y_1^2+\lambda_2y_2^2+\cdots+\lambda_ry_r^2(\lambda_i\neq0,\ i=1,\ 2,\ 3,\ \cdots,\ r)$，$f=p_1z_1^2+p_2z_2^2+\cdots+p_rz_r^2(p_i\neq0,\ i=1,\ 2,\ 3,\ \cdots,\ r)$，则 $\lambda_1$，$\lambda_2$，$\cdots$，$\lambda_r$ 和 $p_1$，$p_2$，$\cdots$，$p_r$ 中正数的个数相等，设为 $m$，则 $m$ 为二次型的**正惯性指数**；负数的个数也相等，均为 $r-m$，称 $r-m$ 为二次型的**负惯性指数**；称正惯性指数与负数惯性指数之差 $2m-r$ 为符号差.

此定理为惯性定理.

**定义 6.3** 设有二次型 $f=\boldsymbol{X}^{\mathrm{T}}\boldsymbol{AX}$，若对任意非零向量 $\boldsymbol{X}$，都有 $f(\boldsymbol{X})>0$，则称该二次型为正定二次型，并称矩阵 $\boldsymbol{A}$ 为正定矩阵；若对任意非零列向量 $\boldsymbol{X}$，都有 $f(\boldsymbol{X})<0$，则称二次型为负定二次型，并称矩阵 $\boldsymbol{A}$ 为负定矩阵.

根据定义 6.3 二次型 $f(x_1,\ x_2,\ \cdots,\ x_n)=k_1x_1^2+k_2x_2^2+\cdots+k_ny_n^2$ 为正定二次型的充分必要条件是 $k_i>0(i=1,\ 2,\ \cdots,\ n)$；二次型 $f=\boldsymbol{X}^{\mathrm{T}}\boldsymbol{AX}$ 经过可逆线性变换 $\boldsymbol{X}=\boldsymbol{CY}$ 后化为 $\boldsymbol{Y}^{\mathrm{T}}(\boldsymbol{C}^{\mathrm{T}}\boldsymbol{AC})\boldsymbol{Y}$，其正定性保持不变.

**定理 6.3** 实二次型 $f=\boldsymbol{X}^{\mathrm{T}}\boldsymbol{AX}$ 正定的充分必要条件是它的正惯性指数等于 $n$.

由此定理不难得到如下推论.

**推论** 实二次型 $f=\boldsymbol{X}^{\mathrm{T}}\boldsymbol{AX}$ 正定的充分必要条件是 $f$ 的矩阵 $\boldsymbol{A}$ 的特征值全为正.

**例 6.8** 判定下列二次型的正定性.

$$f(x_1,\ x_2,\ x_3)=17x_1^2+14x_2^2+14x_3^2-4x_1x_2-4x_1x_3-8x_2x_3.$$

**解** 二次型的矩阵为 $\boldsymbol{A}=\begin{pmatrix}17&-2&-2\\-2&14&-4\\-2&-4&14\end{pmatrix}$. 由特征方程 $|\boldsymbol{A}-\lambda\boldsymbol{E}|=-(\lambda-18)^2(\lambda-9)=0$，得 $\boldsymbol{A}$ 的特征值 $\lambda_1=\lambda_2=18$，$\lambda_3=9$ 全为正，所以 $f$ 是正定二次型.

## 6.3.2 赫尔维茨定理

下面讨论使用二次型矩阵 $\boldsymbol{A}$ 的子式来判别二次型正定性的一种方法.

**定义 6.4** 位于 $n$ 阶矩阵 $\boldsymbol{A}$ 的左上角的 1，2，$\cdots$，$n$ 阶子式

$$\Delta_1=|a_{11}|=a_{11},\ \Delta_2=\begin{vmatrix}a_{11}&a_{12}\\a_{21}&a_{22}\end{vmatrix},\ \cdots,\ \Delta_n=|A|$$

分别称为矩阵 $\boldsymbol{A}$ 的 1, 2, …, $n$ 阶顺序主子式.

**定理 6.4**　二次型 $f=\boldsymbol{X}^{\mathrm{T}}\boldsymbol{A}\boldsymbol{X}$ 正定的充分必要条件是 $\boldsymbol{A}$ 的各阶顺序主子式全大于零. 这个定理称为赫尔维茨定理.

正定二次型例 6.9

**【问题 6.2】**　设 $\boldsymbol{A}$, $\boldsymbol{B}$ 都是 $n$ 阶正定矩阵, 试讨论矩阵 $\boldsymbol{A}+\boldsymbol{B}$ 是否为正定矩阵.

**例 6.9**　判定下列二次型的正定性.

$$f(x_1,\ x_2,\ x_3)=-2x_1^2-6x_2^2-4x_3^2+2x_1x_3+2x_1x_3.$$

**解**　二次型的矩阵为 $\boldsymbol{A}=\begin{pmatrix}-2&1&1\\1&-6&0\\1&0&-4\end{pmatrix}$. 因为 $\Delta_1=-2<0$, $\Delta_2=\begin{vmatrix}-2&1\\1&-6\end{vmatrix}=11>0$,

$\Delta_3=\begin{vmatrix}-2&1&1\\1&-6&0\\1&0&-4\end{vmatrix}=-38<0$, 所以 $f$ 是负定二次型.

## 习题 6.3

1. 求二次型 $f=3x_1^2+3x_2^2+6x_3^2+8x_1x_2-2x_2x_3$ 的正惯性指数.

2. 判断下列二次型是否是正定的.

(1) $f(x_1,\ x_2,\ x_3)=-2x_1^2-6x_2^2-4x_3^2+2x_1x_2+2x_1x_3$.

(2) $f(x_1,\ x_2,\ x_3,\ x_4)=x_1^2+x_2^2+8x_3^2+4x_4^2+6x_1x_2-2x_2x_3+4x_1x_3-2x_2x_4+2x_3x_4$.

3. 求 $t$ 的值, 使得二次型 $f(x_1,\ x_2,\ x_3)=x_1^2+4x_2^2+2x_3^2+2tx_1x_2+2x_2x_3$ 是正定的.

4. 如果二次型 $f=\boldsymbol{X}^{\mathrm{T}}\boldsymbol{A}\boldsymbol{X}$ 的矩阵 $\boldsymbol{A}$ 的特征值都是正的, 请判断 $f=\boldsymbol{X}^{\mathrm{T}}\boldsymbol{A}\boldsymbol{X}$ 是否正定.

5. 设矩阵 $\boldsymbol{A}$ 可逆, 证明: $\boldsymbol{A}^{\mathrm{T}}\boldsymbol{A}$ 为正定矩阵.

## 6.4　用 MATLAB 进行二次型的运算

在线性代数中, 二次型的一个基本问题就是化标准形和规范形. 计算时, 无论采取哪种传统方法都有相当的计算量, 过程也比较复杂, 特别是阶数较高的时候, 传统的计算就更加困难, MATLAB 软件可以使求解二次型的问题变得简单.

### 6.4.1 化二次型为标准形

对于二次型$f=\boldsymbol{X}^{\mathrm{T}}\boldsymbol{A}\boldsymbol{X}$, 其中$\boldsymbol{A}$是一个对称矩阵, 若要将其化为标准形, 就是要找到一个可逆矩阵$\boldsymbol{P}$, 使$\boldsymbol{P}^{\mathrm{T}}\boldsymbol{A}\boldsymbol{P}$为一个对角矩阵, 即$\boldsymbol{P}^{\mathrm{T}}\boldsymbol{A}\boldsymbol{P}=\mathrm{diag}(k_1, k_2, \cdots, k_n)$, $\boldsymbol{P}$就是要求的正交矩阵, 因此, 需要调用函数"$[P, D]=\mathrm{eig}(A)$".

**例 6.10** 将二次型$f=x_1^2+5x_2^2+5x_3^2+2x_1x_2-4x_1x_3$化为标准形.

**解** 二次型的矩阵为$\boldsymbol{A}=\begin{pmatrix}1 & 1 & -2\\ 1 & 5 & 0\\ -2 & 0 & 5\end{pmatrix}$, 从而

```
>>A=[1 1 -2; 1 5 0; -2 0 5];
>>format short
>>[P, D]=schur(A)
P=
     0.9129    0.0000    0.4082
    -0.1826    0.8944    0.4082
     0.3651    0.4472   -0.8165
D=
    -0.0000         0         0
          0    5.0000         0
          0         0    6.0000
```

$\boldsymbol{P}$就是所求的正交矩阵, 用正交变换$\boldsymbol{X}=\boldsymbol{P}\boldsymbol{Y}$, 可将二次型化为$f=5y_2^2+6y_3^2$.

### 6.4.2 正定二次型的判定

要判定一个对称矩阵是否是正定的, 只要看其特征值的正负即可. 在 MATLAB 中, 可使用"eig($A$)"函数命令来求出特征值, 判定其正定性.

**例 6.11** 判断二次型$f=-x_1^2-2x_2^2-3x_3^2+2x_1x_2+2x_2x_3$的正定性.

**解** 二次型的矩阵为$\boldsymbol{A}=\begin{pmatrix}-1 & 1 & 0\\ 1 & -2 & 1\\ 0 & 1 & -3\end{pmatrix}$, 从而

```
>>A=[-1 1 0; 1 -2 1; 0 1 -3];
>>pdp_rqf(A)
>>ans=
      '负定'
```

由运行结果可知, 该二次型为负定二次型.

# 第6章总复习题

1. (2019) 设 $\boldsymbol{A}$ 是三阶实对称矩阵，$\boldsymbol{E}$ 是三阶单位矩阵，若 $\boldsymbol{A}^2+\boldsymbol{A}=2\boldsymbol{E}$，且 $|\boldsymbol{A}|=4$，则二次型 $\boldsymbol{x}^{\mathrm{T}}\boldsymbol{A}\boldsymbol{x}$ 的规范型为(　　).

A. $y_1^2+y_2^2+y_3^2$　　B. $y_1^2+y_2^2-y_3^2$　　C. $y_1^2-y_2^2-y_3^2$　　D. $-y_1^2-y_2^2-y_3^2$

2. (2021) 二次型 $f(x_1, x_2, x_3)=(x_1+x_2)^2+(x_2+x_3)^2-(x_3-x_1)^2$ 的正惯性指数和负惯性指数依次为(　　).

A. 2, 0　　B. 1, 1　　C. 2, 1　　D. 1, 2

3. (2023) $f(x_1, x_2, x_3)=(x_1+x_2)^2+(x_1+x_3)^2-4(x_2-x_3)^2$ 的规范形为(　　).

A. $y_1^2+y_2^2$　　B. $y_1^2-y_2^2$　　C. $y_1^2+y_2^2-4y_3^2$　　D. $y_1^2+y_2^2-y_3^2$

4. (2016) 设二次型 $f(x_1, x_2, x_3)=x_1^2+x_2^2+x_3^2+4x_1x_2+4x_2x_3+4x_1x_3$，则 $f(x_1, x_2, x_3)=2$ 在空间直角坐标系下表示的二次曲面为(　　).

A. 单叶双曲面　　B. 双叶双曲面　　C. 椭球面　　D. 柱面

5. (2015) 在正交变换 $\boldsymbol{X}=\boldsymbol{P}\boldsymbol{Y}$ 下的标准形 $2y_1^2+y_2^2-y_3^2$，其中 $\boldsymbol{P}=(e_1, e_2, e_3)$，若 $\boldsymbol{Q}=(e_1, -e_3, e_2)$，则 $f(x_1, x_2, x_3)$ 在正交变换 $\boldsymbol{X}=\boldsymbol{Q}\boldsymbol{Y}$ 下的标准形为(　　).

A. $2y_1^2-y_2^2+y_3^2$　　B. $2y_1^2+y_2^2-y_3^2$　　C. $2y_1^2-y_2^2-y_3^2$　　D. $2y_1^2+y_2^2+y_3^2$

6. (2024) 设矩阵 $\boldsymbol{A}=\begin{pmatrix}0 & 1 & A\\ 1 & 0 & 1\end{pmatrix}$，$\boldsymbol{B}=\begin{pmatrix}1 & 1\\ 1 & 1\\ b & 2\end{pmatrix}$，二次型 $f(x_1, x_2, x_3)=\boldsymbol{x}^{\mathrm{T}}\boldsymbol{B}\boldsymbol{A}\boldsymbol{x}$. 已知方程组 $\boldsymbol{A}\boldsymbol{x}=\boldsymbol{0}$ 的解均是 $\boldsymbol{B}^{\mathrm{T}}\boldsymbol{x}=\boldsymbol{0}$ 的解，但这两个方程组不同解.

(1) 求 $a$, $b$ 的值；

(2) 求正交变换 $\boldsymbol{x}=\boldsymbol{Q}\boldsymbol{y}$，将 $f(x_1, x_2, x_3)$ 化为标准形.

7. (2023) 已知二次型 $f(x_1, x_2, x_3)=x_1^2+2x_2^2+2x_3^2+2x_1x_2-2x_1x_3$，$g(y_1, y_2, y_3)=y_1^2+y_2^2+y_3^2+2y_2y_3$.

(1) 求可逆变换 $\boldsymbol{x}=\boldsymbol{P}\boldsymbol{y}$，将 $f(x_1, x_2, x_3)$ 化成 $g(y_1, y_2, y_3)$；

(2) 是否存在正交变换 $\boldsymbol{x}=\boldsymbol{Q}\boldsymbol{y}$，将 $f(x_1, x_2, x_3)$ 化成 $g(y_1, y_2, y_3)$？

8. (2022) 设二次型 $f(x_1, x_2, x_3)=\sum\limits_{i=1}^{3}\sum\limits_{j=1}^{3} ijx_iy_j$.

(1) 求二次型 $f(x_1, x_2, x_3)$ 的矩阵.

(2) 求正交变换 $\boldsymbol{x}=\boldsymbol{Q}\boldsymbol{y}$，将 $f(x_1, x_2, x_3)$ 化为标准形.

(3) 求 $f(x_1, x_2, x_3)=0$ 的解.

9. (2022) 设二次型 $f(x_1, x_2, x_3)=3x_1^2+4x_2^2+3x_3^2+2x_1x_2$，

(1) 求正交变换 $\boldsymbol{x}=\boldsymbol{Q}\boldsymbol{y}$，将 $f(x_1, x_2, x_3)$ 化为标准形.

(2)证明$\min\limits_{x\neq 0}\dfrac{f(x)}{\boldsymbol{x}^{\mathrm{T}}\boldsymbol{x}}=2$

10.(2020)设二次型$f(x_1, x_2)=x_1^2-4x_1x_2+x_2^2$经过正交变换$\begin{pmatrix}x_1\\x_2\end{pmatrix}=\boldsymbol{Q}\begin{pmatrix}y_1\\y_2\end{pmatrix}$化为二次型$g(y_1, y_2)=ay_1^2+4y_1y_2+by_2^2$，其中$a\geqslant b$.

(1)求$a$，$b$的值.

(2)求正交矩阵$\boldsymbol{Q}$.

11.(2002)设$\boldsymbol{A}$为三阶实对称矩阵，且满足条件$\boldsymbol{A}^2+2\boldsymbol{A}=\boldsymbol{O}$，已知$\boldsymbol{A}$的秩$r(\boldsymbol{A})=2$.

(1)求$\boldsymbol{A}$的全部特征值.

(2)当$k$为何值时，$\boldsymbol{A}+k\boldsymbol{E}$为正定矩阵(其中$\boldsymbol{E}$为三阶单位矩阵)？

线性代数的课程价值

第6章思维导图

# 参考答案

## 问题答案

【问题 1.1】正确.

理由如下：比 $p_i(i=1, 2, \cdots, n)$ 大的且排在 $p_i$ 前面的元素有 $t_i$ 个，则 $p_i$ 这个元素的逆序数即为 $t_i$，全体元素的逆序数之总和为 $\sum_{i=1}^{n} t_i$，即为这个排列的逆序数.

【问题 1.2】值为零.

理由如下：因 $a_{ij}=-a_{ji}$，可推出 $a_{ii}=-a_{ii}$，即 $a_{ii}=0$，$i=1, 2, \cdots, n$，因此行列式可表示为

$$D=\begin{vmatrix} 0 & a_{12} & a_{13} & \cdots & a_{1n} \\ -a_{12} & 0 & a_{23} & \cdots & a_{2n} \\ -a_{13} & -a_{23} & 0 & \cdots & a_{3n} \\ \vdots & \vdots & \vdots & & \vdots \\ -a_{1n} & -a_{2n} & -a_{3n} & \cdots & 0 \end{vmatrix},$$

所以

$$D=D^{\mathrm{T}}=\begin{vmatrix} 0 & -a_{12} & -a_{13} & \cdots & -a_{1n} \\ a_{12} & 0 & -a_{23} & \cdots & -a_{2n} \\ a_{13} & a_{23} & 0 & \cdots & -a_{3n} \\ \vdots & \vdots & \vdots & & \vdots \\ a_{1n} & a_{2n} & a_{3n} & \cdots & 0 \end{vmatrix}=(-1)^n\begin{vmatrix} 0 & a_{12} & a_{13} & \cdots & a_{1n} \\ -a_{12} & 0 & a_{23} & \cdots & a_{2n} \\ -a_{13} & -a_{23} & 0 & \cdots & a_{3n} \\ \vdots & \vdots & \vdots & & \vdots \\ -a_{1n} & -a_{2n} & -a_{3n} & \cdots & 0 \end{vmatrix}=(-1)^n D$$

当 $n$ 为奇数时，得 $D=-D$，故 $D=0$.

【问题 1.3】正确.

理由如下：若 $(i, j)=(1, 1)$，结论显然正确，一般地，可对行列式的行、列进行如下调换：把第 $i$ 行依次与第 $i-1, i-2, \cdots, 1$ 行对换，这样数 $a_{ij}$ 就换成 $(1, j)$ 元，对换的次数为 $i-1$.再把第 $j$ 列依次与第 $j-1, j-2, \cdots, 1$ 列对换，这样数 $a_{ij}$ 就换成 $(1, 1)$ 元，对换的次数为 $j-1$.总之，经 $i+j-2$ 次对换，把数 $a_{ij}$ 换成 $(1, 1)$ 元，所得的行列式 $D_1=(-1)^{i+j-2}D=(-1)^{i+j}D$，而 $D_1$ 中 $(1, 1)$ 元的余子式就是 $D$ 中 $(i, j)$ 元的余子式 $M_{ij}$.由于 $D_1$ 的 $(1, 1)$

元为 $a_{ij}$，第 1 行其余元素都为 0，则 $D_1=(-1)^{1+1}a_{ij}M_{ij}=a_{ij}M_{ij}$，于是 $D=(-1)^{i+j}D_1=(-1)^{i+j}a_{ij}M_{ij}=a_{ij}A_{ij}$.

【问题 1.4】是.

可用反证法说明：假设系数行列式不等于零，则满足克莱姆法则，齐次线性方程组只有唯一解，就是零解，这与有非零解矛盾，故假设不成立.

【问题 2.1】不能.

理由如下：$|\boldsymbol{A}^{\mathrm{T}}|=|\boldsymbol{A}|$ 只能说明行列式值相等，而要保证 $\boldsymbol{A}^{\mathrm{T}}=\boldsymbol{A}$，必须有 $a_{ij}=a_{ji}(i, j=1, 2, \cdots, n)$.

【问题 2.2】不正确.

理由如下：由于矩阵乘法不满足交换律，所以对于两个 $n$ 阶矩阵 $\boldsymbol{A}$，$\boldsymbol{B}$，通常有 $(\boldsymbol{AB})^k\neq\boldsymbol{A}^k\boldsymbol{B}^k$，只有当矩阵 $\boldsymbol{A}$，$\boldsymbol{B}$ 可交换时，才有 $(\boldsymbol{AB})^k=\boldsymbol{A}^k\boldsymbol{B}^k$；同样，只有当矩阵 $\boldsymbol{A}$，$\boldsymbol{B}$ 可交换时，才有 $(\boldsymbol{A}+\boldsymbol{B})^2=\boldsymbol{A}^2\pm2\boldsymbol{AB}+\boldsymbol{B}^2$ 和 $\boldsymbol{A}^2-\boldsymbol{B}^2=(\boldsymbol{A}+\boldsymbol{B})(\boldsymbol{A}-\boldsymbol{B})$ 成立.

【问题 2.3】错误.

理由如下：若 $\boldsymbol{P}_1\boldsymbol{P}_2\boldsymbol{A}=\boldsymbol{B}$，则矩阵 $\boldsymbol{B}$ 是由矩阵 $\boldsymbol{A}$ 先进行 $\boldsymbol{P}_2$ 对应的初等行变换，再进行 $\boldsymbol{P}_1$ 对应的初等行变换得到的.因为矩阵的乘法运算不满足交换律，所以进行乘法运算时要特别注意的运算顺序.

【问题 2.4】正确.

理由如下：由 $\boldsymbol{AB}=\boldsymbol{E}$ 知 $\boldsymbol{B}=\boldsymbol{A}^{-1}$；由 $\boldsymbol{CA}=\boldsymbol{E}$ 知 $\boldsymbol{C}=\boldsymbol{A}^{-1}$，根据逆矩阵唯一性可得 $\boldsymbol{B}=\boldsymbol{C}$.

【问题 2.5】错误.

理由如下：根据定理 2.8，若 $\boldsymbol{A}$ 为 $m\times n$ 矩阵，$\boldsymbol{B}$ 为 $n$ 阶满秩矩阵，则 $r(\boldsymbol{AB})=r(\boldsymbol{A})$. 而问题中 $\boldsymbol{B}$ 为 $n\times s$ 矩阵，不是方阵，更谈不上可逆，所以没有对应的结果.

【问题 2.6】错误.

理由如下：设 $\boldsymbol{A}$ 为 $n$ 阶方阵，$\boldsymbol{B}$ 为 $n$ 阶方阵，则 $\begin{vmatrix} \boldsymbol{O} & \boldsymbol{B} \\ \boldsymbol{A} & \boldsymbol{O} \end{vmatrix}=(-1)^{mn}|\boldsymbol{A}||\boldsymbol{B}|$.

结合行列式的性质，通过交换行与行之间的位置可以把分块行列式 $\begin{vmatrix} \boldsymbol{O} & \boldsymbol{B} \\ \boldsymbol{A} & \boldsymbol{O} \end{vmatrix}$ 化为 $\begin{vmatrix} \boldsymbol{A} & \boldsymbol{O} \\ \boldsymbol{O} & \boldsymbol{B} \end{vmatrix}$，使用公式 $\begin{vmatrix} \boldsymbol{A} & \boldsymbol{O} \\ \boldsymbol{O} & \boldsymbol{B} \end{vmatrix}=|\boldsymbol{A}||\boldsymbol{B}|$ 得正确结论.

【问题 3.1】向量有乘法运算.

理由如下：$n$ 维行向量即为 $1\times n$ 矩阵，而 $n$ 维列向量即为 $n\times1$ 矩阵，所以，两个向量，只要前者的列数和后者的行数相等，就可以有乘法计算.比如，一个 $n$ 维向量乘以一个 $n$ 维列向量，结果是一个数；交换顺序相乘，就是一个 $n\times n$ 矩阵.

【问题 3.2】说法错误.

理由如下：对任意向量组 $\boldsymbol{\alpha}_1, \cdots, \boldsymbol{\alpha}_m$，等式 $0\boldsymbol{\alpha}_1+\cdots0\boldsymbol{\alpha}_m=0$ 自然成立，但是无法判别 $\alpha_1, \cdots, \alpha_m$ 的线性相关性，当且仅当系数全为零，等式成立，才能保证线性无关.

【问题 3.3】区别主要有两点；一是定义不同，二是判别方法有别.

理由如下：矩阵等价是指一个矩阵通过初等变换变成另一个矩阵；向量组等价是指两个向量组互相线性表示.从判别方法上，同型矩阵等价的充要条件是秩相同；而向量组等价可以得到秩相同，反之不成立.

【问题 3.4】不唯一.

理由如下：如果把向量空间看成一个向量组，一组基就是一个极大无关组.因为极大无关组不是唯一的，所以基也就不唯一了.

【问题 3.5】零向量.

理由如下：一个向量如果和任何向量都正交，则与自己也正交，而只有零向量才会和自己正交.

【问题 4.1】不正确.

理由如下：若 $m=n$，则 $r(\boldsymbol{A}_{m\times n})=m$，即 $r(\boldsymbol{A}_{m\times n})=n$，从而齐次线性方程组 $\boldsymbol{AX}=\boldsymbol{0}$ 只有零解；若 $m<n$，则 $r(\boldsymbol{A}_{m\times n})=m<n$，即 $r(\boldsymbol{A}_{m\times n})<n$，则齐次线性方程组 $\boldsymbol{AX}=\boldsymbol{0}$ 有非零解.

【问题 4.2】正确.

理由如下：若线性方程组 $\boldsymbol{AX}=\boldsymbol{b}(\boldsymbol{b}\neq\boldsymbol{0})$ 有无穷多解，则有 $r(\overline{\boldsymbol{A}})=r(\boldsymbol{A})<n$.根据 $r(\boldsymbol{A})<n$ 知齐次线性方程组 $\boldsymbol{AX}=\boldsymbol{0}$ 有无穷多解.

【问题 5.1】正确.

理由如下：由 $n$ 元齐次线性方程组 $\boldsymbol{AX}=\boldsymbol{0}$ 有非零解可知，$|\boldsymbol{A}|=0$，设 $\boldsymbol{A}$ 的全部特征值为 $\lambda_1$，$\lambda_2$，…，$\lambda_n$，由性质 5.1，$|\boldsymbol{A}|=\lambda_1\lambda_2\cdots\lambda_3$，所以 $\boldsymbol{A}$ 的个特征值 $\lambda_1$，$\lambda_2$，…，$\lambda_n$ 中至少有一个等于 0.

【问题 5.2】不正确.

理由如下：由于 $n$ 阶方阵 $\boldsymbol{A}$ 具有不同的特征值，根据定理 5.1，矩阵 $\boldsymbol{A}$ 一定具有 $n$ 个线性无关的特征向量，再由定理 5.3 知，矩阵 $\boldsymbol{A}$ 一定能对角化.而在例 5.3 中，矩阵 $\boldsymbol{A}$ 的特征方程有二重特征根 $\lambda_2=\lambda_3=2$，但因能找到两个线性无关的特征向量，所以例 5.3 中的矩阵 $\boldsymbol{A}$ 也可以对角化，从而 $n$ 阶方阵 $\boldsymbol{A}$ 具有 $n$ 个不同的特征值是 $\boldsymbol{A}$ 与对角矩阵相似的充分而非必要条件.

【问题 5.3】$\boldsymbol{A}$ 的特征值为 $-1$，$-1$，0.

理由如下：由于 $\boldsymbol{A}^2+\boldsymbol{A}=\boldsymbol{O}$，因此 $\boldsymbol{A}$ 的特征值 $\lambda$ 满足 $\lambda^2+\lambda=0$，即 $\lambda=-1$ 或 $\lambda=0$.又因为 $\boldsymbol{A}$ 为三阶实对称矩阵且 $r(\boldsymbol{A})=2$，故 $\boldsymbol{A}$ 的特征值为 $-1$，$-1$，0.

【问题 6.1】$c=3$.

理由如下：二次型的矩阵为 $\boldsymbol{A}=\begin{pmatrix}5&-1&3\\-1&5&-3\\3&-3&c\end{pmatrix}$，由 $r(\boldsymbol{A})=2$，知 $|\boldsymbol{A}|=0$，即 $c=3$.

【问题 6.2】是正定矩阵.

理由如下：由于$\boldsymbol{A}$，$\boldsymbol{B}$都是阶正定矩阵，所以$(\boldsymbol{A}+\boldsymbol{B})^{\mathrm{T}}=\boldsymbol{A}^{\mathrm{T}}+\boldsymbol{B}^{\mathrm{T}}=\boldsymbol{A}+\boldsymbol{B}$，即$\boldsymbol{A}+\boldsymbol{B}$是实对称阵.

对任意$n$维实向量$\boldsymbol{x}\neq\boldsymbol{0}$，$\boldsymbol{x}^{\mathrm{T}}\boldsymbol{A}\boldsymbol{x}>0$，且$\boldsymbol{x}\boldsymbol{B}^{\mathrm{T}}\boldsymbol{x}>0$，

故$\boldsymbol{x}^{\mathrm{T}}(\,|\boldsymbol{A}+\boldsymbol{B})\boldsymbol{x}=\boldsymbol{x}^{\mathrm{T}}\boldsymbol{A}\boldsymbol{x}+\boldsymbol{x}^{\mathrm{T}}\boldsymbol{B}\boldsymbol{x}>0$.所以$f=\boldsymbol{x}^{\mathrm{T}}(\boldsymbol{A}+\boldsymbol{B})\boldsymbol{x}$是正定二次型，故$\boldsymbol{A}+\boldsymbol{B}$也是正定矩阵.

## 习题答案

### 习题 1.1

1. (1)0 (2)7 (3)$\dfrac{n(n-1)}{2}$ (4)$\dfrac{n(n-1)}{2}$ 2. $-a_{11}a_{23}a_{32}a_{44}$，$a_{11}a_{23}a_{34}a_{42}$

3. (1)$-8$ (2)$-3$ (3)0 (4)$(a-b)^3$ 4. (1)是，取正号 (2)是，取正号

5. 6；0 6. 0 7. B 8. B 9. D

### 习题 1.2

1. $-\dfrac{1}{2}$ 2. $4abdf$ 3. (1)$-3$ (2)0 (3)$x^2y^2$ 4. 证明略

### 习题 1.3

1. (1)6 (2)0 2. (1)$2^n+(-1)^{n+1}$ (2)$-2(n-2)!$ 3. 证明略

4. (1)$(-1)^{n-1}\dfrac{(n+1)!}{2}$ (2)$2n+1$ 5. 证明略

### 习题 1.4

1. (1)$x_1=1$，$x_2=0$，$x_3=0$ (2)$x_1=2$，$x_2=-\dfrac{1}{2}$，$x_3=\dfrac{1}{2}$ (3)$x_1=-9$，$x_2=1$，$x_3=-1$，$x_4=19$

2. $\lambda=1$，或$\lambda=-\dfrac{4}{5}$ 3. $k\neq2$ 4. $\lambda=1$，或$\lambda=0$或$\lambda=5$ 5. $\lambda=2$，$\lambda=5$，$\lambda=8$

### 习题 2.1

1. D 2. $\boldsymbol{A}=\begin{pmatrix}0&-1&-1\\1&0&-1\\1&1&0\end{pmatrix}$

**习题 2.2**

1. $\begin{pmatrix}-5 & 2 & 4\\ 2 & 4 & 4\end{pmatrix}$；$\begin{pmatrix}-5 & 6 & 7\\ 11 & -3 & 2\end{pmatrix}$  2. $x=2$，$y=4$，$z=5$  3. $\begin{pmatrix}13 & 0\\ 0 & 58\end{pmatrix}$  4. $\boldsymbol{A}^n=$ $\begin{pmatrix}1 & 0 & n\\ 0 & 1 & 0\\ 0 & 0 & 1\end{pmatrix}$

5. $\boldsymbol{A}^n=3^{n-1}\boldsymbol{A}=3^{n-1}\begin{pmatrix}1 & \frac{1}{2} & \frac{1}{3}\\ 2 & 1 & \frac{2}{3}\\ 3 & \frac{3}{2} & 1\end{pmatrix}$  6. $\boldsymbol{A}^n=\begin{pmatrix}\cos n\varphi & -\sin n\varphi\\ \sin n\varphi & \cos n\varphi\end{pmatrix}$  7. $O$  8. $3\boldsymbol{E}$

9. 证明略  10. 证明略

**习题 2.3**

1. C  2. B  3. B  4. A  5. $\begin{pmatrix}1 & 3 & 2\\ 4 & 6 & 5\\ 7 & 9 & 8\end{pmatrix}$  6. $Q=\begin{pmatrix}0 & 1 & 1\\ 1 & 0 & 0\\ 0 & 0 & 1\end{pmatrix}$

**习题 2.4**

1. (1)$\begin{pmatrix}0 & -1 & 1\\ -1 & 1 & 0\\ 1 & 0 & 0\end{pmatrix}$  (2)$\begin{pmatrix}1 & 3 & 1\\ 2 & 5 & 1\\ -5 & -11 & -2\end{pmatrix}$  2. $\begin{pmatrix}0 & \frac{1}{2}\\ -1 & -1\end{pmatrix}$  3. $\begin{pmatrix}5 & -2 & -1\\ -2 & 2 & 0\\ -1 & 0 & 1\end{pmatrix}$

4. $-\frac{1}{32}(\boldsymbol{A}-7\boldsymbol{E})$  5. $\begin{pmatrix}-2 & 0 & 1\\ 0 & -1 & 0\\ 0 & 0 & -2\end{pmatrix}$  6. $\begin{pmatrix}1 & 0 & 0\\ 2 & 0 & 0\\ 6 & -1 & -1\end{pmatrix}$；$\begin{pmatrix}1 & 0 & 0\\ 2 & 0 & 0\\ 6 & -1 & -1\end{pmatrix}$  7. 16

8. 证明略

**习题 2.5**

1. (1)2  (2)4

2. (1)当 $x\neq1$ 且 $x\neq-2$ 时，$r(\boldsymbol{A})=3$；(2)当 $x=1$ 时，$r(\boldsymbol{A})=1$；(3)当 $x=-2$ 时，$r(\boldsymbol{A})=2$

3. 0  4. (1)$k=1$；(2)$k=-2$；(3)$k\neq1$ 且 $k=-2$

5. (1)当 $k\neq-3$ 且 $k\neq1$ 时，$r(\boldsymbol{A})=4$；(2)当 $k=1$ 时，$r(\boldsymbol{A})=1$；(3)当 $k=-3$ 时，

$r(\boldsymbol{A})=3$

**习题 2.6**

1. (1) $\begin{pmatrix} 1 & 0 & 0 & 0 & 0 \\ 0 & 1 & 0 & 0 & 0 \\ 0 & 0 & 1 & 0 & 0 \\ 0 & 0 & 0 & 3 & -1 \\ 0 & 0 & 0 & -5 & 2 \end{pmatrix}$ (2) $\begin{pmatrix} 0 & 0 & \cdots & 0 & \frac{1}{a_n} \\ \frac{1}{a_1} & 0 & \cdots & 0 & 0 \\ 0 & \frac{1}{a_2} & \vdots & 0 & 0 \\ \vdots & \vdots & & \vdots & \vdots \\ 0 & 0 & \cdots & \frac{1}{a_{n-1}} & 0 \end{pmatrix}$

2. $|\boldsymbol{A}^3|=27$, $\boldsymbol{A}^{-1}=\begin{pmatrix} \frac{1}{3} & 0 & 0 & 0 & 0 \\ 0 & -1 & 3 & 0 & 0 \\ 0 & 2 & -5 & 0 & 0 \\ 0 & 0 & 0 & -2 & 5 \\ 0 & 0 & 0 & 1 & -2 \end{pmatrix}$

3. $\begin{pmatrix} 1 & 0 & 0 & 0 \\ -\frac{1}{2} & \frac{1}{2} & 0 & 0 \\ -\frac{1}{2} & -\frac{1}{6} & \frac{1}{3} & 0 \\ \frac{1}{8} & -\frac{5}{24} & -\frac{1}{12} & \frac{1}{4} \end{pmatrix}$ 4. $\begin{pmatrix} -1 & 2 & 5 & -5 \\ 1 & -1 & -4 & 3 \\ 0 & 0 & 2 & -1 \\ 0 & 0 & -1 & 1 \end{pmatrix}$

**习题 3.1**

1. $\boldsymbol{\alpha}_1-\boldsymbol{\alpha}_2=(1,0,-1)^{\mathrm{T}}$; $3\boldsymbol{\alpha}_1+2\boldsymbol{\alpha}_2-\boldsymbol{\alpha}_3=(0,1,2)^{\mathrm{T}}$

2. $\boldsymbol{\alpha}=(10,-5,-9,2)^{\mathrm{T}}$; $\boldsymbol{\beta}=(-7,4,7,-1)^{\mathrm{T}}$

3. $a=-2$, $b=0$ 4. $\boldsymbol{AB}=\boldsymbol{E}$

**习题 3.2**

1. D 2. A 3. B 4. D 5. $\boldsymbol{\beta}=-\alpha_1+\alpha_2+2\alpha_3-2\alpha_4$ 6. (1)线性无关 (2)线性相关 7. $k=2$ 8. 当 $a+9\neq0$，即 $a\neq-9$ 时，$r(\alpha_1,\alpha_2,\alpha_3)=3$，由定理 3.4 知，向量组 $\boldsymbol{\alpha}_1$，$\boldsymbol{\alpha}_2$，$\boldsymbol{\alpha}_3$ 线性无关；当 $a+9=0$，即 $a=-9$ 时，$r(\alpha_1,\alpha_2,\alpha_3)=2<3$，向量组 $\boldsymbol{\alpha}_1$，$\boldsymbol{\alpha}_2$，$\boldsymbol{\alpha}_3$ 线性相

关.9. 证明略　10. 证明略

**习题 3.3**

1. B　2. (1) $r(\boldsymbol{\alpha}_1, \boldsymbol{\alpha}_2, \boldsymbol{\alpha}_3, \boldsymbol{\alpha}_4)=2$，极大线性无关组为 $\boldsymbol{\alpha}_1$，$\boldsymbol{\alpha}_2$，$\boldsymbol{\alpha}_3=\frac{3}{2}\boldsymbol{\alpha}_1-\frac{7}{2}\boldsymbol{\alpha}_2$，$\boldsymbol{\alpha}_4=\boldsymbol{\alpha}_1+2\boldsymbol{\alpha}_2$ (2) $r(\boldsymbol{\alpha}_1, \boldsymbol{\alpha}_2, \boldsymbol{\alpha}_3, \boldsymbol{\alpha}_4, \boldsymbol{\alpha}_5)=3$，极大线性无关组为 $\boldsymbol{\alpha}_1$，$\boldsymbol{\alpha}_2$，$\boldsymbol{\alpha}_4$，$\boldsymbol{\alpha}_3=-\boldsymbol{\alpha}_1-\boldsymbol{\alpha}_2$，$\boldsymbol{\alpha}_5=4\boldsymbol{\alpha}_1+3\boldsymbol{\alpha}_2-3\boldsymbol{\alpha}_4$

3. 秩为 3；极大无关组为 $\boldsymbol{\alpha}_1$，$\boldsymbol{\alpha}_2$，$\boldsymbol{\alpha}_5$，$\boldsymbol{\alpha}_3=3\boldsymbol{\alpha}_1+\boldsymbol{\alpha}_2$，$\boldsymbol{\alpha}_4=\boldsymbol{\alpha}_1+\boldsymbol{\alpha}_2+\boldsymbol{\alpha}_5$

4. 秩为 3；极大无关组等略

5. $a=0$ 或 $a=-10$ 时，线性相关.(1) 当 $a=0$ 时，$\boldsymbol{\alpha}_1$ 为 $\boldsymbol{\alpha}_1$，$\boldsymbol{\alpha}_2$，$\boldsymbol{\alpha}_3$，$\boldsymbol{\alpha}_4$ 的一个极大线性无关组，且 $\boldsymbol{\alpha}_2=2\boldsymbol{\alpha}_1$，$\boldsymbol{\alpha}_3=3\boldsymbol{\alpha}_1$，$\boldsymbol{\alpha}_4=4\boldsymbol{\alpha}_1$；(2) 当 $a=-10$ 时，$\boldsymbol{\alpha}_1$，$\boldsymbol{\alpha}_2$，$\boldsymbol{\alpha}_3$ 为 $\boldsymbol{\alpha}_1$，$\boldsymbol{\alpha}_2$，$\boldsymbol{\alpha}_3$，$\boldsymbol{\alpha}_4$ 的一个极大线性无关组，且 $\boldsymbol{\alpha}_4=-\boldsymbol{\alpha}_1-\boldsymbol{\alpha}_2-\boldsymbol{\alpha}_3$　6. 证明略　7. 证明略

**习题 3.4**

1. $k\neq 2$　2. $a\neq 5$　3. $(1, 1, -1)$　4. 证明略；过渡矩阵为 $\frac{1}{2}\begin{pmatrix} 2 & 2 & 0 \\ -1 & 0 & 2 \\ 1 & 0 & 0 \end{pmatrix}$

**习题 3.5**

1. (1) $\frac{\pi}{2}$　(2) $\frac{\pi}{4}$

2. (1) $\boldsymbol{\beta}_1=\frac{1}{\sqrt{3}}(1, 1, 1)^{\mathrm{T}}$, $\boldsymbol{\beta}_2=\frac{1}{\sqrt{2}}(-1, 0, 1)^{\mathrm{T}}$, $\boldsymbol{\beta}_3=\frac{1}{\sqrt{6}}(1, -2, 1)^{\mathrm{T}}$

(2) $\boldsymbol{\beta}_1=\frac{1}{\sqrt{3}}(1, 0, -1, 1)^{\mathrm{T}}$, $\boldsymbol{\beta}_2=\frac{1}{\sqrt{15}}(1, -3, 2, 1)^{\mathrm{T}}$, $\boldsymbol{\beta}_3=\frac{1}{\sqrt{35}}(-1, 3, 3, 4)^{\mathrm{T}}$

3. (1) 不是，因为 $\boldsymbol{A}$ 的列向量不是单位向量 .

(2) 是，$\boldsymbol{B}$ 的每个列向量都是单位向量，且两两正交 .

4. $\boldsymbol{\beta}=\left(0, \frac{\sqrt{2}}{2}, -\frac{\sqrt{2}}{2}\right)^{\mathrm{T}}$ 或 $\boldsymbol{\beta}=\left(0, -\frac{\sqrt{2}}{2}, \frac{\sqrt{2}}{2}\right)^{\mathrm{T}}$；与 $\boldsymbol{\alpha}_1$，$\boldsymbol{\alpha}_2$，$\boldsymbol{\beta}$ 等价的正交单位向量组为 $\left(\frac{\sqrt{3}}{3}, \frac{\sqrt{3}}{3}, \frac{\sqrt{3}}{3}\right)^{\mathrm{T}}$，$\left(\frac{\sqrt{6}}{3}, -\frac{\sqrt{6}}{6}, -\frac{\sqrt{6}}{6}\right)^{\mathrm{T}}$，$\left(0, \frac{\sqrt{2}}{2}, -\frac{\sqrt{2}}{2}\right)^{\mathrm{T}}$

5. 证明略　6. 证明略

**习题 4.1**

1. A　2. B　3. C　4. 2; 3; 3　5. (1) $\begin{cases} x_1=-2t_1+t_2, \\ x_2=t_1, \\ x_3=0, \\ x_4=t_2. \end{cases}$　(2) 只有零解

6. 解：方程组总有非零解.(1) $a\neq b$ 时，通解为 $\begin{cases} x_1=-t, \\ x_2=t, \\ x_3=0 \end{cases}$（$t$ 为任意常数）；

(2) $a=b$ 时，通解为 $\begin{cases} x_1=-t_1-t_2, \\ x_2=t_1, \\ x_3=t_2 \end{cases}$（$t$ 为任意常数）.　7. 解：$\begin{cases} x_1-2x_3+2x_4=0, \\ x_2+3x_3-4x_4=0. \end{cases}$

**习题 4.2**

1.A　2.B　3.−2　4.$a_1+a_2+a_3+a_4=0$

5. $a=1$，$b=3$ 时，方程组有解.通解为 $\begin{cases} x_1=-2+t_1+t_2+5t_3, \\ x_2=3-2t_1-2t_2-6t_3, \\ x_3=t_1. \\ x_4=t_2, \\ x_5=t_3. \end{cases}$　6-8. 证明略

**习题 4.3**

1. 略　2. 略

**习题 5.1**

1. (1) 1; 2; −2　(2) 6; $\frac{1}{2}$; $\frac{1}{8}$; $\frac{1}{18}$　(3) 69　(4) 4　(5) 1

2. (1) $\lambda_1=\lambda_2=2$，$\lambda_3=0$; $k_1\boldsymbol{p}_1=(2, 1, 0)^{\mathrm T}$，$k_2\boldsymbol{p}_2=(3, 0, 2)^{\mathrm T}$，$k_3\boldsymbol{p}_3=(1, 1, -1)^{\mathrm T}$.其中 $k_1$，$k_2$，$k_3$ 不全为零.

(2) $\lambda_1=\lambda_2=1$，$\lambda_3=-1$.

对应于 $\lambda_1=\lambda_2=1$ 的全部特征向量为 $k_1\begin{pmatrix}1\\0\\0\end{pmatrix}+k_2\begin{pmatrix}0\\1\\0\end{pmatrix}$，$k_1$，$k_2$ 不全为零.

对应于 $\lambda_3=-1$ 的全部特征向量为 $k_3\begin{pmatrix}-1\\0\\1\end{pmatrix}$，$k_3\neq0$.

(3) $\lambda_1=\lambda_2=\lambda_3=2$，其对应的全部特征向量 $k_1\begin{pmatrix}1\\0\\0\end{pmatrix}+k_2\begin{pmatrix}0\\1\\0\end{pmatrix}$，$k_1$，$k_2$ 不全为零.

3. $a=-4$；$\lambda_2=\lambda_3=3$　4-7. 证明略

**习题 5.2**

1. (1) 0　(2) $-2$　(3) 5；6

2. (1) $x=0$，$y=-2$　(2) $\boldsymbol{P}=\begin{pmatrix}0&0&1\\-2&1&0\\1&1&-1\end{pmatrix}$　3. $x+y=0$　4. $-5$

5. (1) 是，令 $\boldsymbol{P}=\begin{pmatrix}1&1\\-5&1\end{pmatrix}$，$\boldsymbol{P}^{-1}\boldsymbol{AP}=\begin{pmatrix}-2&0\\0&4\end{pmatrix}$　(2) $\boldsymbol{A}^{50}\begin{pmatrix}1\\-5\end{pmatrix}=2^{50}\begin{pmatrix}1\\-5\end{pmatrix}$

6. (1) $a=-3$，$b=0$；(2) 不能　7. $x=-\dfrac{44}{5}$，$y=-\dfrac{39}{5}$　8-10. 证明略.

**习题 5.3**

1. (1) $\begin{pmatrix}0&1&0\\\frac{1}{\sqrt{2}}&0&\frac{1}{\sqrt{2}}\\-\frac{1}{\sqrt{2}}&0&\frac{1}{\sqrt{2}}\end{pmatrix}$；　(2) $\begin{pmatrix}2&&\\&4&\\&&4\end{pmatrix}$　2. $-2\begin{pmatrix}1&1\\1&1\end{pmatrix}$

3. (1) $k\begin{pmatrix}1\\0\\1\end{pmatrix}$，$k\neq0$　(2) $\boldsymbol{A}=\dfrac{1}{6}\begin{pmatrix}13&-2&5\\-2&10&2\\5&2&13\end{pmatrix}$

4. $\boldsymbol{A}$ 的特征值为 $\lambda_1=-1$；$\lambda_2=\lambda_3=3$

由定理 5.3，矩阵 $\boldsymbol{A}$ 与对角矩阵 $\boldsymbol{\Lambda}$ 相似，且 $\boldsymbol{\Lambda}=\begin{pmatrix}-1&&\\&3&\\&&3\end{pmatrix}$ 或 $\boldsymbol{\Lambda}=\begin{pmatrix}3&&\\&3&\\&&-1\end{pmatrix}$

5. $-\dfrac{1}{3}\begin{pmatrix}-1&0&2\\0&1&2\\2&2&0\end{pmatrix}$　6. 证明略.

**习题 6.1**

1. (1) $\begin{pmatrix} 2 & -\frac{1}{2} & 1 & \frac{9}{2} \\ -\frac{1}{2} & -2 & 4 & 0 \\ 1 & 4 & 4 & \frac{1}{2} \\ \frac{9}{2} & 0 & \frac{1}{2} & 1 \end{pmatrix}$ (2) $\begin{pmatrix} 2 & 3 \\ 3 & -1 \end{pmatrix}$ (3) $\begin{pmatrix} 3 & -3 & -2 \\ -3 & 1 & -\frac{5}{2} \\ -2 & -\frac{5}{2} & 7 \end{pmatrix}$

2. (1) $f(x_1, x_2) = -2x_1x_2$ (2) $f(x_1, x_2, x_3) = -x_1^2 + x_2^2 + 4x_1x_2 - 6x_2x_3$
(3) $f(x_1, x_2) = a_1x_1^2 + a_2x_2^2 + 2bx_1x_2$ 3. 证明略

**习题 6.2**

1. (1) $f = 3y_1^2 - y_2^2$ (2) $f = -3y_1^2 + y_2^2 + y_3^2 + y_4^2$

2. (1) $f = z_1^2 - z_2^2 - z_3^2$；$\begin{pmatrix} 1 & 1 & -1 \\ 1 & -1 & -1 \\ 0 & 0 & 1 \end{pmatrix}$ (2) $f = 2y_1^2 + y_2^2 - 5y_3^2$；$\begin{pmatrix} 1 & -1 & -1 \\ 0 & 1 & 2 \\ 0 & 0 & 1 \end{pmatrix}$

3. $a = 2$；$Q = \begin{pmatrix} 0 & 1 & 0 \\ \frac{1}{\sqrt{2}} & 0 & \frac{1}{\sqrt{2}} \\ -\frac{1}{\sqrt{2}} & 0 & \frac{1}{\sqrt{2}} \end{pmatrix}$ 4. (1) $a = 0$；(2) 可取 $\boldsymbol{Q} = \begin{pmatrix} 0 & 1 & 0 \\ \frac{1}{\sqrt{2}} & 0 & \frac{1}{\sqrt{2}} \\ -\frac{1}{\sqrt{2}} & 0 & \frac{1}{\sqrt{2}} \end{pmatrix}$，则 $f = 2y_1^2 + 2y_2^2$ (3) $k(1, -1, 0)^{\mathrm{T}}$，$k$ 为任意常数

**习题 6.3**

1. 2 2. (1) 否；(2) 否 3. $-\sqrt{2} < t < \sqrt{2}$ 4. 正定 5. 证明略

## 总复习答案

**第 1 章总复习题**

1. C 2. B 3. D 4. D 5. $\frac{3}{2}$ 6. $a^2(a^2-4)$ 7. $\lambda^4 + \lambda^3 + 2\lambda^2 + 3\lambda + 4$ 8. $1 + (-1)^{n+1} a_1a_2\cdots a_n$ 9. $D_n = (n+1)a^n$ 10. $2^{n+1} - 2$ 11. $1 - a + a^2 - a^3 + a^4 - a^5$ 12. $-28$

## 第2章总复习题

1. C　2. D　3. B　4. B　5. C　6. B　7. B　8. $-\boldsymbol{E}$　9. $a^2(a^2-4)$　10. $\frac{3}{2}$　11. (1)0

(2)$\begin{pmatrix}3&1&-2\\1&1&-1\\2&1&-1\end{pmatrix}$　12. (1)证明略　(2)$\begin{pmatrix}0&2&0\\-1&-1&0\\0&0&-2\end{pmatrix}$

13. (1)证明略　(2)$\boldsymbol{E}_{ij}$($\boldsymbol{E}_{ij}$是单位矩阵的第 $i$ 行与第 $j$ 行对换后得到的矩阵)

## 第3章总复习题

1. D　2. D　3. C　4. C　5. C　6. C　7. $-4$　8. $\frac{11}{9}$

9. 解：(1)由题目可知：

$\boldsymbol{\beta}=b\boldsymbol{\alpha}_1+c\boldsymbol{\alpha}_2+\boldsymbol{\alpha}_3$，代入可得$\begin{cases}b+c+1=1\\2b+3c+a=1\\b+2c+3=1\end{cases}$，解得$\begin{cases}a=3\\b=2\\c=-2\end{cases}$

(2)$\boldsymbol{C}=(\boldsymbol{\alpha}_2, \boldsymbol{\alpha}_3, \boldsymbol{\beta})^{-1}(\boldsymbol{\alpha}_1, \boldsymbol{\alpha}_2, \boldsymbol{\alpha}_3)=\frac{1}{2}\begin{pmatrix}2&2&0\\-1&0&2\\1&0&0\end{pmatrix}=\begin{pmatrix}1&1&0\\-\frac{1}{2}&0&1\\\frac{1}{2}&0&0\end{pmatrix}$

10. (1)$a=5$　(2)$\boldsymbol{\beta}_1=2\boldsymbol{\alpha}_1+4\boldsymbol{\alpha}_2-\boldsymbol{\alpha}_3$，$\boldsymbol{\beta}_2=\boldsymbol{\alpha}_1+2\boldsymbol{\alpha}_2$，$\boldsymbol{\beta}_3=5\boldsymbol{\alpha}_1+10\boldsymbol{\alpha}_2-2\boldsymbol{\alpha}_3$

11. $a=15$，$b=5$

## 第4章总复习题

1. A　2. C　3. D　4. D　5. $\boldsymbol{x}=k(1, -2, 1)^{\mathrm{T}}$，$k\in R$　6. 8　7. $-1$

8. (1)$a=2$　(2)$\boldsymbol{P}=\begin{pmatrix}3-6k_1&4-6k_2&4-6k_3\\-1+2k_1&-1+2k_2&-1+2k_3\\k_1&k_2&k_3\end{pmatrix}$，其中 $k_2\neq k_3$

9. (1)$a=0$　(2)$\boldsymbol{x}=(1, -2, 0)^{\mathrm{T}}+k(0, -1, 1)^{\mathrm{T}}$，其中 $k\in R$

10. 当 $|\boldsymbol{A}|=0$，即 $a=0$ 或 $a=-\frac{n(n+1)}{2}$时，方程组有非零解.

(1)当 $a=0$ 时，基础解系为 $\boldsymbol{\eta}_1=(-1, 1, 0, \cdots, 0)^{\mathrm{T}}$，$\boldsymbol{\eta}_2=(-1, 0, 1, \cdots, 0)^{\mathrm{T}}$，$\cdots$，$\boldsymbol{\eta}_{n-1}=(-1, 0, 0, \cdots, 1)^{\mathrm{T}}$. 方程组的通解为 $\boldsymbol{x}=k_1\boldsymbol{\eta}_1+k_2\boldsymbol{\eta}_2+\cdots+k_{n-1}\boldsymbol{\eta}_{n-1}$，其中 $k_1$，$k_2$，$\cdots$，$k_{n-1}$为任意常数.

(2)当 $a=-\frac{n(n+1)}{2}$ 时，基础解系为 $\boldsymbol{\eta}_1=(1,2,3,\cdots,n)^{\mathrm{T}}$. 方程组的通解为 $\boldsymbol{x}=k\boldsymbol{\eta}$，其中 $k$ 为任意常数.

**第 5 章总复习题**

1. A　2. D　3. B　4. A　5. −1　6. 2　7. −1

8. 解：(1)因为矩阵 $\boldsymbol{A}$ 与 $\boldsymbol{B}$ 相似，所以 $tr(\boldsymbol{A})=tr(\boldsymbol{B})$，$|\boldsymbol{A}|=|\boldsymbol{B}|$，即 $\begin{cases} x-4=y+1, \\ 4x-8=-2y, \end{cases}$

解得 $x=3$，$y=-2$.

$$\boldsymbol{P}=\boldsymbol{P}_1\boldsymbol{P}_2^{-1}=\begin{pmatrix} 1 & -2 & 1 \\ -2 & 1 & -2 \\ 0 & 0 & -4 \end{pmatrix}\begin{pmatrix} 1 & \frac{1}{3} & 0 \\ 0 & -\frac{1}{3} & 0 \\ 0 & 0 & 1 \end{pmatrix}=\begin{pmatrix} 1 & 1 & 1 \\ -2 & -1 & -2 \\ 0 & 0 & -4 \end{pmatrix}.$$

9. 解：(1)因 $\alpha\neq 0$ 且 $\alpha$ 不是 $\boldsymbol{A}$ 的特征向量. 于是 $\boldsymbol{A}\alpha\neq k\alpha$，从而 $\alpha$ 与 $\boldsymbol{A}\alpha$ 不共线，即 $\alpha$，$\boldsymbol{A}\alpha$ 线性无关，故 $\boldsymbol{P}=(\alpha,\boldsymbol{A}\alpha)$ 可逆.

(2)$\boldsymbol{P}^{-1}\boldsymbol{A}\boldsymbol{P}=\begin{bmatrix} 0 & 6 \\ 1 & -1 \end{bmatrix}$，记 $\boldsymbol{B}=\begin{bmatrix} 0 & 6 \\ 1 & -1 \end{bmatrix}$，而 $|\lambda\boldsymbol{E}-\boldsymbol{B}|=\begin{vmatrix} \lambda & -6 \\ -1 & \lambda+1 \end{vmatrix}=\lambda^2+\lambda-6$ 特征值 2，−3. 于是 $\boldsymbol{A}$ 有 2 个不同特征值从而 $\boldsymbol{A}$ 可相似对角化.

10. 解：(1)正交矩阵 $\boldsymbol{P}=\begin{pmatrix} -\frac{1}{\sqrt{2}} & \frac{1}{\sqrt{6}} & -\frac{1}{\sqrt{3}} \\ \frac{1}{\sqrt{2}} & \frac{1}{\sqrt{6}} & -\frac{1}{\sqrt{3}} \\ 0 & \frac{2}{\sqrt{6}} & \frac{1}{\sqrt{3}} \end{pmatrix}$，使 $\boldsymbol{P}^T\boldsymbol{A}\boldsymbol{P}=\boldsymbol{\Lambda}=\begin{pmatrix} \boldsymbol{a}-1 & 0 & 0 \\ 0 & \boldsymbol{a}-1 & 0 \\ 0 & 0 & \boldsymbol{a}+2 \end{pmatrix}$.

(2)$\boldsymbol{C}=\begin{pmatrix} \frac{5}{3} & -\frac{1}{3} & \frac{1}{3} \\ -\frac{1}{3} & \frac{5}{3} & \frac{1}{3} \\ \frac{1}{3} & \frac{1}{3} & \frac{5}{3} \end{pmatrix}$.

11. 解：(1)$\boldsymbol{A}=\begin{pmatrix} 1 & 1 & 1 \\ 2 & -1 & 1 \\ 0 & 1 & -1 \end{pmatrix}$.

(2)$\boldsymbol{P}=(\alpha_1,\alpha_2,\alpha_3)=\begin{pmatrix} 0 & 4 & -1 \\ -1 & 3 & 0 \\ 1 & 1 & 2 \end{pmatrix}$，则 $\boldsymbol{P}^{-1}\boldsymbol{A}\boldsymbol{P}=\boldsymbol{\Lambda}=\begin{pmatrix} -2 & 0 & 0 \\ 0 & 2 & 0 \\ 0 & 0 & -1 \end{pmatrix}$.

## 第6章总复习题

1. C　2. B　3. B　4. B　5. A

6. 解：(1) $a=1$，$b=2$；

(2) $\boldsymbol{\gamma}_1=\frac{1}{\sqrt{2}}(-1,1,0)^{\mathrm{T}}$，$\boldsymbol{\gamma}_2=\frac{1}{\sqrt{3}}(-1,-1,1)^{\mathrm{T}}$，$\boldsymbol{\gamma}_3=\frac{1}{\sqrt{6}}(1,1,2)^{\mathrm{T}}$.

7. 解：(1) $\boldsymbol{P}=\begin{pmatrix}1&-1&1\\0&1&0\\0&0&1\end{pmatrix}$　(2) 不存在（二者矩阵的迹不相同）

8. 解：(1) $f(x_1,x_2,x_3)=x_1^2+4x_2^2+9x_3^2+4x_1x_2+6x_1x_3+12x_2x_3$，

所以该二次型的二次型矩阵为 $\boldsymbol{A}=\begin{pmatrix}1&2&3\\2&4&6\\3&6&9\end{pmatrix}$.

(2) 取 $\boldsymbol{Q}=(\boldsymbol{q}_1,\boldsymbol{q}_2,\boldsymbol{q}_3)=\begin{pmatrix}-\frac{2}{\sqrt{5}}&-\frac{3}{\sqrt{70}}&\frac{1}{\sqrt{14}}\\\frac{1}{\sqrt{5}}&-\frac{6}{\sqrt{70}}&\frac{2}{\sqrt{14}}\\0&\frac{5}{\sqrt{70}}&\frac{3}{\sqrt{14}}\end{pmatrix}$，

则有正交变换 $\boldsymbol{x}=\boldsymbol{Q}\boldsymbol{y}$ 把二次型化为标准形 $f=14y_3^2$.

(3) $\begin{pmatrix}x_1\\x_2\\x_3\end{pmatrix}=k_1\begin{pmatrix}-2\\1\\0\end{pmatrix}+k_2\begin{pmatrix}-3\\-6\\5\end{pmatrix}$，$k_1$，$k_2$ 为任意常数.

9. 解：(1) $\boldsymbol{\gamma}_1=\frac{1}{\sqrt{2}}(1,0,-1)^{\mathrm{T}}$，$\boldsymbol{\gamma}_2=\frac{1}{\sqrt{2}}(1,0,1)^{\mathrm{T}}$，$\boldsymbol{\gamma}_3=\frac{1}{\sqrt{2}}(0,1,0)^{\mathrm{T}}$，

令 $\boldsymbol{Q}=(\gamma_1,\gamma_2,\gamma_3)$，经正交变换 $\boldsymbol{x}=\boldsymbol{Q}\boldsymbol{y}$，将 $f$ 化为标准形 $2y_1^2+4y_2^2+4y_3^2$

$$\min_{x\neq0}\frac{f(x)}{\boldsymbol{x}^{\mathrm{T}}\boldsymbol{x}}\overset{x=QY}{=\!=\!=}\min_{y\neq0}\frac{f(y)}{(\boldsymbol{Q}\boldsymbol{y})^{\mathrm{T}}\boldsymbol{Q}\boldsymbol{y}}=\min_{y\neq0}\frac{f(y)}{\boldsymbol{y}^{\mathrm{T}}\boldsymbol{Q}^{\mathrm{T}}\boldsymbol{Q}\boldsymbol{y}}=\min_{y\neq0}\frac{f(y)}{\boldsymbol{y}^{\mathrm{T}}\boldsymbol{y}}=2.$$

10. 解：(1) $a=4$，$b=1$　(2) $\boldsymbol{Q}=\begin{bmatrix}0&1\\-1&0\end{bmatrix}$

11. 解：(1) $\lambda_1=\lambda_2=-2$，$\lambda_3=0$　(2) $k>2$

# 附录　线性代数中的数学建模

"线性代数"是很多学科的重要基础，该课程能培养学生的逻辑思维推理能力、抽象能力及数学建模能力. 数学建模是利用数学工具解决实际问题的重要手段. "线性代数"课程较为抽象、难懂，然而目前很多教学活动都忽视了其与实际案例的结合. 了解线性代数在数学建模中的应用，对于提高学生学习线性代数的兴趣，提升学生应用代数方法解决复杂问题的综合能力具有关键作用.

**1. 矩阵的建立**

矩阵就是一个矩形"数表"，这种"数表"本质上表述某种二元关系. 矩阵是数学领域中一个极其重要、应用广泛的工具，是线性代数的主要研究对象之一，它来源于自然科学和工程技术中的诸多问题. 矩阵知识已成为现代科技人员必备的数学基础.

**例 1**　假设有 1，2，3，4 四个足球队之间进行单循环比赛，每场比赛胜者得 1 分，负者 0 分. 总的比赛结果是 1 胜了 2 和 4，2 胜了 3 和 4，3 胜了 1，4 胜了 3. 比赛成绩表可以用矩阵 $\boldsymbol{A}=(a_{ij})_{4\times4}$来表示，其中 $a_{ij}=1$ 表示 $i$ 队胜了 $j$ 队，$a_{ij}=0$ 表示 $i$ 队输给了 $j$ 队.

$$\boldsymbol{A}=\begin{pmatrix}0&1&0&1\\0&0&1&1\\1&0&0&0\\0&0&1&0\end{pmatrix}$$

可以用这个矩阵进行深入"挖掘"，得出这 4 个球队的真实的"实力".

**例 2**　某地有一个煤矿、一个发电厂和一条公路，经过成本核算，每生产价值 1 元钱的煤，需要消耗 0.25 元的电，为了把这 1 元钱的煤运出去，需要花费 0.15 元的运输费. 每生产价值 1 元钱的电需要 0.65 元的煤作为燃料，为了运行电厂的辅助设备，要消耗 0.05 元的电，还需要花费 0.05 元的运输费. 作为公路局，每提供 1 元钱的运输，要消耗 0.55 元的煤，辅助设备要消耗 0.1 元的电. 煤矿、电厂和公路局互相间的消耗关系可用以下矩阵表示：

$$\begin{array}{c} \\ 煤\\ 电\\ 运输\end{array}\begin{array}{c}\begin{array}{ccc}煤矿 & 电厂 & 公路局\end{array}\\ \begin{pmatrix}0&0.65&0.55\\0.25&0&0.1\\0.15&0.05&0\end{pmatrix}\end{array}$$

**2. 矩阵乘法的应用**

矩阵的乘法具有现实的意义.

**例 3**　某商场统计了电冰箱和洗衣机连续 3 个月的销售情况，其具体销量用矩阵 $\boldsymbol{A}$ 表示，电冰箱和洗衣机的进价和售价用矩阵 $\boldsymbol{B}$ 表示.

$$\begin{array}{c} \\ \text{电冰箱} \\ \text{洗衣机} \end{array}\begin{array}{c} \text{1 月}\quad\text{2 月}\quad\text{3 月} \\ \begin{pmatrix} 16 & 24 & 17 \\ 20 & 23 & 19 \end{pmatrix} \end{array} = \boldsymbol{A} \qquad \begin{array}{c} \\ \text{进价} \\ \text{售价} \end{array}\begin{array}{c} \text{电冰箱}\quad\text{洗衣机} \\ \begin{pmatrix} 2000 & 1800 \\ 2500 & 2400 \end{pmatrix} \end{array} = \boldsymbol{B}$$

可以用矩阵的乘法得到这两种产品每个月的进货费用和销售收入.

$$\boldsymbol{BA} = \begin{pmatrix} 2000 & 1800 \\ 2500 & 2400 \end{pmatrix}\begin{pmatrix} 16 & 24 & 17 \\ 20 & 23 & 19 \end{pmatrix} = \begin{array}{c} \text{1 月}\quad\text{2 月}\quad\text{3 月} \\ \begin{pmatrix} 64000 & 89400 & 68200 \\ 88000 & 115200 & 88100 \end{pmatrix} \end{array}\begin{array}{l} \\ \text{进货费用} \\ \text{销售收入} \end{array}$$

**3. 逆矩阵的应用**

**例 4**　例 2 中给出了煤、电和运输之间的消耗矩阵为

$$\boldsymbol{Q} = \begin{pmatrix} 0 & 0.65 & 0.55 \\ 0.25 & 0 & 0.1 \\ 0.15 & 0.05 & 0 \end{pmatrix} = (q_{ij}).$$

现在煤矿接到外地 5 万元的订货，电厂有 10 万元的外地需求，问：煤矿、电厂和公路局各生产多少才能满足外地的需求？

**解**　由题意可知，煤矿、电厂和公路局生产的产值减去生产自身的消耗就是需求量. 假设煤矿实际生产 $x_1$ 万元的煤，电厂实际生产 $x_2$ 万元的电，公路局实际提供 $x_3$ 万元的运输量，令 $\boldsymbol{X}=(x_1x_2x_3)^{\mathrm{T}}$，则 $\boldsymbol{QX}$ 就是为完成 $\boldsymbol{X}$ 产值自身的消耗. 由前可知

$$\boldsymbol{X}-\boldsymbol{QX}=(\boldsymbol{E}-\boldsymbol{Q})\boldsymbol{X}=\begin{pmatrix} 5 \\ 10 \\ 0 \end{pmatrix}.$$

可以看出，$\boldsymbol{X}$ 就是上述线性方程组的解.

由于 $|\boldsymbol{E}-\boldsymbol{Q}|\neq 0$，所以矩阵 $\boldsymbol{E}-\boldsymbol{Q}$ 可逆，于是

$$\boldsymbol{X}=(\boldsymbol{E}-\boldsymbol{Q})^{-1}\begin{pmatrix} 5 \\ 10 \\ 0 \end{pmatrix}=\begin{pmatrix} 16.7273 \\ 15.2727 \\ 3.2727 \end{pmatrix}.$$

煤厂要生产 16.73 万元的煤，电厂要生产 15.27 万元的电，公路局要提供 3.27 万元的运输能力，才能满足外地 5 万元煤和 10 万元电的需求.

**4. 线性方程组的应用**

现实生活中许多问题都需要建立线性方程组来求解，下面介绍一个重要的经济学的模型.

**例 5** 在一个部落内，人们主要从事的 3 种劳动，即农田耕作(农夫)、农具及工具的制作(工匠)、织物的编织(织工). 人们之间的贸易是实物交易. 农夫以自己$\frac{1}{3}$的粮食换取工具，$\frac{1}{2}$的粮食换取织物，$\frac{1}{2}$的粮食自用：工匠用自己$\frac{1}{4}$的工具换取粮食，$\frac{1}{4}$的工具换取织物，$\frac{1}{3}$的工具留作自用；织工以自己$\frac{1}{4}$的织物换取食物，$\frac{1}{3}$的织物换取工具，$\frac{1}{4}$的织物留作自用.

随着社会的发展，实物交易形式变得十分不方便，于是部落决定使用货币进行交易，假设没有资本和负债，那么如何给每类产品定价使其公正地体现现有的实物交易系统呢？

诺贝尔经济学奖获得者 Wassily Leontief 曾考虑如下的一个经济学模型.

设 $x_1$ 为农作物的价值，$x_2$ 为农具及工具的价值，$x_3$ 为织物的价值. 由上述关系可知

$$x_1=\frac{1}{2}x_1+\frac{1}{3}x_2+\frac{1}{2}x_3 \Leftrightarrow -\frac{1}{2}x_1+\frac{1}{3}x_2+\frac{1}{2}x_3=0.$$

同理可得有关工匠们和纺织者们生产的价值的方程，从而得到 $x_1$，$x_2$，$x_3$ 的齐次线性方程组

$$\begin{cases} -\frac{1}{2}x_1+\frac{1}{3}x_2+\frac{1}{2}x_3=0, \\ \frac{1}{4}x_1-\frac{2}{3}x_2+\frac{1}{4}x_3=0, \\ \frac{1}{4}x_1+\frac{1}{3}x_2-\frac{3}{4}x_3=0, \end{cases}$$

求解该线性方程组可得 $x_1$，$x_2$，$x_3$ 的赋值应满足比例式 $x_1 : x_2 : x_3=5 : 3 : 3$.

这个模型给出了社会上各种商品的价值比的基本方法. 由此可知，社会上需要多少货币取决于社会上总的商品数量，而商品价格则是由社会总的货币量和商品的价值比来确定的. 当货币数量过少时，就会通货紧缩，货币数量过多时，就会通货膨胀.

**5. 矩阵的特征值和特征向量的应用**

矩阵的特征值、特征向量是矩阵理论的重要组成部分，物理学中的振动问题、控制中的系统稳定性问题等一些实际问题，均可归结为矩阵的特征值与特征向量问题，但这两个概念对于初学者来说相对抽象和难懂. 下面通过生活中的一些现象与数值计算领域求矩阵最大值的乘幂法进行类比，帮助理解特征值和特征向量的含义.

生活中很多事情有如下的模式：把一个“输入”输入“处理系统”，得到一个“输出”，再将该输出重新输入“处理系统”，得到一个新的输出. 然后再将其输入“处理系统”，如此继续下去，直到得到满意的输出. 这个模型有如下特点：处理系统的特点要通过它的输出来反映，而最初的输入并不具有该系统令它具备的特点，要通过系统不断反

复处理才能使输出越来越具备系统的特点.

举个形象一点的例子，一个大一新生就是一个“输入”，大学就是一个“处理系统”，学生每天在学校里学习生活就是被“处理系统”处理. 每天学生是一个新的“输出”，同时又是第 2 天的新的“输入”. 学生正是反复地被学校“处理”，逐步具备了学校希望学生具备的特征. 而一个学校的水平正是通过学生的水平来反映的. 生活中这样的例子还有很多.

来看乘幂法的例子，设

$$\boldsymbol{A}=\begin{pmatrix}0&1&0&1\\0&0&1&1\\1&0&0&0\\0&0&1&0\end{pmatrix}$$

则

$$\boldsymbol{A}\begin{pmatrix}1\\1\\1\\1\end{pmatrix}=\begin{pmatrix}2\\2\\1\\1\end{pmatrix},\ \boldsymbol{A}\begin{pmatrix}2\\2\\1\\1\end{pmatrix}=\boldsymbol{A}^2\begin{pmatrix}1\\1\\1\\1\end{pmatrix}=\begin{pmatrix}3\\2\\2\\1\end{pmatrix},\ \cdots.$$

经过反复迭代就会发现：随着 $n$ 的增大，

$$\boldsymbol{A}^n\begin{pmatrix}1\\1\\1\\1\end{pmatrix}$$

逐步向 $\boldsymbol{A}$ 的最大特征值的一个特征向量逼近，这一规律和培养学生的规律有根本的相似性. 通过上述的类比，可以理解特征值与特征向量的来源.

线性代数理论在许多科学领域都有广泛的应用，感兴趣的读者可以去查看相关文献.